磐安小吃志

地道传承 品味非遗

政协磐安县委员会
磐安县供销合作社联合社 编
磐安磐味农业发展有限公司

西泠印社出版社

《磐安小吃志》编纂指导委员会

主　　任: 陈远志

副 主 任: 练雪卿　陈新森

成　　员: 张卫芳　金天寿　徐松青　陈海标　郑文方
陈　平　陈　斌　李　兵　何晓明　马　辉
蒋文斌　卢忠良　周江潮　张　斌　张品德

主　　编: 陈新森

编　　辑: 卢忠良　张品德　单翠峰　裴元正　张丽弘
卢纯颖　樊多多　刘　林　王洪波

编纂单位: 政协磐安县委员会
磐安县供销合作社联合社
磐安磐味农业发展有限公司

封面题字: 陈远志

序

中华饮食文化，源远流长。林语堂曾说：“‘吃’在中国无所不在，无往不通。这种‘吃’，表面上看是一种生理满足，但实际上‘醉翁之意不在酒’，它借吃这种形式表达了一种丰富的心理内涵。吃的文化已经超越了‘吃’本身，获得了更为深刻的社会意义。亘古至今，聪明睿智的中国人将饮食上升为一种思想、一种境界。”吃不仅是味蕾的盛宴，更是中华民族历史、文化和情感的载体，是国人心底挥之不去的家国情怀。阐释与宣扬博大精深的中华饮食文化，是一种荣耀，更是一种责任。

地方小吃作为中华饮食文化的重要组成部分，不仅是舌尖上的美味，更是五味杂陈的乡愁，是一个地方人民生活百态的见证，是当地风俗文化的载体。日常生活的方方面面，小到一饮一酌、一杯一箸，大到婚丧嫁娶、添丁进口、四时八节、人际交往，都能看到小吃的身影。小吃受众群体广阔，尤其是年轻人，相比于米饭之类的主食，他们更青睐既可以当零食也可以当正餐的小吃。有了风味小吃，一个地方才有了活力与生机，才有了性格与色彩。地方小吃越丰富，市井气息就越浓郁，地方形象就越鲜活。

近年来，以沙县小吃、柳州螺蛳粉等为代表的地方小吃因其经济卫生、风味独特而“圈粉”无数，成为群众眼中的国民小吃，也成为了解地方、宣传地方的“金名片”。而在浙江，要谈论小吃，无论如何也绕不开“磐安小吃”。

好山好水出好味，磐安小吃能在美食如林的中华大地占有一席之地，得益于其得天独厚的自然环境。磐安素有“群山之祖、诸水之源”之称，境内植被茂密，物种繁多，光野生药用植物就高达 1092 种。靠山吃山的磐安人民充分利用大自然馈赠的一草一木，将许多药食同源的植物融入小吃中，使得每一种小吃都蕴含着山野的灵气与精粹。同时，磐安 1939 年建县前，境内长期分属于台州、处州（丽水）、婺州（金华）、绍兴四个地区，建县后与东阳、新昌、仙居、天台、永康、缙云 6 个县市接壤，加上多样的地形地貌，形成了“五里不同音，十里不同俗”的乡土格局，也造就了丰富多元的民俗文化。“山容万物”的磐安人民在长期的生产生活实践中，在与周边群众的交流交融中，兼容并蓄，传承创新出众多富有地方特色、具有独特风味的小吃。但受品牌建设滞后等因素制约，磐安小吃一直“藏在深山人未识”。

进入 21 世纪后，地处“浙江之心”的磐安，区位优势不断凸显，基础设施日益改善。全县农家乐民宿经济如雨后春笋般发展起来，成为推动乡村振兴发展的新引擎。为了让“头回客”变“回头客”，广大经营户在“吃”上做特色文章，推出许多风味独特的地道磐安小吃，让八方游客在磐安大饱眼福的同时尽享口福。以“游磐安山水、住农家小院、吃农家美食”为主要内容的乡村游深受上海等大中城市游客的青睐。“美食＋旅游”的融合已成为磐安“两山”转化的重要通道，磐安小吃也逐步从地域走向大众。

磐安县委、县政府高度重视小吃推广工作，扎实推进磐安小吃做深、做细、做大、做强，用满满的“烟火气”助推磐安高质量发展。曾经遍布街头巷尾、田间地头，看似不起眼的磐安小吃，通过坚持走“市场主导、政府引导、部门联动、乡镇（街道）选育、各方参与”的融合发展之路，规模越做越大，名气越来越响，影响力越来越强，为百姓美好生活添“薪”加“油”，为经济发展增势赋能，也有力助推磐安破圈出彩。

为展现磐安丰富的饮食文化，记录磐安小吃的发展历程，政协磐安县委员会牵头，与磐安县供销合作社联合社、磐安磐味农业发展有限公司一起，对磐安小吃进行系统性挖掘整理。编写组深入全县各乡镇（街道）、村社进行走访调查，历时三年，终于汇编成书。本书汇集 7 大类 102 种磐安地道小吃。其中既有选料讲究、操作精细、风味独特的名小吃，又有制作简单、食用方便、经济惠民的普通小吃。书中除对每一种小吃的用料、制作、特色做简单的介绍外，还在史志大众化方面做了一些有益的尝试。本书为每种小吃都配有精美的图片，特设散文体的“延伸阅读”部分，试图通过美食、美图、美文相结合的形式，在保留传统史志核心内容的前提下，更具通俗性、趣味性和可读性，让读者在轻松阅读中掌握小吃制作方法的同时，提起对磐安小吃的兴趣，增进对磐安饮食文化的了解。

人间烟火气，最抚凡人心。小吃最贴近人民群众的生活，是最具烟火气的人间美味。小吃之美，不仅体现在滋味之美，更美在“上好食材”，美在“精巧技艺”，美在“厚重人文”。“身心两安，自在磐安”，让我们以美食为媒，跟着本书认识磐安小吃，品味磐安美食，感受磐安人文，一起踏寻“记忆中的乡愁”“舌尖上的味道”。

2024 年 7 月

领导关怀

2020 年 11 月 6 日，时任浙江省供销合作社联合社党委委员兼理事会副主任、省农家小吃协会会长张建参加“2020 浙江省农家小吃展销会暨第三届磐安大皿小吃美食节”开幕式并做讲话。

2021 年 9 月 29 日，时任浙江省供销合作社联合社党委委员兼理事会副主任冯冠胜到磐安小吃研究院调研指导。

2021 年 10 月 21 日，时任金华市副市长、东阳市委书记傅显明，时任磐安县委副书记、县长金艳走访 2021 横店影视文化产业博览会磐安小吃展位。

2019 年 8 月 26 日，时任磐安县委书记王志强听取小吃工作专题汇报。

2023 年 6 月 7 日，磐安县委书记金艳到方前镇调研小吃工作，向经营户了解相关情况。

2023 年 5 月 19 日，时任磐安县人大常委会主任陈国标出席浙江省第五届名点名小吃选拔赛暨浙江省餐饮业助农共富速派直通车首发仪式。

2024 年 3 月 22 日，磐安县政协主席陈远志在盘龙广场参加磐安县 2024 年“世界水日”“中国水周”宣传活动启动仪式并参观小吃市集。

2023 年 5 月 24 日，磐安县委常委、组织部部长、统战部部长，县政协党组副书记胡晖到职教中心调研磐安小吃工作。

2024 年 2 月 1 日，磐安县委副书记潘晶赴方前镇调研小吃工作。

2015 年 11 月 19 日，时任磐安县副县长陈新森参加浙江农业博览会，与磐安小吃展位业主交流。

2021 年 4 月 30 日，时任磐安县副县长陈亚琳检查浙江省第四届名点名小吃比赛现场布展情况。

2023 年 3 月 31 日，磐安县副县长杨北京走访浙江省第二届乡村美食大会线下展示展销活动。

2024 年 5 月 8 日，磐安县副县长练雪卿带队到浙江商业集团对接小吃产业合作事宜。

交流合作

2019 年 5 月 21 日，广西壮族自治区农业农村厅一行来磐安考察小吃工作。

2019 年 5 月 21 日，景宁畲族自治县政协、景宁畲族自治县供销合作社联合社来磐安考察小吃工作。

2019 年 11 月 15 日，来自埃及、毛里求斯、埃塞俄比亚等 13 个国家的 30 位女官员到磐安小吃示范店开展现场教学。

2020 年 5 月 11 日，浙江省餐饮协会来磐安指导浙江省第三届名点名小吃暨 2020 年“磐安小吃”首届美食节活动。

2020 年 5 月 23 日，磐安县小吃协会与“饿了么”电商平台签订助力小吃产业转型升级战略合作协议。

2020 年 10 月 27 日，浙江省中经发政企合作服务中心、中国计量大学、杭州职业技术学院等单位专家参加在杭州召开的“政企合作助力磐安小吃产业发展研讨会”。

2021 年 7 月 7 日，磐安县供销合作社联合社与浙江省民主党派企业扶贫帮扶消费促进会签订战略合作协议。

2022 年 5 月 31 日，金华市中青年干部培训班共同富裕先行示范战略实践锻炼小组到磐安县供销合作社联合社调研磐安小吃工作。

部门协同

2020 年 6 月 23 日，磐安县财政局、磐安县供销合作社联合社、磐安磐味农业发展有限公司走访金华市政府食堂磐安小吃档口、古子城磐安小吃门店。

2020 年 9 月 9 日，磐安县财政局、磐安县供销合作社联合社、磐安县小吃协会到龙游考察小吃工作。

2021 年 2 月 20 日，磐安县供销合作社联合社、磐安磐味农业发展有限公司专家研究磐安小吃推广工作。

2021 年 4 月 26 日，磐安县供销合作社联合社、磐安磐味农业发展有限公司到方前镇对接省级名点名小吃比赛及十小碗品鉴会活动。

2021 年 7 月 30 日，磐安县委宣传部、磐安县农业农村局、磐安县供销合作社联合社等部门商讨磐安发展大会小吃布展工作。

2021 年 12 月 29 日，磐安磐味农业发展有限公司组织金华市地方传统小吃“磐安玉米饼”标准评审会。

2022 年 5 月 26 日，磐安县农业农村局、磐安县人力社保局、磐安县供销合作社联合社研究“我们的幸福计划”磐安小吃培训工作。

2022 年 9 月 1 日，磐安县文化和广电旅游体育局、磐安县教育局、磐安县供销合作社联合社研究“诗画浙江 · 百县千碗”进校园工作。

2022 年 9 月 16 日，磐安县建设局、磐安县供销合作社联合社现场研究磐安小吃门店风貌提升工作。

2023 年 12 月 6 日，磐安县妇女联合会、磐安县供销合作社联合社走访 2023 年浙江省“妈妈的味道”共富行活动磐安小吃参赛业主。

培训教育

磐安小吃培训学校。

2019 年 7 月 2—8 日，磐安县供销合作社联合社组织在四川省仪陇县开展东西部扶贫协作暨磐安小吃技能培训。

2019 年 9 月 10—12 日，磐安县供销合作社联合社、磐安县总工会联合举办困难企业转岗再就业职工技能培训暨磐安小吃制作技能大赛。

2020 年 2 月 24—28 日，磐安县供销合作社联合社、磐安县农业农村局、磐安县人力资源和社会保障局、磐安县融媒体中心联合举办磐安小吃网络直播培训。

2021 年 11 月 11—14 日，磐安县供销合作社联合社组织小吃经营户参加浙江省第七期农家特色小吃品质提升培训班。

2022 年 6 月 7—9 日，磐安县妇女联合会、磐安县供销合作社联合社、农商银行联合举办“融商情·山妹子”磐安小吃培训班。

2023 年 4 月 24 日，磐安县供销合作社联合社联合浙江农业商贸职业学院、磐安县妇女联合会、共青团磐安县委员会共同举办推进山区海岛县高质量发展——2023 年农商院送教磐安小吃电商直播品牌公益培训班。

2023 年 9 月 11—15 日，在浙江农业商贸职业学院举办磐安小吃品质提升高素质人才培训班。

2024 年 7 月 16—19 日，磐安县供销合作社联合社“安业帮”供富大篷车送小吃技能下乡培训在磐安小吃培训学校（新渥街道）举行。

2021 年 1 月 22—26 日，尚湖镇开展小吃培训。

2021 年 4 月 1 日，安文街道开展小吃培训。

2021 年 6 月 2 日，尖山镇开展小吃培训。

2021 年 9 月 23—27 日，玉山镇开展小吃培训。

2021 年 10 月 26—29 日，盘峰乡开展小吃培训。

2021 年 11 月 16—20 日，窈川乡开展小吃培训。

2021 年 11 月 2—5 日，方前镇开展小吃培训。

2022 年 5 月 25—28 日，新渥街道开展小吃培训。

2022 年 6 月 21—24 日，双溪乡开展小吃培训。

2022 年 6 月 28—30 日，九和乡开展小吃培训。

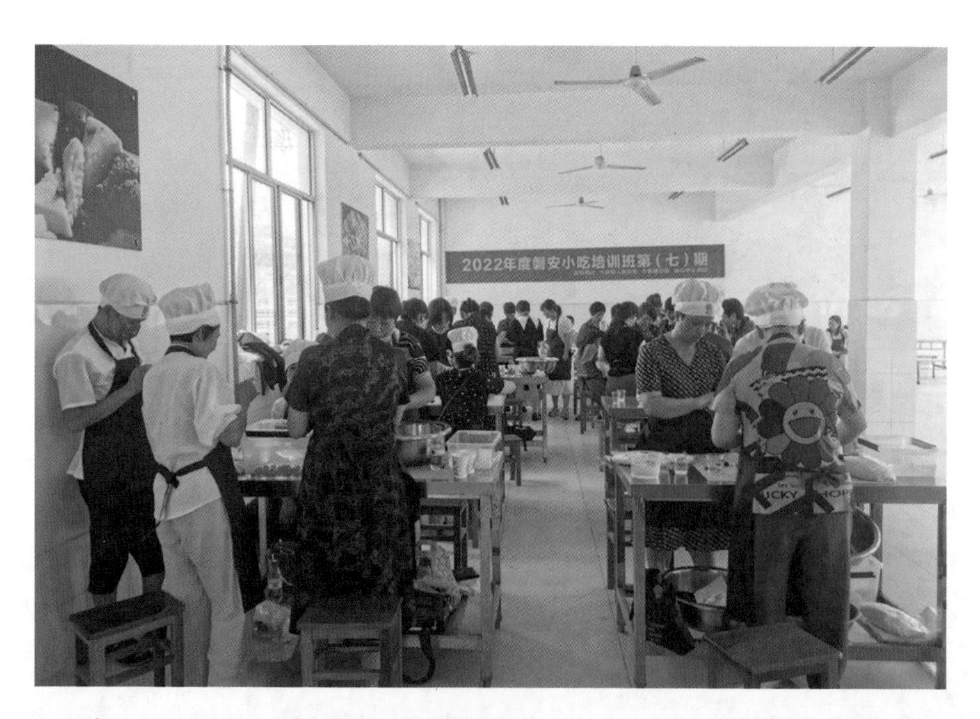

2022 年 7 月 5—7 日，大盘镇开展小吃培训。

2023 年 4 月 17 日，双峰乡开展小吃培训。

2023 年 4 月 23—28 日，仁川镇开展小吃培训。

品牌推广

2016 年 4 月 9 日，“火烧赤壁 · 花吃方前”旅游文化节暨第四届美食节开幕。

2017 年 4 月 8 日，浙江名点（名小吃）选拔赛暨 2017“悠客小镇 · 乡约方前”第五届美食节开幕。

2020 年 5 月 23 日，2020 浙江餐饮产业发展大会在方前镇召开。

2020 年 6 月 27—28 日，磐安小吃参加浙江传统美食展评活动。

2020 年 10 月 16—18 日，磐安小吃亮相首届中国浙菜美食节暨第十届浙江厨师节。

2021 年 4 月 23 日，磐安小吃大蒜饼亮相“2050 大会”。

2021 年 4 月 28 日，磐安小吃亮相浙江省首届乡村美食大会。

2021 年 5 月 1 日，浙江省第四届名点名小吃选拔赛暨磐安“十小碗”品鉴会在方前镇举办。

2021 年 9 月 30 日，磐安小吃亮相浙江省中药材博览会“妈妈的味道　家乡的味道”——磐安小吃展销活动。

2022 年 7 月 22 日，磐安小吃大蒜饼亮相“欢乐盛夏 · 浙里有礼”暑期促消费行动。

2022 年 9 月 22 日，磐安小吃参加金华市首届旅游饭店茶歇创意设计比赛。

2022 年 9 月 24 日，磐安小吃参加第八届中华茶奥会全国名茶点名茶肴选拔赛暨浙江省第三届名茶点名茶肴大比赛。

2022 年 11 月 21 日，磐安小吃参加浙江省“妈妈的味道”山乡二十六味发布暨“百城百店”建设启动仪式。

2023 年 4 月 26 日，磐安小吃系列特色茶歇茶点亮相全省党建引领“巾帼共富工坊”建设现场会。

2023 年 4 月 27 日，磐安大蒜饼参加首届中国烧饼文化节并荣膺“最佳技艺创新金奖”。

2019 年，中央电视台“走遍中国”栏目来磐安拍摄磐安小吃。

门店剪影

磐安小吃磐安新城店（摄于 2019 年 7 月 22 日）

磐安小吃杭州下沙店（摄于 2019 年 10 月 14 日）

磐安小吃四川省仪陇店（摄于 2019 年 11 月 27 日）

磐安小吃沪昆高速兰溪服务区店（摄于 2021 年 10 月）

磐安小吃东阳店（摄于 2021 年 10 月 13 日）

磐安小吃磐安宝龙广场直营店（摄于 2022 年 10 月 10 日）

磐安小吃柬埔寨店（摄于2023年4月6日）

磐安小吃诸永高速磐安服务区店（摄于2023年11月8日）

制作器具

柴火灶与蒸笼，磐安人最难忘的味道都源自这里。

石臼与石槌，用于捶打年糕与麻糍。

香糕模具，用于制作尚湖香糕。

状元糕模具，用于制作状元糕。

铜罐，用于制作铜罐饭。

竹筒，用于制作竹筒饭。

粉丝刨子，用于制作手工粉丝。

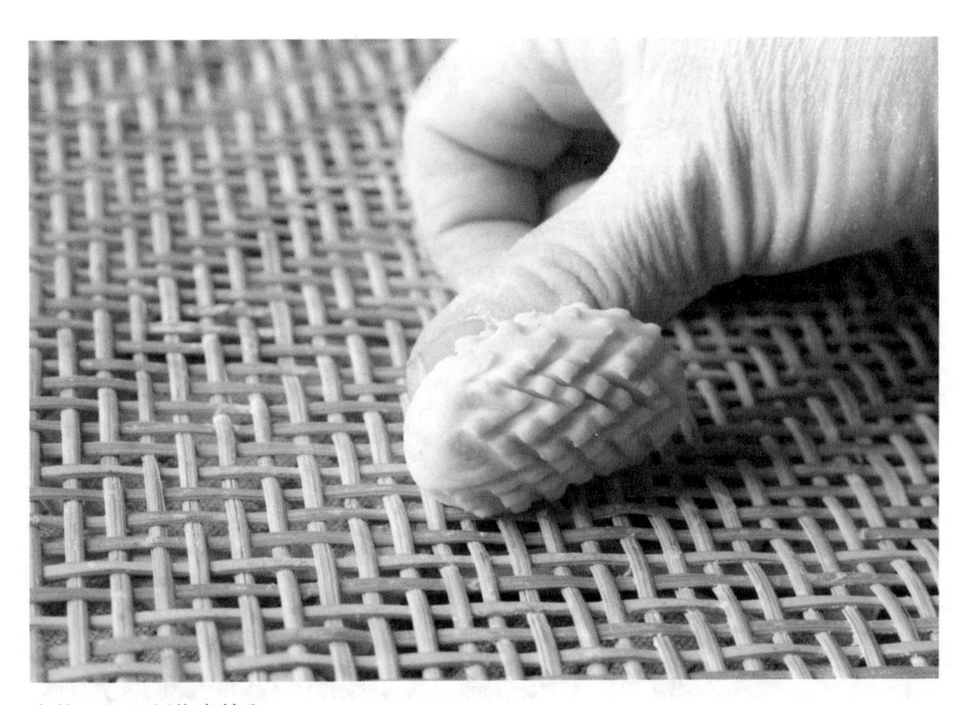

米筛，用于制作米筛爬。

地道食材

择子，学名“石栎”，择子豆腐原料。

苦槠子，苦槠豆腐、苦槠面原料。

白药与辣蓼，辣蓼制作成白药后用于发酵。

豆腐柴，别名“腐婢”，柴叶豆腐原料。

石斛，新“磐五味”之一，药食同源，用于小吃创新。

黄精，磐安道地药材，药食同源，用于小吃创新。

乌饭叶，立夏乌饭原料。

野艾草，清明馃重要原料。

小吃选粹

饺饼筒，曾获 2018 年浙江省名点（名小吃）总决赛金奖。

发糕，曾获 2014 年浙江省农家乐特色菜大赛金奖。

炒米糕，曾获 2022 年第八届中华茶奥会全国名茶点名茶肴大赛选拔赛暨浙江省第三届名茶点名茶肴大赛金奖。

大蒜饼，曾获 2023 年首届中国烧饼节最佳技艺创新金奖。

方前馒头，曾获 2020 年浙江省名点（名小吃）总决赛金奖。

花结，曾获 2019 年浙江省名点（名小吃）总决赛金奖。

糊拉汰，曾获 2018 年浙江省名点（名小吃）大赛金奖。

甜酒酿，曾获 2020 年浙江省名点（名小吃）总决赛金奖。

目 录

饼、糕、粿类

综 述

一

要了解一个地方，饮食大概是最便捷的切入口。浙江地区的饮食风俗，源远流长，已有五千多年的历史。浙江菜系独树一帜，是我国八大菜系之一，彰显了其非凡的烹饪艺术与深厚的饮食文化底蕴。生活在大山深处的磐安人民在生活实践中，利用大盘山赋予的丰富食材，巧手精制出品类众多、富有山区特色的小吃，使磐安小吃成为浙江饮食文化百花园里的一朵奇葩，为浙江的饮食文化增添了浓墨重彩的一笔。

磐安小吃能成为地方小吃的佼佼者，得益于磐安得天独厚的自然条件和气候环境。磐安位于浙东丘陵、金衢盆地、浙南山地的交接地带，地处大盘山脉中心地段，有大小山峰 5200 多座，注明标高在 1000 米以上的 63 座，有“万山之国”之称。磐安既是天台山、括苍山、仙霞岭、四明山等山脉的发脉处，又是钱塘江、瓯江、灵江、曹娥江的主要发源地，故又有“群山之祖，诸水之源”的美誉。磐安属于亚热带季风气候，气温适中，四季分明，光照充足，雨量丰沛，特别适合动植物繁衍生息。独特的地理环境和气候条件，造就了磐安丰富的动植物资源。全县有维管植物 193 科 827 属 1629 种，哺乳动物 17 科 40 属 48 种，鸟类 30 科 68 种，两栖爬行类 13 科 31 种。境内的大盘山国家级自然保护区是目前中国唯一以野生药用生物种质资源为重要保护对象的自然保护区，是中国东部药用植物野生种或近缘种的最重要种质资源库，被誉为“天然的中药材资源宝库”。保护区内有野生药用植物 1200 多种，占全省 68%。其中载入《中华人民共和国药典》的有 258 种，约占药典收载药用植物总数的一半。独特的地理位置、适宜的气候条件、丰饶的物产资源，为磐安小吃的发展提供了丰厚的土壤。

跨度长、时间久的人口迁徙带来了饮食文化的碰撞与融合，使得磐安小吃能够“山容万物”，在吸纳百家之长、兼收并蓄的基础上自成一家。磐安历史悠久，早在新石器时期就有先民在这里生产生活。安文、尖山、冷水、岭口等地均出土了该时期的石斧、石饰、石矛等磨制石器。“万山之国”的地理环境使磐安成为达官显贵、文人雅士的理想隐居、避难之所。南朝时期，昭明太子萧统就曾在大盘山深处避谗读书，闲暇之余带领百姓种药采药，救死扶伤，后人感念其德，尊其为“盘山药帝”。唐宋以后，随着经济重心的南移，越来越多的移民从全国各地陆续迁入，与原住民一起开发建设磐安。较为典型的有羊姓始祖羊愔，祖籍山东泰山，唐武宗会昌年间，任嘉州夹江尉，因遭杨弁之乱，弃官隐居于双峰大皿。羊愔在此饵药养气二十余年，最后食菇成仙，被后人尊称为“菇仙”。卢姓始祖卢琰，世居河南，为后周典检尚书。赵匡胤发动陈桥驿兵变，建立宋朝，卢琰携后周柴荣遗孤熙诲，辗转至灵山（今新渥）隐居。孔氏始祖孔端躬，原籍山东曲阜，为孔子四十八世孙。宋高宗建炎四年（1130），孔端躬偕兄衍圣公孔端友等扈跸南渡，道经榉溪，值其父病逝，遂隐居于此。蔡姓始祖蔡诰，原籍福建建阳。其祖蔡元定遭“伪学之禁”被谪，蔡诰恐累及其家，徙居梓誉。大量人口的迁入，不仅带来了先进的生产工具、生产技术、良种作物，同时也带来了不同的饮食习惯。

受自然灾害、战争动乱等因素的影响，历史上磐安人口数量的变动较大。唐代的黄巢起义、宋代的方腊起义，都给境内人口带来毁灭性影响。据民国《东阳县志》记载，方腊部属陈开七与安文陈氏战于他石岩下，结果“尸积如山，水为之不流”。宋末元初，宁海杨镇龙起兵反元，聚众十二万以玉山为根据地，自称大兴国皇帝，后遭到元军血腥镇压，玉山一带被血洗一空。明末清初，白头军以大盘山区为根据地，坚持武装抗清斗争十余年，清政府四次调集金、绍、宁、处四府兵力进行围剿，玉山、方前一带群众流离失所，田园长期荒芜。同时期的双峰羊吉起兵抗清失败后，大皿一带被屠戮殆尽，以致于“十余年不闻鸡犬之声”。后来随着社会的逐渐稳定，大量人口从周边地区陆续迁入，这一状况一直持续到 1939 年磐安建县后。

民国二十四年（1935）8 月，国民党浙江省政府划永康、东阳、缙云、仙居、天台五县之边缘山区，设“大盘山绥靖专区”。随着抗日战争的全面爆发，杭嘉湖等地区相继沦陷。民国二十八年（1939），国民党浙江省政府主席黄绍竑为了在大盘山区建立“持久抗战根据地”，撤销“大盘山绥靖区”，改设县治，割缙云之双峰、金峰、润川、龙门、湖中 5 个乡，永康之盘峰、五美、翠峰 3 个乡，天台之飞山乡，东阳之 33、36、32（部分）、28、29、30 等都乡设立磐安县。当时的磐安是外人眼中的“世外桃源”，各地避难者蜂拥而至。据民国二十八年（1939）建县时的户口调查统计，磐安全县共有 16 个乡，166 保，1769 甲，20365 户，78702 人。民国二十九年（1940），全县有 17918 户，80395 人，仅仅一年时间人口骤增 1693 人。民国三十三年（1944）人口更是达到了 20225 户，81947 人。从未间断的人口迁徙、流动，为磐安经济发展注入新鲜的“血液”，也带动了与各个地区的交流互鉴，极大地促进了饮食的交流与融通，使得磐安的饮食文化日趋丰富多彩。

饮食是农耕文明的记事本。磐安小吃生于斯，长于斯，与百姓生活浑然一体，是磐安农耕文明的生动实践。磐安山多地少，山地面积占全县总面积的 91% 以上，耕地面积只占全县总面积的 5% 左右，因此有“九山半水半分田”之说。这导致磐安的饮食结构与周边县市特别是平原地区存在显著差异。江浙一带向来以稻作文化为主，“饭稻羹鱼”的饮食结构，大米是日常的主粮。与此不同，磐安的饮食结构突出一个“杂”字。这从全县的粮食作物种植结构中可以体现出来。全县地貌分低山丘陵、低中山、台地三种类型，水田面积分布不均匀，主要分布在溪涧两旁。新渥、安文、大盘、方前、尖山、岭口、尚湖等乡镇为水稻主产区，其他乡镇水稻种植面积有限。同时，由于山区地势高、气温低、霜期早，新中国成立前全县水田种植以春粮（麦）—稻—秋粮（玉米）为主，旱地作物一般为麦(豆)—玉米(番薯); 玉山台地、低山部分的山地为马铃薯、麦—玉米。大米、麦、玉米在饮食结构中平分秋色，山区则以麦和玉米为主，大米为辅。因此山区有“爬不完的山头，走不完的岭头，吃不完的六谷（玉米）糊”的说法。

据民国《东阳县志》记载，其他粮食作物还有粟、豆类（黄豆、绿豆、黑豆、羊眼豆、四豆、青豆、白豆、赤豆、乌眼豆、老虎豆、蚕豆、豌豆、六月豆、冬豆）、番薯、马铃薯、芦穄（高粱）、荞麦等。其中粟因其耐旱、耐贫瘠，又是切年糖（炒米糖）、做糍粑、制白糖（类似麦芽糖）和酿酒的好原料，种植面积较大。民间有“晒不死会铲的粟，饿不死会化缘的秃”和“粟谷不用料，只要锄头调”之说。“糠菜半年粮”，时令蔬菜品种也较为丰富，主要有冬瓜、南瓜、黄瓜、丝瓜、甜瓜、蒲芦、芋艿、麦葱、龙爪葱、萵苣、苋菜、莙荙菜 、落苏（茄子）、蕹菜、袜儿花、争春菜、九心菜、萝菔、菠薐、苦荬、韭菜、姜、蒜、菘菜、芥菜、白菜、油菜、茭白、芫荽、蕈、笋、薤、蔓青、白扁豆、芹菜、豆荚、虎爪豆、刀豆、雪里蕻、玉蚕等。

然而，人地矛盾的突出和农业生产技术的落后，导致磐安山区普遍采用“刀耕火种”的生产模式。每年都有大量的百姓上山砍树炼山，把整座山的植被砍尽烧光，然后组织“六谷班”掏山，点豆种玉米。今年烧这座山，明年烧那座山，开山开到尖，烧荒烧到顶，“墨林”成了“没林”，“岗头”成了“光头”。尽管老百姓每天辛勤劳作，最后却广种薄收，往往“春种一面坡，秋收一袋粮”。粮食生产无法实现自给自足，百姓普遍过着食不果腹的生活。“野菜食到老，葛衣当早稻，藤梨当蜜枣，松明当灯照”是这种生活的真实写照。

这迫使群众寻找更多的食物来源。“坚如磐石”的磐安人在长期的生产实践中，将许多药食同源的植物纳入日常的饮食中。诸如将择子（石栎）、苦槠的果实以及野葛、蕨类、金刚刺等植物的根茎炼制成淀粉，加工成各种小吃用以弥补主粮的不足；利用老鸦乌叶（豆腐柴叶）、凉粉草、木莲果（薜荔果）的果胶加工制作成凉粉；还将马齿苋、马兰头、荠菜、地衣、蒲公英、大蓟、野茼蒿、紫藤花等近百种野菜作为日常饮食的一部分。磐安的饮食结构与《黄帝内经》所倡导的“五谷为养，五果为助，五畜为益，五菜为充”的健康饮食十分贴合，在交融五味中兼收五谷、口味为上中并蓄五菜、曲尽其妙中包容五畜。

一方水土养一方人。磐安的地理环境、气候条件、人口迁徙、农耕文明等各种因素的共同作用造就了磐安小吃文化的丰富与广博。

二

千百年来，磐安小吃一直扎根于民间，流传于民间，具有浓郁的乡土气息和满满的“烟火气”，深深地融入到群众生活的方方面面。小到一日三餐，大到四时八节、婚丧嫁娶、亲朋聚会、往来应酬，都能见到各种小吃的身影。诸如亲朋间立夏送糍粑，端午送糖饼，重阳送粽子，以及红白喜事中的杨梅馃，上梁的馒头，打灶吃的灶馃，年节时的年糖、米糕、番薯片等。民间也有“七月半，糖饧顿”、“七月半，食米饧”、“立夏麻糍清明馃”、夏至日“麦饼单，苋菜汤”、“清明馃吃个紧个，冬至馃吃个宽个”等反映磐安小吃文化的俗语。

小吃作为一方水土的味蕾印记，既是满足口腹之欲的美味佳肴，更承载着一方地域的文化。人民群众以小吃的谐音、谐意、象形、双关语等，来祈求吉祥，驱邪消灾，庆祝丰收。在过去，玉山一带的人们春节早上起来先喝糖茶，再吃羹、粽子，讨“甜甜蜜蜜”“有耕有种”的彩头；立夏日采青搡麻糍，谓立夏糍粑，分送长辈，寓意永葆青春、健康长寿；上梁用馒头寓意发财，杨梅馃寓意红红火火；以索面、粉干的长寓意长寿；腊月里家家户户做年糕，寓意来年节节高……在过去，除了一些年节性小吃，如粉干、米糖等在市场上有所售卖外，绝大多数小吃都是群众自给自足、自做自享，商品化程度较低。

墨子曾说“食必常饱，然后求美”，其意谓只有解决了温饱以后，才能去追求更进一步的精美。改革开放后，人民群众的衣食住行有了明显的提升，对饮食的追求也逐渐从吃饱转变到吃好，对菜式的种类和质量的要求也越来越高，多元消费和绿色消费的观念逐渐形成。

磐安小吃论操作，蒸、煮、烙、煎、炸……诸法俱全；论口味，酸、甜、香、辣、咸……无不齐备；论手法，拌、压、捏、揉、摔、打……多种多样；论食材，米、面、玉米粉、番薯粉，各种肉类，各色蔬菜……包罗万象。磐安小吃有120多个品种，质优样繁，既可应时令，推出不同的季节花色，又能分档次，适合各类消费者的需要，因此深受广大群众欢迎。一些名小吃（如方前馒头、大盘发糕、玉山米糖等）的商品化程度逐渐提高，在周边县市享有较高的知名度。但受基础设施落后、流通成本偏高、市场信息不畅、品牌建设滞后等因素制约，磐安小吃一直局限于磐安本地。

进入 21 世纪后，随着人民生活水平的不断提高以及基础设施的逐渐改善，磐安山清水秀、气候宜人的生态优势不断凸显，原先交通的“盲点”已变为旅游的“热点”。集原真山水、地质奇观、文化古村、传统民俗于一身的磐安，以其独特的风土人情和自然风光，吸引大量国内外游客前来休闲度假。休闲养生旅游业蓬勃发展，农家乐民宿经济红红火火，成为推动乡村振兴发展的新引擎，磐安小吃也迎来了发展新契机。

在“吃、住、行、游、购、娱”旅游诸要素中，“吃”是第一位的。为了让游客留得住、住得下、玩得开心，广大农家乐民宿经营户想方设法在“吃”字上大做文章，深入挖掘磐安传统饮食文化，推出许多风味独特的地道磐安小吃，提供非遗小吃制作体验。原生态的食材，原汁原味的美食，不仅抓住了游客的胃，更是留住了游客的心，为磐安带来了源源不断的“回头客”。以“游磐安山水，住农家小院，吃农家美食”为主要内容的乡村游风生水起，深受上海等大中城市游客的追捧，农家乐、民宿往往“一房难求”“一床难求”。农家乐发展步入了快车道，从 2000 年全县开办第一家农家乐，到 2005 年以尖山镇乌石村为代表的一批农家乐特色村先后崛起，再到农家乐民宿全面开花，磐安走在了省市前列。“美食 + 旅游”的融合成为磐安“两山”转化的重要途径。磐安小吃在与旅游的相生相长中实现了共兴共荣，在游客的口碑中逐步从小众走向大众，从地域走向四方。

如何将不起眼的小吃打造成带动群众增收致富的“金钥匙”、助推磐安发展的“金名片”？在县委县政府领导下，县旅游、人力社保等相关部门对此进行了积极探索，组织开展“十大特色小吃”评选、小吃技能比武大赛，并将磐安小吃融入旅游、民俗、商贸等节庆活动中。每年的中国・磐安药材交易博览会都会专门开设磐安小吃一条街，向来自海内外的客商宣传推介磐安小吃。小吃“搭台”，文旅“唱戏”，激活乡村发展“一池春水”。盘峰乡围绕全国重点文物保护单位榉溪孔氏家庙，利用深厚的儒家文化，举办以“拜孔子，逛古街，扬儒家文化；赏杜鹃，品小吃，游生态山水”为主题的孔府养生美食节。方前的小吃品种丰富，花样繁多，特别是方前馒头、清明馃、糊拉汰、饺饼筒、扁食和甜酒酿（白药酒）被称为“方前六样”，在周边最负盛名。2013 年起，方前镇委镇政府通过举办乡村美食节等节庆活动，将方前小吃与农事活动、农耕文化、戏曲文化、体育赛事有机融合，把原先的乡镇级美食节逐渐升格为省级名点（名小吃）大赛，打响了方前小吃知名度，方前成功创评为全省唯一的乡镇级“浙江小吃之乡”，成为磐安文旅融合的一张“金名片”。

县委县政府高度重视小吃工作，按照党的十九大提出的“产业兴旺、生态宜居、乡风文明、治理有效、生活富裕”的总要求，将小吃产业作为实施乡村振兴战略的重要内容，摆上议事日程。2018年，县政府将培育发展“小吃经济”写进政府工作报告，按照“继承发展、整合提升”的思路，坚持市场主导、政府引导、部门联动、乡镇（街道）选育、各方参与的融合发展之路，不断挖掘磐安小吃的历史文化，培育提升小吃产业。2019年，成立了由县委主要领导任组长，县委、县政府分管领导任副组长，相关部门和乡镇（街道）主要负责人为成员的小吃产业培育发展领导小组，制定出台《关于加快磐安小吃产业发展实施意见》《磐安小吃产业培育发展资金补助办法》等系列扶持政策，在科学谋划布局、丰富小吃内涵、夯实产业基础、提升品牌形象、提供资金保障等方面做出了统筹谋划，为磐安小吃产业发展指明了方向。

小吃不小，是关乎发展、关乎民生的大产业。相关职能部门以“统揽（小吃种类、小吃文化）、培育（小吃产业、小吃店铺）、包装（包括产品包装、品牌包装等）、推广（包括品牌推广、市场推广等）”为目标，扎实推进小吃政策落地生根，开花结果。2018年，有关部门将方前馒头、糊拉汰、扁食等20个小吃品种列入“磐安小吃”名单，并通过贴房租、送炊具、补装修等政策扶持，在陈界、管头两个农家乐特色村创建两家磐安小吃示范店，以示范店引领小吃产业发展，为小吃经济的培育发展开好头、起好步、打好基础。

小吃产业发展，仅靠制作者和经营者单打独斗是远远不够的，还需要全局思维、系统谋划。相关职能部门紧紧围绕技能培训、文化挖掘、树“品”立“标”、宣传推介等方面做好做足“挖掘、拓展”文章，做牢做实“支撑、发展”基础，用满满的“烟火气”助推产业高质量发展。

小吃产业要做大做强，味道地道正宗是前提，人才集聚、技能培训是关键。县政府连续多年将小吃人才技能培训列为县十大民生实事项目。相关职能部门采取“政府买单、免费培训”模式，以磐安小吃培训学校为主，下乡培训、网络培训、外出培训为辅，开设各种小吃培训班，面向新型农业经营主体、小微创业者、高素质农民推广小吃制作技能，带动群众稳就业、促增收。有关部门在2020年开创性地采用“云课堂”开展磐安小吃网络培训，还在2021年，积极引进省级培训项目，开展“进乡镇入社区”专项培训。县政府与省农商学院达成战略合作协议，大力开展招“院”引“所”，引进高校优秀师资，提升课程的含金量和实用性。手把手指导、面对面教授，为创业者开启“圆梦之旅”

的第一站。不少群众通过学习，成长为小吃制作能手，在自身发展的同时带动他人实现就业、增加收入。

小吃虽小，却是一个地方的特色符号，具有浓厚的人文特色，不仅需要做出“味道”，更需要细细“品味”。相关职能部门深入挖掘“磐安小吃”所蕴含和承载的优秀传统文化，组织力量开展小吃基础调查，通过查阅大量史料、地方志，到方前、大盘、尖山等10个乡镇入户访问，收集特色小吃调查表128份，梳理出“四大系列”共22个特色小吃代表品种，整理编写成《磐安小吃调研报告》。反复征求多方意见后，出台《磐安县“磐安小吃”品牌建设工作方案》《磐安县“磐安小吃”品牌建设三年行动计划》。米浆筒制作技艺、仁川炒米糖制作技艺、土索面加工技艺、方前馒头制作技艺、大蒜饼制作技艺、传统薯糕制作技艺、麦芽糖制作技艺、大盘发糕制作技艺、粉干制作技艺、炒米糕制作技艺、清明馃制作技艺、玉米饼制作技艺、择子豆腐制作技艺、三角叉制作技艺等小吃制作技艺入选县级非物质文化遗产项目。磐安药膳、深泽粉干制作技艺、方前小吃制作技艺入选为金华市非物质文化遗产项目，成为唤醒乡愁记忆的有效载体。

磐安小吃产业在发展过程中，逐渐与优秀传统文化、地方民俗文化共融互促。磐安是“中国香菇之乡”“中国药材之乡”“中国生态龙井茶之乡”，境内有玉山古茶场和榉溪孔氏家庙2个全国重点文物保护单位，赶茶场、炼火、迎大旗3项国家级非物质文化遗产项目，710项省市县各级非物质文化遗产项目。药文化、茶文化、儒文化、非遗文化、民俗文化源远流长，博大精深。相关部门引导经营户将菇乡、药乡元素糅合到装修风格中，推出“磐安非遗小吃”“磐安养生小吃”，打造健康时尚小吃品牌。同时，推进小吃与茶业、中药材产业融合发展，相继开发出灵芝小米酥、山药茯苓饺子、猴菇馒头、黄精酥、石斛索粉、和合糕点、抹茶灵芝御香糕等富有药乡、茶乡特色的磐安小吃新品种。值得一提的是，磐安小吃茶点系列产品的推出，填补了磐安有名茶而无名茶点的产业空白。

小吃是富民产业，而想要生存发展和做大做强，除了依靠特色，更重要的是做出品质、做出档次、做出规范，消费者才会买单，树“品”立“标”是大势所趋。磐安小吃以普通民众为目标，主打大众市场，通过“统一注册商标、统一门店标准、统一制作工艺、统一原料标准、统一经营标准、统一培训内容、集中宣传营销、集中挖掘文化”来打造磐安特色小吃区域品牌，传承“磐安味道”。

传统的磐安小吃经营户基本沿袭了作坊式生产、家庭式管理、粗放式经营带来的弊端。制作经营者年龄偏高，产品市场竞争力不强；制作方式仍然以手工为主，从原料进货、分拣、清洗到制成成品，都由经营户个人把控，没有统一标准，非标准化生产工艺不仅限制了销售渠道，也导致市场上小吃成品“百家百味”，质量良莠不齐。标准化不仅能规范生产制作流程，还能有效避免市场上个别店家滥竽充数。为此，相关职能部门先后制订了竹筒饭、甜酒酿等6种磐安小吃的本地行业标准和“玉米饼”的金华市地方标准，实现小吃从凭经验制作到标准化生产的转变，以一系列行业标准促进磐安小吃规范化发展。此外还面向全社会征集“磐安小吃”形象标志，组织专家评选；统一注册“磐安小吃”地方证明商标，制定磐安小吃企业标准、制作规程以及小吃示范店的经营标准和管理办法，规范小吃行业从业者的行为准则；完成磐安小吃VI设计，规范磐安小吃门店的门头、文化墙、包装、服装、餐厨具等。2022年，建立小吃后厨配送基地，实现大盘发糕、馒头及炒米糕的标准成品配送，配送区域覆盖磐安、东阳、天台等地，特色单品小吃配送全产业链初步成型。

酒香也怕巷子深，好东西也要靠吆喝。相关职能部门坚持“请进来”与“走出去”相结合，不断加大宣传推介力度，组织引导磐安小吃生产经营户“走出去”，参加和美乡村现场会、乡村旅游节、农博会、农民丰收节、名点名小吃展销会、农产品展销会等活动。例如，在方前镇连续举办6届浙江省名小吃选拔赛。这种可看、可吃、可玩、可购的美食展销、厨艺比拼活动，让社会各界品尝磐安美食，感受磐安小吃文化的魅力，也有效扩大了磐安小吃的知名度。磐安小吃及参赛小吃经营户在这些比拼竞技中摘金夺银，获奖无数。在首届中国烧饼文化节上，“磐安大蒜饼”斩获“最佳技艺创新”单项金奖，填补了磐安小吃国家级奖项空白。

随着美誉度和影响力的持续扩大，磐安小吃在中央电视台、学习强国、《中华合作时报》、浙江电视台、《浙江日报》等主流媒体上频频亮相。2019年，中央电视台“走遍中国”、浙江电视台“美食兄弟连”等节目组先后来磐安拍摄制作磐安小吃专题片。2019年9月17日，《中华合作时报》头版头条刊登《把“名小吃”做出“大文章”——浙江省磐安县农合联发展小吃经济开辟致富新途径》，介绍磐安发展小吃经济促进农民增收的好经验、好做法。2020年，中央电视台“美食中国”栏目组到方前、仁川、尖山、安文等乡镇（街道）取景拍摄地衣、方前馒头、酒坛羊肉等美食的烹饪过程，推出《一城一味·山野原香》，讲述磐安人与美食之间的原香故事。中央电视台新闻频道围绕第三届磐安大皿小吃美食节，介绍磐安农家特色小吃产业如何推进乡村经济发展。2023年，中央电视台农业农村频道《谁知盘中餐》节目以“美味有‘智慧’，小吃大门道”为主题，对磐安小吃进行专题报道。2024年中央电视台财经频道以“年味美食热气腾腾百姓生活蒸蒸日上”为主题，向全国观众讲述春节的磐安小吃。

通过一系列“组合拳”，磐安小吃品牌在展销节庆活动中逐渐“树起来”，在与旅游、文化、体育等产业融合过程中逐渐“强起来”，小吃经营户在人员培训后逐渐“多起来”，经营业主在小吃产业发展中逐渐“富起来”。磐安小吃产业从群众自发的、涣散的、无序的、单一的经济活动，经过政府因势利导、大力扶持、精准发力，逐步向有组织、有标准、规范化转变，成为撬动乡村优质资源，推进“大众创业、万众创新”，实现乡村共同富裕的新支点。2018 年至 2023 年，县内外累计创建磐安小吃门店 93 家，辐射范围越来越大，在浙江杭州、金华、东阳、义乌，四川等地都设有分店，甚至走出国门入驻柬埔寨。冷水土索面、深泽粉干、玉山炒米糕、大盘发糕等小吃通过互联网走出了磐安，走向全国。磐安小吃现有各类经营主体 1360 家，新增从业人员 6305 人，全业态营业收入累计 2.76 亿元。磐安因此荣获“2019 诗画浙江·百县千碗工程示范县”荣誉称号。

磐安小吃从无到有，从小到大，实现了从发展产品向发展产业转变，从追求数量向追求质量转变，取得了前所未有的成功，并逐渐成为磐安一张具有良好辨识度和美誉度的“金名片”。

三

在过去的几年里，磐安小吃不断成长壮大。小吃产业发展成效凸显的同时，对标沙县小吃、嵊州小吃等为代表的地方小吃，还存在缺乏系列伴手礼、市场开拓受限、销售渠道不宽、品种繁多但未有效体现优势、区域公用品牌知名度不高等一系列问题。磐安小吃必须坚持问题导向找方法，坚持目标导向探路子，在持续推动小吃产业高质量发展上下功夫、求突破。

坚持“传统、养生、快捷、实惠”的发展理念，做好“小吃 +”文章，完善小吃药膳融合发展的思路举措，深化与文化旅游、农优特产等行业领域共促发展，积极探求磐安非遗文化与传统小吃的结合点，开发一系列具有磐安特色、健康底色的非遗小吃伴手礼，让历史与现实在美食和味蕾中交织碰撞，高水准、全链条打造可吃、可玩、可逛、可购、可赏的旅游体验，进一步打响磐安小吃的文化品牌。

坚持突出扶优扶强，打造拳头产品，鼓励发展连锁经营、生产加工、配送中心企业，加快小吃产业数字化、标准化、连锁化、产业化转型升级。

坚持以人民为中心的发展思想，以深化供给侧结构性改革为主线，以进入高铁新时代为契机，发挥标准引导、品牌示范作用，进一步优化小吃门店布局，在大中城市布局一批“小吃 + 大餐”模式的门店，强化食品安全管理，进一步注重食材的新鲜度和口感，多维度提升小吃服务品质。

坚持与“食”俱进，顺应消费者从吃饱、吃好向吃得有趣味、有特色、更健康的需求，在挖掘传统烹饪技艺，守住特色、守住文化、守住情怀的同时，守正创新，推陈出新，创制出更多低脂、低糖、高纤维的健康小吃，用美食为平凡生活提“鲜”增“色”，让磐安小吃更美味更健康，让群众吃得更加放心满意，更好满足人民日益增长的美好生活需要。

一份小吃，筑就经济发展之基；一份小吃，推动乡村振兴道路愈走愈宽。经过千百年历史沉淀的磐安小吃在当下生活的烟火气中，得到实实在在的传承和创新。同样是靠山吃山，以前是食不果腹，还留下满目疮痍；现在通过养山护山，发展绿色经济，实现了美景美食，美美与共。“美食＋美景”带来好“钱”景，换来了新生活。

“小吃经济”前景广阔，大有可为。全县上下将在“八八战略”的指引下，深入践行“两山”理念，坚持“生态富县、生态富民”战略，以“很高境界的富”为不懈追求的价值目标，不忘初心，砥砺奋进，将磐安小吃做深做细做大做强，勇当“很高境界的富”的接续奋斗者，为中国式现代化磐安实践贡献力量。

道阻且长，行则将至；行而不辍，未来可期。相信磐安小吃一定能带着美味与健康，名扬天下、香飘万里。

大事记

2010 年

9 月 20 日，第四届中国 • 磐安中药材交易博览会期间，浙八味市场专门开设“小吃一条街”，展示磐安各种特色小吃。

2011 年

3 月 18—23 日，安文镇东溪社区在县城城滨路举办 2011 年磐安首届社区民族风情美食节，吸引来自磐安本地及全国各地 50 多个老字号和名小吃商家，展出 100 多个品种美食。

9 月 19—21 日，第五届中国·磐安中药材交易博览会期间，组委会组织举办磐安特色小吃节。

12 月 9 日，磐安县旅游局会同县农办、农业、经商、工商等部门开展“十大养生菜”“十大民间菜”“十大特色小吃”和“十大游购商品”评选活动。磐安炒米粉、农家玉米饼、方前扁食、卷饼筒、农家蕨粉皮、糊拉汰、方前馒头、择子豆腐、磐安泡鲞、糯米肠煎蛋被评为磐安“十大特色小吃”。

2012 年

6 月 11—12 日，浙江电视台影视娱乐频道“厨星高照”栏目组一行专程到方前镇方前村、安文镇花溪村、仁川镇石下村拍摄磐安特色小吃。该节目于 6 月 21 日晚 8:30 面向全国播出。

9 月 19—21 日，第六届中国 • 磐安中药材交易博览会期间，磐安县内 50 余家小吃经营户报名参加“小吃一条街”经营。

2013 年

3 月 28 日，方前镇在岙口村组织举办首届农家旅游文化美食节，以“品尝特色小吃，感受美丽方前”为主题，汇集 30 多种方前镇名特色小吃，让游客和群众大饱口福。

7月，《上海壹周》“搜城记”记者来磐安搜寻美食，对磐安小吃等生态物产做了3个整版的专题报道。

9月13日－10月15日，磐安县人民政府组织举办首届金秋购物节，购物节期间在浙八味药材市场开展磐安传统美食小吃展销活动。

2014年

4月3日，方前镇在岙口村举办第二届美食节，吸引50多家小吃经营户参加。

9月17日—10月7日，磐安县人民政府组织举办第二届金秋购物节，购物节期间在浙八味药材市场开展磐安传统美食小吃展销活动。

12月11日，由大盘镇礼济村高升山庄研发的“孔氏五香糕”，在浙江省第五届农家乐特色菜大赛中荣获金奖。

2015年

3月28—29日，方前镇第三届农家旅游文化美食节在岙口村举行。

4月23日，盘峰乡在榉溪村举办以“拜孔子，逛古街，扬儒家文化；赏杜鹃，品小吃，游生态山水”为主题的孔府养生美食节。

2016年

4月9—18日，方前镇举办“火烧赤壁、花吃方前”旅游文化节暨第四届美食节。活动期间，方前桥头广场、岙口和付店，共设置了近200个小吃摊，深受游客欢迎。

4月29日，首届“磐安药膳”杯特色小吃技能比武大赛在磐安县人力资源市场举行，来自全县15个乡镇的31支代表队参赛。比赛采用现场制作和小吃展示方式，通过微信投票、专家评分、大众评委打分，评选出一等奖1个、二等奖2个、三等奖3个。同时，将评选出的“十佳磐安传统特色小吃”，列入“磐安药膳”政府授权门店必备小吃名录。

8月上旬，中央电视台“味道”栏目组以“我的中国味”为主题来磐安进行节目拍摄。在磐安期间，栏目组深入乡村，探寻磐安药膳、小吃和富有乡村风味的农家宴故事，同时拍摄磐安传统美食制作手艺、药材特产和乡土人文。

节目共分两集，于当年国庆期间播出。

9月30日—10月13日，为配合金华市政协《金华菜谱》编辑工作，磐安县政协在全县范围开展磐安特色菜（菜品、小吃、点心）征集活动。

2017年

2月26日，方前小吃“走进”金华市第七次党代会。

4月8日，由浙江省餐饮行业协会和磐安县人民政府共同主办的浙江名点（名小吃）选拔赛暨2017“悠客小镇·乡约方前”第五届美食节在方前镇下村举行。此次选拔赛汇集金华、绍兴、台州等地的60余家小吃店、130余类名点（名小吃）品种。

同日下午，磐安·方前小吃产业发展研讨会在方前镇下村召开。

9月19日，第十一届中国·磐安中药材博览会暨2017中华药膳烹饪大赛期间，在浙八味市场举办江南药镇药膳美食节。

2018年

2月3日，磐安县人民政府将发展“小吃经济”写入政府工作报告。

3月29日，磐安小吃登上金华市“两会”餐桌。

4月13日，金华市小吃大奖赛在方前镇下村举行，来自各县（市、区）的11支代表队参加比赛，共有48个特色小吃品种参与比拼。磐安代表队获得一等奖。磐安方前馒头、番薯粉扁食、湖滨藤萝特色饼等10个小吃品种获金华名小吃（点心）奖。

4月13—15日，金华市首届乡村旅游美食节暨“山花烂漫——磐安春季旅游周”活动在方前镇下村举行。

4月13—15日，由浙江省餐饮行业协会、磐安县人民政府联合主办的浙江省首届名点（名小吃）总决赛暨2018“悠客小镇·乡约方前”第六届美食节在方前镇下村举行。磐安方前馒头等70余种小吃获金奖。

4月15日，方前馒头手艺非遗传承人施宅民制作出直径2.88米，高0.68米，重达260千克的大馒头。

7月4日，磐安县供销合作社联合社组织召开“磐安小吃”标识征集评审会。

9月12日，浙江省首届药膳（小吃）创作大赛在磐安举办，翡翠湖度假酒店获得团体金奖。

9月，方前镇通过浙江省餐饮行业协会组织的“浙江小吃之乡”创建验收，系全省唯一一个乡镇级“浙江小吃之乡”。

10月1日，尖山镇管头村“磐安小吃”店正式对外营业，系全县首家“磐安小吃”示范店。

11月16日，第六届兰溪美食节暨2018中华地方名小吃总决赛上，番薯粉、扁食荣获2018中华地方名小吃总决赛金奖。方前馒头、糊拉汰荣获2018中华地方名小吃总决赛银奖。

2019年

1月18日，磐安县第十三届人民代表大会第三次会议表决通过将磐安小吃纳入2019年县十大民生实事项目。

2月11日，金华市委书记陈龙来磐安调研期间，考察磐安小吃示范店。

3月2日，方前馒头正式“入驻”东阳好乐多超市，另有9家超市同时上架。

4月6日，浙江省第二届名小吃选拔赛暨2019“悠客方前·戏迷小镇”首届风筝大赛在方前镇后朱村举行。方前馒头、黄金夹心饼、毛粢米果、花结荣获浙江省第二届名点名小吃总决赛金奖，比翼鸳鸯饺荣获银奖。施华杰个人获得“杰出贡献奖”荣誉称号。

5月1日，2019“农商杯”大皿首届音乐啤酒节暨第二届农家小吃节在双峰举行。

5月16—18日，浙江电视台“美食兄弟连”栏目摄制组来磐安拍摄磐安药膳、磐安小吃等美食专题片。该片于6月26日20:30在浙江电视台影视娱乐频道“美食兄弟连”栏目播出。

5月18—19日，由浙江省妇联、省农业农村厅、省文化和旅游厅、省农村信用合作社联合社联合举办的“妈妈的味道”民间美食巧女秀（第二季）活动总决赛在宁波市宁海县举办，本县选手施彩凤、施彩华分别荣获巧手美食奖和最佳人气奖。

5月21日，广西壮族自治区农业农村厅副厅长梁雄带队来磐考察小吃工作。

同日，景宁县政协、景宁县供销合作社联合社来磐安考察小吃工作。

5月22日，金华市委副书记、市长尹学群考察磐安小吃示范店。

7月2—8日，东西部扶贫劳务协作项目——磐安特色小吃培训在四川省仪陇县马鞍镇开班。

7月3日、4日的22:00至22:30，中央电视台《走遍中国·磐安篇》，在中文国际频道播出。该片聚焦磐安乡村旅游和特色产业发展，展示磐安小吃、中药材、食用菌、茶产业等内容。

8月，介绍盘峰竹筒饭、冷水土索面、玉山炒米糕、大盘发糕、方前馒头等磐安小吃的卡通广告植入40省道东阳市前山站至南上湖站的12个公交站台。

9月10—12日，磐安县供销合作社联合社、磐安县总工会联合举办困难企业转岗再就业职工技能培训暨磐安小吃制作技能大赛。

9月17日，由中华全国供销合作总社主管的《中华合作时报》头版头条刊登《把“名小吃”做出“大文章”——浙江省磐安县农合联发展小吃经济开辟致富新途径》。

10月，磐安县小吃培训学校启用。

10月，《心·磐安》系列丛书之《乡土美食·人间至味》由西泠印社出版社出版发行。该书共分《磐安山珍　地道风物》《磐安药膳　膳行天下》《磐安土菜　家园风味》《磐安小吃　乡间美味》《磐安美食　回味悠长》5个篇章，共30余万字，是第一部详细、系统介绍磐安乡土美食的著作。

10月14日，杭州首家磐安小吃旗舰店正式开业，该店是“磐安小吃”在县域外打造的首家旗舰店。

11月5日，磐安县人民政府常务会议审议通过《加快磐安小吃产业发展实施意见》，为做大做强磐安小吃产业提供政策保障。

11月7日，磐安县小吃协会成立大会暨第一届会员大会召开。会议听取《磐安县小吃协会筹备工作报告》，审议并通过县小吃协会有关规章制度，选举产生磐安县小吃协会第一届理事会。

11月15—17日，2019年发展中国家女官员参与社会管理能力建设研修班在磐安举行，来自埃及、埃塞俄比亚、安提瓜和巴布达、波黑、加纳、毛里求斯、尼泊尔等13个国家的30名女官员来磐安开展实地现场教学。她们在磐安期间品尝甜酒酿、鸡蛋糕等磐安小吃，并体验亲手制作清明粿等磐安小吃。

11月27日，磐安小吃首家省外专营店在四川省仪陇县开业。

12月2日，全省农家特色小吃产业发展推进会在新昌县召开，金华市农业农村局有关负责人在会上重点介绍磐安小吃发展情况。

12月11日，磐安县供销合作社联合社、县财政局、县人力社保局联合出台《磐安小吃产业培育发展资金补助办法》。

2020年

1月10日，磐安县小吃协会召开第一届理事会第二次会议。

2月24—28日，磐安县供销合作社联合社、县农业农村局、县人力社保局、县妇联、县融媒体中心联合举办的首届磐安小吃网络直播培训在磐安小吃培训学校举行。

4月22日，磐安县第十三届人民代表大会第四次会议表决通过将磐安小吃纳入2020年县十大民生实事项目。

5月12日，磐安县供销合作社联合社组织召开县小吃协会第三次理事会议暨磐安小吃团体标准评审会。会上对饺饼筒、糊拉汰、扁食、竹筒饭、甜酒酿等小吃团体标准初稿进行评审。

5月16日，磐安县获“2019诗画浙江·百县千碗工程示范县”荣誉称号。

5月23日，2020浙江餐饮产业发展大会暨浙江小吃产业发展高峰论坛在方前镇岙口村举行。

同日，“饿了么”磐安站城市服务商与磐安县小吃协会签订电商平台助力小吃产业转型升级战略合作协议。

同日，磐安磐味农业发展有限公司发布磐安小吃品牌VI设计，随后又对IP形象“磐小安”进行注册。

5月23—24日，由浙江省餐饮行业协会、磐安县人民政府主办的第三届浙江名点（名小吃）选拔赛在方前镇和溪村后朱自然村举行。磐安小吃获得竹筒饭、甜酒酿、馒头、玉米饼、大蒜饼等5个品类的金奖。

6月28日，浙江省文化和旅游厅主办的“非遗薪传”浙江传统美食展评活动评出30个入围项目（传统菜肴10个，面点小吃20个），磐安小吃榜上有名。

7月9日，浙江省供销合作社联合社党委书记、理事会主任邵峰来磐调研农家乐服务体系建设，在磐期间实地走访磐安小吃新城旗舰店和磐安小吃培训学校。

9月3日，由浙江省农业农村大数据发展中心和磐安县人民政府联合主办的“2020年磐安农产品展示展销暨农商对接大会”在尖山镇乌石村开幕，对接大会专门设置了药膳小吃展区。

9月23日，由浙江省妇联、省农业农村厅、省文化和旅游厅主办的“妈妈的味道”浙江省第四届民间巧女秀活动在临海举行，磐安小吃新城店代表磐安县参加比赛，参赛作品“大蒜饼”荣获此次活动最高奖项“巧手美食奖”。

10月，《磐安历史文化丛书》由浙江古籍出版社正式出版，该丛书包括《磐安古代风景诗选》《磐安先贤录》《磐安非遗大观》《磐安味道》。

10 月 16—18 日，由浙江省商务厅、世界中餐业联合会主办，浙江省餐饮行业协会、浙江省浙菜文化研究会承办的“浙里来消费 金秋嘉年华——浙味美浙里品·首届中国浙菜美食节暨第十届浙江厨师节”在杭州举行。磐安县人民政府副县长陈亚琳、县小吃协会副会长吕春玉荣获 2020 浙江点心（小吃）发掘和推广个人杰出贡献奖荣誉称号。磐安方前馒头、甜酒酿获展示金奖。

10 月 19 日，由浙江省中医药大健康联合体、省中药材产业协会、省中医药学会、省营养学会、省餐饮行业协会和磐安县人民政府共同主办的第二届“浙江省十大药膳”评选活动揭晓。磐安湖滨酒楼选送的黄芪当归牛筋汤、磐安隐野膳食管理有限公司选送的茯苓馒头、方前道地小吃开发有限公司选送的石斛猪肚鸡 3 道药膳入选第二届“浙江省十大药膳”。

10 月 23—24 日，由浙江省餐饮业协会、新昌县人民政府主办的 2020 年“诗画新昌”天姥文化季活动 2020 年新昌中国农民丰收节暨 2020 浙江餐饮产业发展大会、浙江省第三届名点名小吃总决赛在新昌举行。“磐安小吃”大蒜饼、饺饼筒、玉米饼、甜酒酿、馒头荣获省名点名小吃总决赛金奖，花样馒头、糯米蛋糕获得银奖。

10 月 27 日，磐安县供销合作社联合社联合浙江省中经发政企合作服务中心，在杭州组织召开政企合作助力磐安小吃产业发展研讨会。

11 月 6—8 日，由浙江省供销合作社联合社、磐安县人民政府主办，浙江省农家小吃协会、磐安县小吃协会、双峰乡政府、大皿旅游开发公司承办的“浙江省农家小吃展销会暨第三届磐安大皿小吃美食节”在双峰乡大皿村举行。中央电视台新闻频道以“农家特色小吃产业推进乡村经济发展”为题进行报道。

11 月 17 日，由浙江省餐饮行业协会指导、点心专委会主办的以“品浙江名茶点，享美好新生活”为主题的浙江省第二届名茶点名茶肴大赛在杭州举行，“磐安小吃”茶点系列产品“和合糕点”“抹茶灵芝御香糕”获得此次大赛金奖，填补了磐安作为“中国生态龙井茶之乡”“中国名茶之乡”有名茶而无名茶点的空白。

11 月 20 日，人文美食类纪录片《一城一味·山野原香》在中央电视台中文国际频道开播，“美食中国”栏目组在方前、仁川、尖山、安文等乡镇（街道）取景拍摄地衣、方前馒头、酒坛羊肉等美食的烹饪过程，讲述磐安人与美食之间的原香故事。

12 月 23 日，浙江省农业农村厅公布“浙江农家特色小吃百强”推选结果，磐安大蒜饼、方前扁食入选。

2021 年

1 月 11 日，浙江省中经发政企服务中心主任王前利一行人来磐安洽谈乡村振兴、磐安小吃等战略合作事项。

1 月 22 日，磐安县第十三届人民代表大会第五次会议表决通过将磐安小吃纳入 2021 年磐安县十大民生实事项目。

3 月 31 日，磐安县供销合作社联合社组织小吃业主参加在东阳市花园村举行的金华市“妈妈的味道 幸福的味道”喜迎建党百年华诞活动。

4 月 23—25 日，磐安小吃受邀入驻在杭州举办的“2050 大会”，为参加活动的上万人提供茶歇。磐安县供销合作社联合社选送方前馒头、甜酒酿、竹筒饭、玉山炒米糕、大盘发糕、大蒜饼、铁皮石斛汁等 10 余种独具磐安地方特色的小吃、饮料进行现场展示和品尝。

4 月 28—30 日，“磐安小吃”亮相由浙江省农业农村厅举办的浙江省首届乡村美食大会。

5 月 1—2 日，由浙江省广播电视集团新蓝网、浙江省餐饮行业协会、磐安县人民政府主办、磐安县供销合作社联合社等单位承办的“希望的田野•春之韵”磐安小吃文化节活动浙江省第四届名点名小吃选拔赛暨磐安“十小碗”品鉴会在方前镇和溪村举办。

6 月 21 日，浙江省委副书记、省长郑栅洁来磐安调研期间，考察磐安小吃示范店。

9 月，磐安小吃大蒜饼、方前扁食入选由浙江省农业大数据发展中心统一编印的《浙江农家特色小吃案例集》。

9 月 29 日，浙江省供销合作社联合社党委委员、副主任冯冠胜一行到磐安小吃研究院调研指导。

9 月 29—30 日，由磐安县市场监管局、县妇联共同主办，汇集磐安县传统小吃、特色美食的“妈妈的味道”磐安小吃展示展销活动在江南药镇樱花广场举行。

11 月 11—14 日，由浙江省农业农村大数据发展中心和浙江省农业农村教育培训总站主办、浙江农业商贸职业学院承办、磐安县供销合作社联合社协办的“2021 年浙江省第七期农家特色小吃品质提升培训班暨磐安小吃 2021 年第 12 期培训班”在磐安开班，77 名省内外磐安小吃的经营业主与行业协会代表参加培训。

11 月 17 日，磐安县人民政府与浙江农业商贸职业学院签署战略合作协议，成立磐安小吃研究院，并启动首批研究项目。

同日，浙江农业商贸学院周文根院长一行人到磐安小吃培训学校、磐安小吃研究中心调研指导。

12月5日，金华市委书记凌志峰在磐安调研期间，考察磐安小吃培训工作。

12月29日，金华市地方标准《金华地方传统小吃磐安玉米饼》审定会召开。该标准由磐安磐味农业发展有限公司主导起草，是磐安首个立项的金华传统小吃市级地方标准。

2022年

2月13日，磐安县第十四届人民代表大会第一次会议表决通过将磐安小吃纳入2022年磐安县十大民生实事项目。

2月15日，浙江省委书记袁家军来磐安调研期间，考察磐安小吃管头示范店。

5月6日，磐安大蒜饼、磐安花结、磐安饺饼筒、磐安扁食4个单品小吃宣传视频参加由浙江省妇女联合会、省农业农村厅、省商务厅、省文化和旅游厅联合举办的“妈妈的味道”山乡26味短视频大赛。

5月31日，金华市中青班共同富裕先行示范战略实践锻炼小组来磐安调研磐安小吃工作。

6月21日，浙江农业商贸职业学院艺术设计系主任吕玉龙一行12人来磐安考察调研磐安小吃工作。

6月28日，2022年磐安县“十大药膳”评选活动在县药膳科创中心举行。

7月22日，磐安小吃受邀参加由浙江省餐饮协会主办的“欢乐盛夏·浙里有礼”暑期促消费行动。

9月22日，磐安小吃参加由金华市文化广电旅游体育局和金华市市场监督管理局主办的金华市首届旅游饭点茶歇创意设计比赛。

9月23—25日，磐安小吃参加由浙江省农业农村厅和金华市人民政府联合在东阳市粜卢村举办的中国农民丰收节。

9月，方前镇盘活一座清末时期的四合院，将其打造成小吃记忆馆。

9月23—25日，在由中国国际茶文化研究会、浙江大学、中华全国供销合作总社杭州茶叶研究所、中华茶人联谊会、杭州市政府主办的“第八届中华茶奥会全国名茶点名茶肴大赛选拔赛暨浙江省第三届名茶点名茶肴大赛”上，磐安小吃“儿时的味道——花结系列”荣获团体赛金奖。花结、紫米黄精糕、芝麻糕取得单项作品“两金一银”的好成绩。

10月10日，首家“磐安小吃”直营店在磐安县宝龙广场开业，该直营店由磐安县城建集团下属单位磐安磐味农业发展有限公司负责经营，向大众推出20多个小吃品种。

11月，磐安小吃、磐安药膳入选浙江省第十七届运动会菜单。

11月11—12日，2022浙江省中药材博览会暨第十五届磐安中药材博览会在磐安举办，活动期间开展第三届中华药膳烹饪大赛、磐安美食小吃节等活动。

11月21日，磐安小吃大蒜饼、玉山花结、饺饼筒参加由浙江省妇女联合会、省农业农村厅、省商务厅、省文化和旅游厅共同主办的浙江省“妈妈的味道”山乡26味发布暨百城百店建设启动仪式。

2023年

2月22—23日，磐安小吃参加在省文化和旅游厅机关食堂举办的“百县千碗·金华好味”活动。

3月22日，磐安药膳、磐安小吃融合发展投资合作签约仪式举行。

3月31日—4月2日，磐安小吃参加由浙江省农业农村厅、温州市人民政府共同举办的浙江省第二届乡村美食大会线下展示展销活动。

4月8日，磐安特色药膳小吃在杭州举行的第十二届全国中西医结合营养学术会议上亮相。

4月20日，磐安大蒜饼被浙江省商务厅评选为2023年“味美浙江”城市地标美食。

4月20—22日，磐安小吃参加在杭州国际博览中心举办的味美浙江·餐饮消费欢乐季首启活动。

4月23日，磐安小吃柬埔寨店正式对外营业。

4月24—26日，由磐安县供销合作社联合社联合浙江农业商贸职业学院、磐安县妇联、共青团磐安县委共同举办的推进山区海岛县高质量发展——2023年浙江农商院送教磐安小吃电商直播品牌公益培训班在磐安开班。

4月26日，磐安小吃、特色茶歇茶点亮相浙江省党建引领“巾帼共富工坊”建设现场会。

4月27日，磐安小吃参加由中国烹饪协会、浙江省餐饮行业协会主办的首届中国烧饼文化节。磐安大蒜饼荣获“最佳技艺创新金奖”，系磐安小吃首次获得的国家级荣誉。

4 月 28 日，磐安药膳小吃亮相第三届金华发展大会。

5 月 12 日，磐安小吃参加金华市第二届“百县千碗 • 金华好味”厨神大赛和小吃美食展，磐安大蒜饼入选金华“十大”金奖小吃。

5 月 13 日，磐安小吃参加由浙江省文化和旅游厅组织举办的“浙江味道·百县千碗”全省名小吃（名点心）挑战赛。

5 月 19 日，由浙江省餐饮行业协会、磐安县人民政府主办的“味美浙江”浙江省第五届名点名小吃选拔赛暨浙江省餐饮业助农共富速派直通车首发仪式在方前镇和溪村举行。磐安小吃大蒜饼、方前馒头、三角叉、饺饼筒等特色小吃共获得金奖 14 个。

6 月 1—3 日，由磐安县供销合作社联合社主办、县农合联职业技能培训学校有限公司承办的 2023 年磐安县中式面点师职业技能竞赛在磐安小吃培训学校举办。

6 月 13 日，磐安小吃亮相 2023 中华斗茶大赛暨第八届磐安云峰茶文化节活动。

6 月 28 日，中央电视台农业农村频道“谁知盘中餐”栏目以“美味有‘智慧’小吃大门道”为主题，对磐安小吃进行专题报道。

7 月 4—6 日，推进山区海岛县高质量发展——2023 年浙江农业商贸职业学院送教磐安县特色小吃技能提升公益培训班在磐安小吃培训学校开班。

8 月 31 日，金华市农家乐产业协会成立大会暨第一次会员大会在磐安召开，会上发布十大特色小吃。

9 月 11—15 日，2023 年浙江省磐安小吃品质提升高素质人才培训班在磐安小吃培训学校、浙江农业商贸职业学院举办。

10 月 16—20 日，磐安县山妹子赋能培训——“妈妈的味道”磐安小吃综合班在磐安小吃培训学校开班。

10 月 28—30 日，磐安小吃参加“2023 浙江省优质品牌农产品秋季选品会暨金农好好 • 金秋百味美食汇”活动。

11 月，大蒜饼、方前馒头、方前扁食列入由浙江省文化和旅游宣传推广信息中心、省旅游协会、省餐饮行业协会共同评定产生的全省“味美浙江·百县千碗”1000 道风味美食名录。

11 月 10—12 日，由磐安县供销合作社联合社主办的磐安药膳小吃节活动在新渥街道举办。本次活动共有参展商 26 家，汇集了百种特色小吃、药膳。

2024年

2月5日，中央电视台财经频道以“年味美食热气腾腾 百姓生活蒸蒸日上”为主题，向全国观众讲述春节的磐安小吃。

3月7日，“妈妈的味道”磐安小吃技能大赛在尖山镇乌石村举行，全县各乡镇（街道）26支参赛队伍参加比赛。

3月15日，仙居县供销合作社联合社来磐安考察磐安小吃工作。

5月，“诗画浙江 康养磐安”专列在长三角地区正式上线。该专列车厢内挂有磐安小吃药膳画报，向旅客推介磐安小吃。

5月11—13日，“繁花深处 飞驰磐安”浙江省第六届名点名小吃选拔赛暨全省首届馒头邀请赛在方前镇和溪村举行。

7月5日，磐安玉米饼在“味美浙江·百县千碗”2024全省非遗美食挑战赛中获得小吃类创新奖。

7月16日，磐安小吃在“点亮供销·共富味道”农家小吃进高校暨“浙农杯”2024年浙江省农家小吃技能竞赛中荣获文化组金奖。

7月19—21日，磐安小吃参加2024“味美浙江 食在金华”巡展暨“悦婺州 最生活”夏日消费欢乐季活动。

小吃撷萃

面、饭类

以面粉、大米、杂粮为主料制作的面条、馒头、饭类小吃。

深泽粉干

粉干由米粉制成，是南方地区大米种植区的特产。深泽粉干的历史可以追溯到明朝，当时北方人为逃避战火来到南方，由于饮食习惯和思乡之情，用米粉替代小麦粉，生产出与面条相似的粉干。磐安深泽粉干尤为有名。新渥街道罗家村是深泽粉干加工专业村，也是有记载的金华地区历史上最早制作粉干的村庄。

主料：大米

配料：水、石斛粉（做石斛粉干时加入）

制作方法：

1. 浸泡大米，将大米用机器磨成米浆。
2. 米浆在沉淀池中沉淀后，捞出表面清水，取出沉淀好的米粉。
3. 将米粉装入袋中，上面盖上重物挤压，进一步挤出水分（制作石斛粉干时可在这一步完成后加入石斛粉）。
4. 将压好的米粉用机器做成块状，放入蒸箱中蒸熟。
5. 用机器将蒸熟的米粉压制成丝状的米粉条。
6. 将丝状的米粉条放在长竹匾上，露天晾晒风干后进行包装。

特点：通透洁白，口感劲道，营养价值高。

/ 延伸阅读 /

粉干，又被称为“米面”“米线”“粉头”，是一种以大米为主要材料的传统食品。它既能做小吃，也可做主食，每户人家都可以根据自己的喜好，选择做汤或者干炒。

每逢天朗气清、阳光普照的日子，在磐安新渥街道罗家村的田野上，经常能看到一抹别样的风景：长达四五米的竹匾上，晾晒着一大片白色的粉干。这便是磐安有名的深泽粉干。

制作粉干的原料只有大米，但制作过程稍显复杂，需要花费较多的时间和精力，并且对天气也有较高的要求——通常只有在大晴天的时候才能做。作为深泽粉干加工专业村的罗家村，是金华地区历史上有记载的最早制作粉干的村。

在晴好的日子里，罗家村做粉干的人从零点就要开始忙活。先将提前用清水泡好的大米磨成米浆。在往昔，这一步通常用石磨，现在石磨已经被专业的米浆机取代。泡好的大米经过米浆机，就变成了洁白的米浆。

而后是将磨好的米浆放在一个大的容器中进行沉淀。经过一段时间后，上层的水变得清澈，就说明沉淀完成。将表层的水分舀出，取用下面沉淀好的米粉。

此时的米粉还含有不少水分，因此还得进行压干的操作。将米粉装入编织袋中，扎好袋口，一摞一摞放进水泥槽中，在上方压上重物。这样的做法可以将米粉中的水分进一步挤出，让米粉变得干燥。米粉干燥完毕后，将其放入特制的机器中压制成块状，像馃一样，因此这一步也被称为“做馃”。若想要让粉干变得更有营养，可以在干燥完毕的米粉之中按照一定比例加入石斛粉后再做馃，就能做成石斛粉干。

做成馃的米粉块直接上锅蒸熟，用机器将蒸熟的米粉压成丝状的米粉条。压出的米粉条放入蒸笼之中，再蒸一遍。

做粉干的最后一步，就是晒粉。将蒸熟的米粉条放在长条形的竹匾上，放在太阳下晒干。晒粉必须当天完成，所以天气非常重要。等到这一步的时候，外面的天已经露出了鱼肚白，刚蒸熟的粉条升腾的热气和晨曦中的微光结合在一起，展示出了一幅美妙的图画。

深泽粉干是磐安人餐桌上的心头好。无论是纯大米做的粉干，还是石斛粉干，都有丰富的吃法。或是做成汤粉：锅里烧水煮开，放入粉干煮熟，加上调味料，而后倒上浇头——多是家常菜，根据每户人家口味，各有不同。或是做成炒粉干：将粉干在清水里泡软，备好鸡蛋、青菜、肉丝、香菇等配菜，配菜炒熟后加入粉干一同翻炒，不过十来分钟，一道美味的炒粉干就能完成。

其实现在晒粉也可以选择在烘干房中进行，不用刻意强求晴天。但是罗家村的老匠人们还是愿意遵循最传统的制作方式，他们坚信，在阳光下自然晾晒而成的粉干，味道更胜一筹。他们的坚持，也在磐安人对深泽粉干的喜爱中，得到了回应。

（撰文 / 林浩 张燕）

扁食

扁食这一名称的起源与朱元璋有关。据说他登基后为了让天下百姓能够共享一种食物，便下令在除夕夜交子时分（午夜 12 点），百姓无论贫富贵贱都要吃这种由面和馅料制成的食物，因其意为“遍天之下同食一物”，故称为“遍食”，后逐渐演变为“扁食”。磐安的扁食以番薯粉为主料，煮熟后外皮透亮有韧劲，是当地人民日常饮食的一部分，也是节日庆典、亲朋聚会时不可或缺的美食。

主料：番薯粉、面粉

配料：猪肉、胡萝卜、豆腐、豆角等

制作方法：

1. 将番薯粉和面粉混匀后加入水，和出合适的面皮。
2. 做馅，将猪肉、胡萝卜、豆腐、四季豆等分别切成丁后，加入适当调味料，炒熟并混在一起。
3. 包扁食，有普通型和元宝型之分。
4. 煮扁食，煮好后在汤汁中加入适当调味料即可食用。

特点：圆润饱满，状似元宝，外皮弹牙有韧劲，内馅咸香，佐料丰富。

/ 延伸阅读 /

扁食，在磐安叫作“扁食”，也有地方称为“馄饨”，川渝称之为“抄手”，两广叫其“云吞”，到了安徽又成了“包袱”。

磐安的扁食，主要特点在于皮和馅料，汤的鲜味则靠猪油、酱油、醋和葱花、榨菜等一众小佐料吊着。

扁食皮透而不明，因为原料用的是掺杂面粉的番薯粉，这样做出来的皮煮熟后会比一般面粉做出来的皮更透亮，口感也更有韧劲。磐安扁食的馅料也十分丰富，最基础的肉里掺杂着胡萝卜、豆腐、四季豆，有时候还会来点提香的花生碎。馅料需要提前炒制，猪油加热后依次加入切成碎末的配菜，依据自家的口味加入佐料，最后就会得到一碗五颜六色的喷香馅料。

馅料凉透后，就可以开始包扁食了。扁食皮的形状没有固定的标准，多是梯形和方形。二者包的方式差不多，差别可能在于包好之后扬起的“耳朵”大小。在皮的中间放上适量的馅，用包春卷的方式，将皮的一边裹着馅料卷起来，同时要将两边捏紧，以防馅料漏出去。卷到皮还剩五分之一的时候停下，将两边捏合在一起，就会得到一个喜庆的元宝扁食。如果用圆形皮，通常就会包成圆头圆脑的锁边扁食。

扁食的吃法也有许多花样。最快最方便的方法当然是煮。在滚烫的水中翻滚，不过几分钟，扁食的皮就从乳白变得透亮，其中包裹着的馅料也逐渐清晰，橙色的是胡萝卜，白色的是豆腐，绿色的是豆角……将煮熟后的扁食放入汤中即可端上桌去。咬破外皮后，咀嚼到的是紧实、脆爽、嫩滑细腻的馅，让人回味无穷。如果舀汤中的佐料与扁食一起送入口中，可获得更好的体验。

如果不喜欢汤汤水水的，可以将扁食煎着吃。滋滋作响的热油逐渐渗入扁食，将其底部变得脆而不硬。上层的扁食仍然保持着韧劲，沾上一点香醋，再从中间一口咬断，咔嚓作响。番薯淀粉油煎之后的独特香气包裹着扁食，带来与煮扁食截然不同的美食体验。

在磐安人的心里，扁食可以当作正餐主食，也可以当作宵夜点心。日常生活里有它，逢年过节大餐桌的“满汉全席”上也有它。有食如此，夫复何求？（撰文 / 温瑶瑶）

方前馒头

方前馒头是磐安传统面食小吃，制作时用当地植物辣蓼做成的白药替代酵母，而独具磐安特色。方前馒头蒸熟后要印上“喜”“寿”“禄”“福”等吉祥的朱色字样。相传在馒头上印朱色字样，还与朱元璋当皇帝后，将曾经逃难到方前时落脚的朱姓村落改名为“后朱村”有关。

主料： 小麦粉

配料： 白药、糯米粥、小麦麸皮、籼米粥

制作方法：

1. 白药磨碎泡开后和煮熟的糯米粥混合在一起，发酵出“小酵”，风干后得到“酵尖”，密封保存，随时取用。
2. 将酵尖、籼米粥、小麦麸皮混合发酵出酵液。
3. 酵液与小麦粉混合均匀，进行揉搓，得到面团。
4. 将面团分成合适的大小，上锅蒸熟即可。

特点： 外表丰满浑实，内里雪白暄软，口感柔软又有嚼劲，带有一丝香甜。

/ 延伸阅读 /

方前馒头能在各种面食中独树一帜，靠的就是其独特的制作工艺和口味。其中最重要的材料，便是发酵所用的白药。方前馒头所用的白药是用辣蓼制作而成。新鲜的辣蓼晒干后放入罐中熬煮出汁，再在其中加入大米粉或者谷粉揉成一个比元宵略大的圆子，即是白药。

制作方前馒头的第一步不是和面，而是制作酵液。白药磨碎后泡开，将其与冷却的糯米稠粥搅拌均匀后静置发酵，夏天需等待2—3天，冬天延长一两天，等看到固体沉淀，液体逐渐变得清透即可获得所需的“小酵”。小酵中加入小麦麸皮搅匀捏成面团，再置于阴凉处风干成碎块，就成了“酵尖”，密封保存后可随时取用发酵面点。随后，将籼米熬成稠粥加入小酵和小麦麸皮，进行二次发酵，等到粥的中间形成馒头似的隆起，再将其搅拌均匀。如此大概3—4次之后，将液体过滤出来，便得到了可以直接制作方前馒头的酵液，称作“大酵”。

在堆成小山的小麦粉中挖出一个洞，倒入酵液的同时进行搅拌。将二者均匀混合后，经过拌、压、捏、揉、摔、打等一系列的步骤，最后就会得到一个白白胖胖、富有弹性的面团。这一步十分需要技巧和耐心，如果揉得不到位，后续蒸出来的馒头就会失去饱满的弧度。

将面团揪成适宜、均等大小的馒头坯，放入预热的蒸笼中，再次进行醒发，这一步叫作酣笼。蒸笼里的余热让酵母菌活跃起来，同时让面团和白药可以充分地融合，方前馒头每一口都浸润着的香味便来源于此。待一排排小小的团子逐渐变大，便可以生火蒸馒头了。

灶里填满柴火，锅里的水“咕嘟咕嘟”冒着蒸汽，温度源源不断地向上传递，大约15分钟后馒头便可以出笼了。

趁热掰开一个方前馒头，醇厚香味扑鼻而来。直接吃，口感暄软，滋味香甜，三两口一个就能下肚。若是想吃点花样，那方前馒头就像一张白纸，配上任何材料都不会突兀。想吃得清淡些，就夹上刚炒的青菜与肉片，这是一种不那么“大开大合”的美味；想吃得“浓墨重彩”些，可以加自己家里腌制的酸菜或者咸菜，以及腐乳、臭豆腐等，这是一种能让人七窍洞开的快乐；甚至还可以烤、炸。

圆润不同于圆滑，是一种饱满而润泽的状态，一如方前馒头。用复杂的材料、工序去浸润自己，呈现出来的仍然是平凡。可独当一面，也可为他人作配，这种进可攻退可守的智慧，在方前，一个小小的馒头就生动体现出来。（撰文 / 温瑶瑶）

土索面

土索面，又被称为“坠面”，在磐安流传了四百多年。相传明末清初，邻县永康的一位姑娘嫁到磐安，将这土索面的手艺带了过来。如今，在磐安南部的各个村落，均有人会制作土索面，以磐安冷水镇潘潭村的土索面最为出名。后来有人在土索面中加入新鲜石斛，做成石斛土索面。

主料： 面粉

配料： 水、盐、鲜石斛汁（制作石斛土索面时加入）

制作方法：

1. 在面粉中加入水和盐进行和面，水和盐的比例要根据当天的天气情况调整。
2. 将和好的面揉搓成大长条形，沿着面缸一圈圈盘好，每层中间撒上面粉以免粘连。
3. 面条在缸中发酵完毕后取出，交错盘在两根长面筷上。
4. 将长面筷放入特制的面箱中悬挂一段时间，进行“催面”，时间长短根据天气情况调整。
5. 选一个空旷的场地进行晒面，将面筷一头架在高处，另一头自由下垂，在重力的作用下，面条会逐渐拉长、变细。
6. 晒干后取下面条，按照固定的长度进行切割、包装。食用时按照一般面条进行烹饪即可。

特点： 口感爽滑，健康滋补，味道鲜美。

石斛土索面

特色炒土索面

/ 延伸阅读 /

在磐安，若说起面条的代表，那定然是土索面，又被称为“坠面”。它在当地不仅是日常饮食，更是产妇月子里必备的传统食品之一。

因为在和面阶段就要加入盐，所以土索面的制作十分看重季节与天气，温度、湿度、风力等都会影响面条的品质。季节上，土索面通常在立冬以后制作，持续到来年的5月。这一段时间气候都比较干燥，温度也偏低。天气上，晾晒面条一定要选在一个大晴天，有了充足的阳光才能赶在下午3点前将面条晾晒好收起来。这是因为日落后地表的湿气就会逐渐升起，若是被面条里的盐分吸收就会返潮，导致面条粘在一块。

面条好不好吃，和面是关键。要在大清早太阳还没出来之前就完成和面，才能不耽误后续工序。要让和出的面软硬均匀，就必须根据当天的天气调整水和盐的比例。一般来说，冬天的时候温度和湿度都低，那就盐少、水多；开春之后，温度和湿度较之前有些许上升，那就盐多、水少。夏天因为湿度大，气温高，一般是不做土索面的。和面完成的标准是“三光”，即面光、手光、盆光。

和好面，离成功就更近了一步，接下来的工序，也是土索面的特色所在。和好的面团，放在面板上用手使劲揉，用面棒压成一根长面块，再用刀切成一根根大面条。将大面条揉搓成细长的小面条，然后一圈一圈贴着缸壁，放入面缸里面。放的时候每一层间要撒点面粉，防止面条之间粘连。面条要在缸中发酵一段时间。

发酵完毕之后，将面条一根根抽出，上下缠绕在两根长面筷上，放入面箱中垂挂，叫作“催面”。催面的时间长短视环境温度而定，等面熟透之后，就可以进入最后晒面的程序了。

晒面是土索面制作过程中最令人期待，也是最壮观的场景。在空旷、阳光充足的场地上，因为重力作用的加持，面条渐渐拉长。在阳光和风力的催化下，又渐渐变干。一时间，整个村子里都弥漫着小麦面粉的香味。

土索面的吃法也很简单，可以做成汤面，或是做成颇具特色的炒面。水烧开后，放入面条煮2-3分钟，捞出来以后用冷水冲洗，直至面条凉透，然后拌点食用油和酱油，使其不粘锅、不结块，随后静置一旁待用。此时将配料炒香，本地人一般使用火腿丁翻炒至香气出来以后再加入切好的包心菜丝，炒至半熟加入拌好的面条翻炒片刻，加放黄酒、味精，一碗香喷喷的炒土索面就做好了。

如今，磐安人民在传统土索面之上又进行了创新，将药食同源的石斛加入其中。其做法整体与土索面接近，只是和面阶段用石斛汁替代一部分水。这样晾晒的时候，空气中不仅有面香，还有石斛的清香。

土索面口感爽滑、柔韧劲道，阳光、天气和朴素的制作技艺，成就了它的独特魅力。磐安人让中药材与传统面食“联姻”，又为土索面注入了新的生命力。（撰文 / 安然 林浩 陶煜）

磐安粽子

粽子是常规的端午节食物，在磐安大盘山一带，也是重阳节媳妇们回娘家探亲的礼品。根据制作方法与原料的不同，磐安粽子分为传统粽子、碱水粽、养生粽三类。安文街道一带常做传统粽子，盘峰乡榉溪村常做加入灰碱水的碱水粽，玉山镇将粽子与磐安药乡文化结合，在粽子里加入药食同源的中草药做成养生粽。

主料： 糯米

配料：

传统粽子：红豆沙、盐、糖

碱水粽：灰碱水、红豆、蜜枣、猪肉

养生粽：洛神花、黄栀子、蝶豆花、苏木等

制作方法：

传统粽子

1. 糯米提前浸泡一夜后沥干水分并加盐。
2. 红豆煮至绵软、皮肉可轻易分离时，加糖做成红豆沙。
3. 糯米中包入馅料，做成粽子。

碱水粽

1. 新鲜红褐柃枝叶都烧成灰烬，冷却后加入沸水搅拌，再用纱布把水过滤出来，制作出灰碱水。
2. 糯米用灰碱水浸泡后，包入各种口味馅料，做成粽子。

养生粽

1. 洛神花、黄栀子、蝶豆花、苏木等含有天然色素且药食同源的中药材晒干。
2. 中药材浸泡半日，再将糯米浸泡其中。
3. 糯米上色后，包入各种口味馅料，做成粽子。

特点： 传统粽子糯米香，红豆沙细腻；碱水粽色泽微黄，糯米香中有淡淡的碱水味；养生粽色彩丰富，有中草药香。

传统粽子

碱水粽

养生粽

/ 延伸阅读 /

都说“端午到，粽飘香”，包粽子、吃粽子是端午节的固定习俗，不过于磐安而言，比起端午，粽子更像是代表重阳节的食物。

磐安大盘山一带，有重阳节包粽子，出嫁的姑娘回娘家探亲的风俗。包的粽子个头很大，一个粽子能有半斤重。姑娘携回娘家，对娘家养育之情的厚重回馈都包裹在里面了。

传统粽子

包粽子要选用当年的糯米，新鲜的箬叶和新鲜的棕榈树叶，最传统的馅料是红豆沙馅。糯米需头天晚上泡好，包之前把糯米沥干水分并加盐，带有咸味的米和红豆馅里的甜融合，及至后面煮熟并焖过一整晚，会使得粽子的香甜变得更加浓厚。

红豆沙馅要想做得好吃也是有一些讲究的。水加到没过红豆表面，水开后沥去不用，这样可以去除豆子的涩味。再次加水将红豆重新烧开，烧开后转小火煮约1.5小时，边煮边撇出浮沫，中途可以加热水，使红豆一直浸没在水中。红豆煮至绵软、皮肉可轻易分离时就可以加白糖，安文街道附近乡村以前也会加红糖。糖不要一次加完，可分三到四次逐步加入，每次都要搅拌一会儿。等到煮汁熬干，豆馅变厚重就可以了。

碱水粽

十里不同风，百里不同俗。尽管都在大盘山区域内，距离安文街道大概30公里的盘峰乡榉溪村在重阳节包的粽子就和其他乡镇截然不同，最大的区别在于使用灰碱水。

用天然植物烧取的灰碱水，带有自然的气息，同时能消解糯米的黏腻。榉溪村民常取山上一种叫作红褐柃（当地人称“硬壳哨”）的枝叶，制作灰碱水。红褐柃要一早上山砍来，把枝条放在一个洗干净的废弃大铁锅里，用松明引燃，直到把所有的新鲜红褐柃枝叶都烧成灰烬。待冷却后加入沸水搅拌，再用纱布把水过滤出来，就成了包粽子所需要的“灰碱水”，带有石灰的味道和植物的天然香味。

再有，《一个人的村庄》中记载：榉溪村裹碱水粽，不用新鲜的箬叶。而是平时采摘新鲜的箬叶洗净晾干备着，裹粽子之前，先把晾干的箬叶蒸软，清洗干净后裹粽子。经过晾晒和蒸煮处理过的箬叶，别有一种悠悠的独特味道，也更适合灰碱水的裹法。裹好的第一个粽子要拿去送到舅舅家，粽子里包的馅儿各有不同，有红豆沙、蜜枣、猪肉等等。送给舅舅家的粽子数量一般为6个、8个或10个。即使在最困难的时期，各家也都是想尽办法裹上粽子给舅舅送去。中间的馅没有什么可以包的，就用指头大小的小番薯当馅。

养生粽

玉山人吃粽子也有自己的讲究。在传统的豆沙口味上，他们将粽子与磐安的药乡文化进行了结合，创新出了五彩的养生粽。养生粽的制作步骤与传统粽子整体一致，但浸泡糯米的水中添加了拥有天然色素且药食同源的中草药。

玉山草药资源丰富，赶上洛神花、黄栀子盛开的季节，玉山人就采上一些回来晒干，它们能够给糯米提供红、黄两色。蓝色用蝶豆花，橙色用苏木，绿色用苏木与密蒙花混合。经过半日的浸泡，糯米均匀地染上了五彩的颜色，将其与红豆沙一同包入新鲜的箬叶之中，即可上锅蒸熟。

蒸熟后的养生粽，糯米的色彩比之前稍淡，散发着浓浓的糯米香和淡淡的中草药。五彩的养生粽，是玉山人多姿多彩生活的象征，也是药乡文化深入人心的见证。

另外，磐安还有一种鸡头粽，只作祭祀用。（撰文／樊多多）

八宝饭

磐安八宝饭是方前“八仙九碗”之一。“八仙”指传说故事中的神仙“八仙”，也指将坐在桌子四个方位的八人比作“八仙”。

主料： 糯米

配料： 红豆沙、白扁豆、桂圆、金橘、枸杞、葡萄干、蜜枣、肥肉片

制作方法：

1. 糯米提前浸泡一夜。
2. 糯米中拌上猪油、切碎的金橘、红糖。
3. 四片肥肉薄片铺在碗底，肥肉片间隔中放入葡萄干、桂圆肉、白扁豆、桂圆肉、枸杞。
4. 碗中铺上一层糯米，填入豆沙馅，再盖上一层糯米。
5. 上锅蒸熟，倒扣放置在盘中。

特点： 形似聚宝盆，糯米晶莹剔透，甜中带糯，口感丰富，常见于宴席之上。

/ 延伸阅读 /

相传，八宝饭是武王伐纣后庆功宴上的一道美食。“八宝”代表的是武王身边伯达、伯适、仲突、仲忽、叔夜、叔夏、季随、季騧等八位功臣。为了赞颂他们的功绩，武王命人制作这道八宝饭以示庆贺。后来，这道美食流传至民间，因美好的寓意，在逢年过节时常常出现在人们的餐桌之上。

在磐安方前镇的旧俗里，过年是一定要有八宝饭的，它是方前人年味的点睛之笔。小小一碗八宝饭，用料丰盛而精致，寄托了方前人对生活的热情。

“八宝”即八样配料：豆沙、白扁豆、桂圆、金橘、枸杞、葡萄干、蜜枣和肥肉片。每个地方的八宝饭配料有所不同，肥肉片却是方前一带八宝饭中所独有，几乎原样传承自以前的做法，所以只要烹制得当，尝到的就是古早味了。

八宝饭的主料是糯米。提前一夜浸泡糯米，第二天将糯米入锅加水蒸熟，就得到粒粒分明的糯米饭。方前八宝饭美味的秘密是在糯米饭中拌入熬好的猪油、切碎的金橘和红糖。猪油有丰富的油脂香，增香的同时又让糯米变得更加晶莹。红糖为糯米饭提供了甜甜的底味，又能给糯米饭铺上色。金橘清新的甜中带有一丝酸味，能够中和油腻。

在盛入糯米饭前，先将四片约一指宽的薄肥肉片呈十字状铺在碗底，被肥肉片分开的四个间隔里分别放入葡萄干、泡好的桂圆肉、煮熟的白扁豆和切成小块的蜜枣，中间再放几粒枸杞，这些就是铺在碗底的料。这一步可以在煮糯米饭时做好。

随后，沿着碗壁铺上一层拌好的糯米饭，填上一些豆沙，再盖上一层糯米饭，如此反复至糯米饭与碗沿齐平，再上锅蒸1—2小时。汁水沁入糯米饭，各种味道融合在一起。最后将蒸好的糯米饭倒扣过来，碗底的食材就成了盖面了，形如聚宝盆。

蒸好的八宝饭，最上层的肥肉片早已化成油脂浸润到饭中，葡萄干、白扁豆、蜜枣、桂圆等食材围成一圈，也散发着油润的光泽，整份饭看起来晶莹剔透。一勺挖下去，一边是被油脂的香气包裹的糯米饭，一边是黏软绵香的红豆沙，放进嘴里，甜中带糯，口感绵密。

宴席时上菜有一定的次序，不过八宝饭作为一道甜点，上菜时并不是最后才端上桌，而是排在中间位置，一般是在炖鸡之后再端上八宝饭。这样做也很有道理，如此美味，人们又怎么能耐得住性子等到最后才吃上呢？

如今，因为材料繁多，准备起来时间长，八宝饭出席的场景越来越少。就连过年，许多人家也只会去买现成的八宝饭。但曾经被八宝饭丰富的年味，却不会消散。（撰文 / 马达）

炒豆面

炒豆面，方前“八仙九碗”之一，以绿豆淀粉为主料制作而成的粉丝加入九样应季食材炒制而成。在寿宴上，因为长长的豆面与丰富的九样配菜有着长寿和长长久久的美好寓意，炒豆面往往最先上桌。

主料： 绿豆粉丝

配料： 豆芽、茭白、黑木耳、黄花菜、肉丝、油豆腐、胡萝卜、芹菜、鸡蛋、洋葱

制作方法：

1. 先下洋葱打底，再下肉丝煸香，随后按照顺序依次下入胡萝卜条、芹菜、茭白、油豆腐，简单翻炒后出锅备用。

2. 泡软的豆面下锅翻炒，炒软炒热后再加入刚才炒好的配料，拌炒均匀后即可起锅。

特点： 豆面口感爽弹有韧劲，配菜丰富且鲜香十足。

/延伸阅读/

豆面在一些地方是指炒熟的黄豆磨成的粉。而方前人说的豆面，是指用土豆淀粉或番薯淀粉混合少量绿豆淀粉制作的粉丝。有时候红薯粉丝也被叫作豆面。

制作豆面的很多工序现在都可用机器替代，在以前整个过程全凭人力，复杂的制作过程也显出它的来之不易，让人倍加珍视。在方前一带，当地人过年时总要买些豆面，包饺饼筒、炒糯米粉圆、炒水糕、炖排骨汤等都会用到，豆面在本地人饮食生活中的地位可见一斑。而在一些重要的宴席上，更是缺不了炒豆面。

家常的炒豆面，可以根据自己的口味，加三两样配料炒制就已足够美味。而上宴席的炒豆面配料则非常讲究，一道炒豆面有九样配料：豆芽、茭白、黑木耳、黄花菜、肉丝、油豆腐、胡萝卜、芹菜、鸡蛋，茭白在冬天时以冬笋替代，芹菜或可替换为莴笋。九样食材寓意长长久久。

炒豆面时为了增香，常用洋葱打底，然后下肉丝炒，再将配料中切成细条状的胡萝卜条、芹菜、茭白等“硬菜”入锅煸炒，油豆腐因为吸油，放在最后下。配料炒熟后先盛起，再单炒用温水泡软的豆面，或以蛋铺底同炒以避免焦煳。灶中小火为宜，炒软炒热后再加入刚才炒好的配料，拌炒均匀后即可起锅。

宴席时一般用大锅炒，用柴火灶最好，因为锅受热较为均匀，焖炒的时间可以长一些，这样各种配料的味道也就融合得更好了。在宴席上，尤其是寿宴上，炒豆面往往第一道上桌，因为长长的豆面与丰富的九样配菜有着长寿和长长久久的美好寓意。方前人用精心制作的食物表达祝福，美食里也包含有深厚的情意。（撰文/ 马达）

三角叉

据传，三角叉最初是利用磐安当地丰富的番薯粉资源，结合独特的制作工艺而创造出来的。三角叉以番薯粉、芋泥做皮，内裹鲜美肉馅，巧手捏合成三角之形，是磐安、东阳一带的传统风味小吃，因制作时要加入芋泥，也被称为“芋饺”。

主料：番薯粉、芋艿、水（外皮）；猪肉糜、木耳、胡萝卜等（内馅）

配料：肉丝、蛋皮丝、盐、酱油、猪油

制作方法：

1. 煮熟的芋艿与番薯粉按 1:1 比例和成面团，分成小剂子，用手按压成面皮。
2. 猪肉剁成肉糜，加入葱姜水去腥；木耳、胡萝卜等素菜切碎与肉糜搅拌均匀。
3. 将馅料包进面皮，捏成三角的形状。
4. 水开后将三角叉下锅，锅内加入肉丝、蛋皮丝、盐、酱油、猪油调味。待三角叉浮起即可出锅。

特点：形如三角，晶莹剔透，外皮口感软糯弹滑，内馅香软适中。

/延伸阅读/

三角叉，是流传在磐安、东阳一带，以番薯粉为外皮原料，内包肉馅，呈三角状的小吃。三角叉在磐安人心中的地位，可媲美饺子之于北方人，三角叉也常常被戏称为“三角形的饺子”。

早些年，磐安农家做三角叉基本上都从制作番薯粉开始。磐安种植番薯的历史已有数百年，在番薯收获的季节，自家种植好的番薯，总有一部分清洗好后制作成番薯粉。番薯粉制作起来也不难，去皮的番薯块放进搅拌机中加水搅拌，用纱布过滤掉部分残渣之后，将番薯水盛在桶中静置，沉淀在桶底的粉末晒干后即是番薯粉。

番薯粉与面粉相比，和出的面团黏性较差，因此为增加黏性，三角叉的外皮制作通常有两种方式。第一种，用开水和面，番薯粉与开水的比例大约为5:2。开水倒入番薯粉中，用筷子先将粉搅拌成絮状，而后趁热揉捏成团。开水会将一部分番薯粉先烫熟，烫熟的番薯粉便有了黏性，可以更好帮助生的番薯粉成团。第二种，则是用煮熟的芋艿代替开水，芋艿与番薯粉的比例大约是1:1。芋艿压成芋泥，加入番薯粉中，同样要趁热揉成团。芋艿的黏性除了能帮助番薯粉成团，也能够让三角叉的外皮更加滑嫩、劲道。磐安人做三角叉的时候，多数时间都会采用第二种方法和面，由此，三角叉也被称为“芋饺”。

和好的面团分成一个个均匀的小剂子。三角叉的外皮因黏性和韧性稍差一些，所以擀皮是用不到擀面杖的，而是用手按压成两三毫米厚薄均匀的面皮。在面皮中间放上一勺馅，先慢慢捏合一个角，再将剩余的部分分别捏出两个角，一个三角叉便做好了。包好的三角叉摆放在一起，像一朵朵盛开的小花，甚是可爱。

三角叉的内馅并不固定。简单一些的，将猪肉剁成肉糜，加入葱姜水去腥搅拌均匀，再加盐、十三香等调味料即可。丰富一点的，会在猪肉馅里加入木耳、胡萝卜等蔬菜，全看各家口味。三角叉煮起来很快，水开后下锅，三角叉浮起来便表示煮熟了。吃三角叉的时候，通常锅内还会加入肉丝、蛋皮丝，以及盐、酱油等调味，最后再加上一小勺猪油搅拌开来，为汤底增加滋味。盛一碗刚出锅的三角叉，咬上一口，待内里的热气稍稍散去后，再连皮带馅儿送入口中，嚼上三两下，软糯劲道，带着番薯香和芋香的外皮混合着肉香充盈在口中，实在是满足。

逢年过节、客人来访、日常嘴馋，三角叉几乎陪伴在磐安人各个生活场景之中。一家人围坐在一起，长辈们负责掌厨，娴熟地和面、包馅儿，幼童们围在旁边或是嬉笑打闹，或是凑热闹也要体验一番。若是去磐安人家做客，发现有那么几个不甚规整的三角叉，或许便是这家小孩也出场“迎接”你了吧！（撰文/刘林）

竹筒饭

磐安竹筒饭，以盘峰乡的最有名，以当地新鲜糯米为主料，搭配多种山珍野味及精心调制的佐料，封装于竹筒之中，经过慢火烘烤而成。

主料： 大米、糯米

配料： 腊肉、鲜笋、青豆等

制作方法：

1. 砍下大小适宜的竹子当作容器。
2. 将准备好的米和食材混合，全部塞入竹筒内，加入适量水。
3. 将竹筒烘烤半小时即可。

特点： 香味独特，营养元素丰富，制作过程有趣。

/ 延伸阅读 /

清代的陈鼎在《滇游记》中这样写道："土人以毛竹截断，实米其中，炽火畏之，竹焦而饭熟，甚香美，称为竹釜。"在更早之前，南朝吴均在《续齐谐记》就记载了为了纪念屈原，人们"以竹筒贮米投水祭之"的故事。如今这种传统延续在山野之间，磐安当地就有吃竹筒饭的习惯。

做容器的竹筒有一定的标准。首先要选当年长出的新竹，这样竹子才会有足够的水分，在炙烤时才不会崩裂甚至着火，也有利于竹筒内部食物和食物、食物和竹子之间香味的传递和保留。其次，要选择新竹中光滑细直的部分。刚砍下来的竹子会沁出特殊的竹香味，并会随着时间消散。

用来做竹筒饭的米一般由大米和糯米混合而成。糯米在其中发挥着至关重要的作用。首先是让剩饭不容易变硬返生。起初，竹筒饭是在山间劳作的人们的"便当"。在山间劳作，一整天都是高强度的劳动，若能留一些午饭到下午，而此时饭还能保持软糯可口，幸福感当是喷涌而出了。其次，糯米十分抓味，能更好地将米香、竹香、肉香融合在一起。

放入竹筒前，大米和糯米需要提前浸泡一晚，这样可以让其口感更好。在大岭头，竹筒饭经典的配料是腊肉、鲜笋和豌豆。不仅仅是因为这些食物能很大程度上提升竹筒饭的香味，更因为这些鲜艳的颜色在泛黄的米饭中能调动食客的视觉，从而让食客获得超出咀嚼的快乐。

将准备好的米和食材混合，一股脑儿塞进竹筒里，再加水。加水是个技术活。水加得多了，饭就会变得过于软烂，甚至会变成"竹筒粥"；水加得少了，饭就会夹生，毁了整个的口感。用铝箔纸将竹筒的开口封好，再用黄色的尼龙线绑紧，就可以开始烹饪了。

在过去，竹筒饭的烹饪方式十分简单，选个开阔的地方，随地捡一些枯竹，将火燃起来后将竹筒投入其中。这时辛苦劳作半天的人们就可以围着火堆坐下，互相攀谈或者举杯对饮。等到青翠的竹子逐渐变成黄色，两头滋滋地冒出热气，就可以开饭了。如今，上山烧火过于危险，竹筒饭大多用炭火来烤，大概需要半个小时。期间需要不断地翻转，等到竹筒的外壳变得焦黑，就算大功告成了。

用刀卡入竹筒节头，再顺着竹子的纹路将竹筒一分为二，香气就会争先恐后地向人扑来。原本纯白的米饭变得酱黄，像是吸收了竹子的水分，外面还覆着一层可食用的薄薄的竹膜。将竹筒饭送入口中，竹子的清香、配菜的鲜香、米饭的甜香混杂在一起，又层次分明。也许"美食博主"苏东坡在品尝过竹筒饭之后，也会将"不可居无竹"吟哦成"不可食无竹"。

如今，真空包装食物技术的发展和普及使得竹筒饭不单单是山间人珍藏的珍馐，想吃竹筒饭也不需要找个空旷的地方燃起大火。但那种更野生一点、更"素"一点、更天然一点的竹筒饭还是会让人想念。（撰文／温瑶瑶）

乌饭

乌饭历史悠久，可追溯至唐朝，诗人陆龟蒙笔下已有记载。磐安更是流传着关于乌饭的浪漫传说。据说明朝梅妃娘娘避难至大皿，得羊氏族人相助，以山中奇叶把米染成乌色，渡过难关，此饭因而得名“梅娘乌饭”。另一版本则说娘娘见百姓生活艰辛，以山中树叶汁水浸泡米饭，使之耐存且营养倍增，惠及乡民，这一说法增添了乌饭背后的温情与智慧。

主料：糯米、乌饭叶、水

配料：红糖（甜口）；玉米、腊肉、盐、酱油（咸口）

制作方法：

1. 乌饭叶用凉水浸泡并揉搓出汁，再用纱布过滤。
2. 用汁水浸泡糯米，小火煮熟。
3. 往煮熟的乌饭中撒入红糖，即为甜口乌饭；蒸煮时加入盐、玉米、腊肉等食材，即为咸口乌饭。

特点：米饭乌黑油亮，清香软糯，口感颇具嚼劲，有乌叶清香。

/延伸阅读/

“吃立夏饭，蚊虫不咬。”在立夏前后，江南的百姓有着吃乌糯米饭的习俗，这种饭被称为“乌饭”“黑饭”。食用乌饭的习俗早在唐朝就有记载，陆龟蒙就曾在《四月十五日道室书事寄袭美》一诗中写道：“乌饭新炊芼臛香，道家斋日以为常。”

在磐安，关于乌饭的传说在人们之间口耳流传，也让当地吃乌饭的习俗多了几分浪漫色彩。

相传，明朝时，宫里有一位娘娘落难逃到大皿，遇到了心善的羊氏族人，被他们收留。尽管那时正值兵荒马乱，但好客的羊氏族人还是想方设法地招待了这位娘娘。他们上山采来一种特殊的叶子，用叶子揉搓出的汁液把米染成乌色，再蒸煮做成饭，让娘娘得以饱腹。许是那位娘娘姓“梅”，这乌饭便流传下“梅娘乌饭”这个名称。

传说还有着另外一种版本。还是那位落难的娘娘，她来到大皿后，看到百姓的生活实在困苦。农忙时，他们只能将早上做的饭带到田间当午饭，天热之时，米饭很容易馊掉，更别说那些出门当挑夫谋生的村民，出门好几天，饭菜变馊更是常事。娘娘心生不忍，由于她出生在中药世家，对中草药颇有研究。她观察到这里山上有一种树叶，不仅可以入药，还能用它的汁水来浸泡米，这样做出来的米饭不仅耐保存，营养价值也更高。

大皿山上能染色的树叶，便是乌饭叶。初夏之时，乌饭叶尚嫩，磐安人便上山将其采回，洗净后用凉水浸泡并揉搓出汁。乌饭汁呈暗红色，揉搓的时间越久，颜色越深。然后用纱布过滤出汁水浸泡糯米，将其染成近似黑的颜色，最后小火煮熟便可。需要注意的是，因为米泡过水，所以烧饭时加的水可以比平时少一些。

乌饭通常有两种吃法。一是甜吃。甜吃，便是在乌饭煮好之后，撒上红糖。红糖在热气的熏蒸之下，逐渐融化在米饭上。舀上一口送入口中，乌饭叶的清香之中缠绕着红糖的香甜，米饭又很有嚼劲，十分可口。二是咸吃。咸吃则是在蒸煮之时，先在乌米中加入盐、酱油进行简单调味，而后再铺上玉米、腊肉等食材一同蒸煮。煮熟之后，腊肉的油脂香、蔬菜的清香也已渗透到乌米饭里，是与甜吃全然不同的滋味。再创新一点，还可以做成乌米饭烧麦，又是一种别样的美味。

做乌饭的习俗一年一年流传至今，烙印在磐安人民的童年记忆里，有时是当地人的朴素日常，有时成为归乡游子乡愁的锚点，每年春末夏初之际光临人们的餐桌，又成为现代人养生的良方。美食的味道延伸到现代，不知不觉间也成了磐安人“生活的历史”。（撰文/ 刘林 张茜）

米筛爬

米筛爬是磐安一种独特的小吃，与三角叉有着紧密的联系。在制作三角叉的过程中，剩余的食材被创造性地转化为米筛爬，以满足部分儿童偏好外皮而不喜馅料的口味。

主料：番薯粉

配料：猪油、水

制作方法：

1. 将番薯粉磨细之后过筛。
2. 锅中烧水煮沸，加入猪油增香。
3. 将过筛的番薯粉倒入锅中，搅拌成块状面团。
4. 将面团取出，冷却后加入干番薯粉揉搓成光滑面团。
5. 将面团揉搓成长条形，然后分成一个个圆形的剂子。
6. 将剂子放在干净的米筛上，用手指轻轻一按、一推，面团穿过米筛的孔洞，形成了一个个凸起。
7. 做好的米筛爬可以冰箱冷藏，食用时煮熟加入喜欢的食材即可。

特点：形似小刺猬，制作过程有趣，口感爽滑有弹性。

/ 延伸阅读 /

米筛爬的名字有些独特，外地人猛一听容易不明就里，但磐安人却知道，这是一道颇为有趣的小吃。

米筛爬的有趣，一方面跟它的来源相关。磐安的农家人说，这米筛爬与三角叉关系密切，因为它的原材料与三角叉外皮原料几乎一样。原来，磐安农家做三角叉时，有的孩子并不爱吃里面的馅料，家长们就将做三角叉剩余的材料，做成米筛爬给孩子吃。

“趣”的另一方面，就是米筛爬的制作过程了。做米筛爬，首先准备好番薯粉。晒干储存的番薯粉多是块状的，因此要用擀面杖将番薯粉磨细，过筛。然后起锅烧水，水烧开之后，加入些许猪油增香，再倒入番薯粉翻拌。番薯粉经过热水一烫，马上就凝结成团状，翻炒几次拌匀，就成了一个面团。

此时的面团很黏，而且很烫手，不方便立即操作。需将面团捞出，放在案板上稍微冷却。当然，案板上要事先撒上番薯粉，防止面团和案板粘连。待到面团可以上手的时候，就可以一边揉搓，一边根据面团的情况添加番薯粉，最后将面团揉搓得光滑洁白，富有弹性即可。面团揉好之后，接着将面团搓成长条的圆柱形，然后掐成一个个剂子，而后将剂子揉搓成圆球形备用。

接下来，就是有趣的地方了。准备好一个大米筛，将圆球形的剂子放在上面，将大拇指按住剂子的中间，稍微用力在米筛上一滚。原本圆球形的剂子被挤压进了米筛的孔洞之中，留下了一道道类似刀花的切口。整个过程，像极了小面团在米筛上“爬”了一圈。最后制作出来的成品，像一块切了花刀的鱿鱼片，又像一个缩小的刺猬蜷缩着，一下子就吸引了孩童们的注意力，引得他们也要亲自上手去感受一下面团“爬行”。就连不少成年人都会为这种富有想象力的小吃而惊叹。

做好的米筛爬可以放很久，食用的方法很多。简单的就是放点青菜加上调料煮一煮。讲究一点的，就要加香菇、虾仁等。米筛爬煮熟后，便由原本的白色变成了略带透明的青灰色，一口咬下去，爽滑又富有弹性，韧劲十足，再配着鲜香的汤底，不一会儿，这一碗“童趣”便被吃下了肚。（撰文 / 林浩）

方前花卷

方前花卷是对方前传统馒头制作技艺的一次创新演绎，其制作初期的发酵与揉面工艺承袭了方前馒头的精髓。

主料： 面粉

配料： 白药、糯米粥、糯米粉、小麦麸、籼米粥、水、金橘汁（或金橘果脯）、红糖

制作方法：

1. 前期制作与前文方前馒头一致。
2. 将揉好的面团分成小剂子擀成适合大小，并在上面抹上由红糖、糯米粉、金橘汁调成的浓稠状面糊。
3. 将面皮卷成花卷的形状。
4. 放入蒸笼中蒸熟。

特点： 纹路形似盛开的花，口感松软细腻又有一定的韧性，口味香甜带有一丝金橘的酸甜。

/延伸阅读/

方前花卷在方前馒头的基础上进行了创新，前期的发酵与揉面过程都与方前馒头基本一样。

揉面完成以后，将面团分成大小适宜的剂子，再擀成一张张大小厚薄适宜的面皮，上面抹上由红糖、糯米粉、金橘汁调成的浓稠状面糊，若不是金橘成熟的季节，则买来金橘果脯切成细末，与红糖、糯米粉共同搅拌均匀涂抹在面皮上。随后，将面皮顺时针卷成花卷。红糖颜色的面糊一圈一圈卷起来，像给花卷镶上了美丽的花边，曲线环绕，这样做出来的花卷，甚是好看。

蒸花卷前，蒸笼需要先预热15分钟，待热气从蒸盖出来以后再放入花卷，这个过程称为酣笼。放入后让面团静置20分钟左右，时间的长短视温度以及发酵程度而定。目测花卷大小发至差不多了，再开火加热，先小火加热约5分钟，再停10分钟，让花卷醒一会，然后大火加热，此时蒸笼盖半盖，待最上层的汽上来以后，再全盖，约10分钟后闻到花卷的香味了，即可停火出笼。

刚出笼的花卷，在烟雾缭绕之下，像盛开的雪白的花，镶着褐色的花边，握在手里，温软、细腻、雪白、柔韧，尝一口，面香中还带有一丝金橘酸酸甜甜的味道，是方前小吃的一绝。这种传统古法的制作工艺，方前人坚守传承，沿用至今。（撰文/ 安然）

苦槠面

苦槠面是方前人利用深秋时节自然成熟的苦槠果实制作的面条。其制作过程包括收集果实、晾晒、去壳、浸泡去苦、研磨成浆、过滤出淀粉、晒干、加水、揉面等多个步骤。

主料： 苦槠粉

制作方法：

1. 苦槠果去壳，用清水浸泡半个月左右，每天换水。
2. 将果仁磨成浆，再过滤出苦槠粉。
3. 以苦槠粉和面，做面条。

特点： 颜色为浅褐色，有光泽，口感劲道，有淡淡清香。

/ 延伸阅读 /

每年深秋，方前人都会三五成群，结伴入山，他们知道，苦槠树的果实已经落满山野。秋意渐浓，苦槠果便会扒开最外层的坚甲，自由掉落。这些披着坚硬外壳的苦槠果会被为寻它而来的方前人捡回家，整齐地晾晒在太阳下。在方前，用苦槠果实制作美食有着长久的历史。尽管它味道苦涩，但充满智慧的先民仍然找到了食用它的方法，甚至依靠它撑过了漫长的艰苦岁月。

经过几日暴晒，苦槠果的外壳自然开裂，露出光洁白嫩的果仁。为除苦味，方前人会将拣洗过的果仁浸泡在清水中，每日换水，持续半月左右。接下来，人们便用石磨将苦槠果仁磨成浆，再用纱布过滤出厚厚的淀粉。之后，便是在晴朗的日子将其晒干，制成苦槠粉。早些时候，方前人便是将这苦槠粉作为备粮，以熬过一个又一个饥苦的时节。

苦槠粉可以制作成面、豆腐、糕等各种美食，不过方前人最喜爱的还是苦槠豆腐和苦槠面。苦槠豆腐的做法与择子豆腐非常相似，通常是将苦槠粉与清水按比例调制均匀，倒入沸水中，不断搅拌，待其呈均匀的黏稠状，再倒入模具冷却定型。自然成型的苦槠豆腐呈浅褐色，质地细腻，口感清爽，不论煮汤还是炒制都很可口。

相比之下，制作苦槠面似乎更考验技巧。需要先取少许苦槠粉放入碗中，加入适量开水冲泡，搅拌成浆。冷却片刻后，就用这碗浆来和苦槠粉，和面的过程与面粉类似。为了保证面的劲道，人们往往会和久一些。当一个个橙子大小的面团和成后，便进入了颇具挑战性的“搓面”工序。与寻常的手擀面不同，方前人制作苦槠面并不使用擀面杖，而是将面团直接捧在掌心，然后用双手搓成粗细均匀的面条，边搓边让其落入装满沸水的锅中。经验丰富的方前手艺人，往往能搓出粗细相差无几的面条，一根便是一碗。

苦槠面在沸水中逐渐褪去白色，露出苦槠特有的、晶莹的浅褐色。苦槠面煮30秒左右便可捞出，过凉水后再烹制。半透明的苦槠面有着几乎肉眼可见的细腻，散发着苦槠的淡淡清香。如此精心制作的苦槠面，不论是做成炒面、汤面还是拌面，都美味异常。对常年在外的方前游子来说，这一口清香便是真正独一无二的乡愁。

无数个春夏秋冬已过，苦槠树依然安静地伫立在方前的山上，凝视着山下烟火人家。依山而居的人们早已不再需要依靠苦槠艰难度日，但他们仍满怀着敬畏与感激守着苦槠树，将它的果实磨成粉末，制成美食。闻着苦槠的清香，他们便能清晰地感受到，古老的生命之河仍在川流不息。

（撰文 / 刘林）

番薯面

磐安县保留着手工制作番薯面的传统。磐安人利用当地丰富的番薯资源，通过磨粉、加工等工序，制作出的番薯面，已经成为当地特色小吃之一。

主料： 番薯粉

制作方法：

1. 将番薯粉和水按照比例调成粉浆。
2. 将一勺粉浆倒入特制的蒸箱中，摇匀，蒸熟之后再倒下一勺。经过十几次的重复操作，一个蒸箱格子产出一块方形的番薯面块。
3. 取出番薯面块，放在架子上冷却、阴干。
4. 用机器将整块的番薯面刨成丝。

特点： 入口清香，劲道十足。

/延伸阅读/

说起番薯，大家都不陌生。这种作物对土壤要求不高，种植起来又特别简单，因此深受广大农户的喜爱。磐安多山，村民大多依山而居，在经济不发达的年代，粮食不够，番薯是重要的储备粮。于是，对于番薯的吃法，磐安人也展示出了无限的创意。番薯可以生吃，可以煮，可以烤，也可以磨成粉。在磐安小吃的制作原料中，番薯粉的“出镜率”非常之高。比如三角叉、米筛爬等，都少不了番薯粉的助阵。而番薯面，更是番薯粉的一种华丽变身。

磐安县玉山镇，还保留着制作番薯面的手工作坊。作坊的场地就在玉山镇老供销社，门口有一个偌大的广场，对面也有一个作坊，是磨制番薯粉的。这两个作坊比邻而居，刚好是上下游的关系。

制作番薯面，首先要将番薯磨成番薯粉。生番薯通常较硬，传统的手工磨粉是一件比较吃力的事情。所幸，现在已经可以进行机械化操作。将生番薯削皮切碎之后，倒入机器中，一边开动机器一边加水，粉浆和残渣会从不同的口子流出来。粉浆经过一段时间的沉淀，倒出表面的清水，将下层的粉捞出，晒干之后就可以作为番薯淀粉使用，这是制作番薯面的主要原料。

制作番薯面，需要特制的工具。现在使用专用的锅炉和蒸箱。蒸箱的外形与抽屉柜类似，上面有一个个抽屉可以拉出。将番薯粉和水搅拌均匀，不能太稀也不能太稠，比例多少全凭多年的经验。等待蒸箱上汽之后，用勺子将粉浆舀入蒸箱的抽屉里，上下晃动，使其表面分布均匀，关上抽屉让其蒸熟。一层蒸熟，再往上舀一层粉浆，继续蒸制。按照这样的程序，蒸熟一层加一层，直到整个抽屉填满，大概有十几层。等全部蒸熟之后，就可以将整个抽屉拉出，将里面整块的方形番薯面脱出。

整块的番薯面色泽乌黑发亮，侧面可以看出层次纹理，在架子上一溜排开，场面蔚为壮观。待其完全冷却之后，就可以进入最后的工序——刨丝。传统手工刨丝，是用特殊的木制工具将番薯面固定住之后，一头抵在地上，一头抵住胸口，整个人呈90度的弯腰姿势，然后用刨丝工具将番薯面一层一层刨成丝，使它真正成为面条状。这种做法需要长时间弯腰，非常辛苦。经过晾晒脱水之后，番薯面就制作完成了。

食用番薯面的方法跟其他面条差不多，不过它韧性更好，入口清香，更有嚼劲，适合炒着吃。当然，汤面也是不错的选择。

（撰文/ 林浩）

浇头面

浇头面，是磐安传统待客佳肴，尤其在新妇回娘家或娘家探访时不可或缺。浇头面以粉丝为主料，依据口感偏好与烹饪时长，可任选深泽粉干或仙居粉干。浇头面食材丰富多样，汇集了各类时蔬。

主料： 粉干

配料： 火腿肉、鸡蛋、小青菜、腐皮、茭白、香菇、胡萝卜、葱等

制作方法：

1. 鸡蛋摊熟切丝备用，火腿切条炒香备用，泡软后的腐皮、香菇、茭白、胡萝卜等切成条状或丝状，按序下锅炒至七成熟后加水，熟透后将配菜与汤底分开盛放备用。
2. 另起一锅水，烧开后将粉干煮至七分熟，加入小青菜。
3. 粉干和青菜捞起放在碗中，上铺腐皮、鸡蛋、火腿、香菇、茭白、胡萝卜等配料，最后浇上汤底。

特点： 汤底清爽，粉干细软可口，浇头鲜香，口味丰富。

/ 延伸阅读 /

旧时，初为人妻的新妇回到娘家，或是娘家有人过来探望，这一碗招待贵宾的浇头面是少不了的。

浇头面使用的主材料并不是面，而是粉干。磐安粉干偏软，在烹饪的时候就比仙居粉干用时更短一些。浇头面所需要的材料比较丰富，有火腿肉、鸡蛋、小青菜、腐皮、茭白、香菇、胡萝卜、葱。其中像茭白和胡萝卜等应季蔬菜可根据不同时令进行替换。

制作时，首先将腐皮放在清水中浸泡，浸泡至腐皮变软为宜。同时在锅中放入食用油，将两个鸡蛋摊熟后铲起，切成丝状备用；将火腿切成条状，放入油锅中翻炒，炒至肉香四溢后盛入碗中备用；再将香菇、茭白、胡萝卜、腐皮切成丝，起油锅翻炒，至七分熟后加入水，煮至熟透后将配菜与汤底分开盛入盆中备用。

最后新起锅将水烧开，放入粉干煮至七分熟后加入洗好的小青菜，片刻后即可起锅。将粉干和青菜捞起，盛入碗中铺底，再将前面的香菇、茭白、胡萝卜和腐皮铺到第二层，第三层是金黄色的鸡蛋丝，最后将火腿肉铺在上面，浇上煮粉干的汤，一碗料足喷香的浇头面就做好了。

据了解，在物资极其丰富的现在，年轻一代的人们已经不大用浇头面来招待贵客了。但是中青年一代，仍然会时不时惦记着这份童年时的记忆。回娘家时，或者有娘家人来做客时，一碗浇头面，在表达一种情怀的同时，也在年轻一代的心中播下一粒种子，关于传承，关于风俗。（撰文 / 安然）

拉拉面

磐安拉拉面，源自当地深厚的面食文化，融合历史与民族风情，承载着磐安人的记忆与乡愁。其制作讲究和面技巧和水盐比例。

主料： 面粉

制作方法：

1. 面粉中加入水和盐之后和面做成面团。
2. 将面团切成均匀的长条形，刷上食用油防止粘连。
3. 将面条搓细搓长，放入刷了油的铁盘中。
4. 将搓好的面条两端夹在手指间，一边拉一边在案板上摔打。
5. 面条摔打至粗细适中即可下锅烹煮。

特点： 劲道爽滑、入口醇香，浇头种类丰富，滋味各有千秋。

/延伸阅读/

我国的面食文化博大精深，面食几乎已经渗透到了祖国的每一寸土地。在磐安，有一种拉拉面，承载了当地人过往的记忆与游子的乡愁。

拉拉面，实则是拉面的一种。制作面食，其第一步的要点都是和面。拉拉面和面时除了加水，还要加盐。盐和水的量根据师傅的经验添加。原先通常是手工揉面，颇为费力，所以现在多用揉面机替代。

揉好面之后，先将面团进行整形，揉搓成厚2厘米，宽10厘米的长条形面团。随后用菜刀将面团均匀切成块状，每一条面块大约长10厘米，宽2厘米，厚2厘米。切好之后，再往上面刷一层薄薄的菜油，防止面块粘在一起。而后就是搓面。这个步骤需要两个人同时进行。一个人负责用双手将原本10厘米左右长面块揉搓成70厘米左右的面条，另一个人则负责将揉搓好的面条整齐码好，放在一个铁制的托盘之中。托盘也被刷上了菜油，目的也是防粘。这时候的面条，看上去圆润细长，已经初具拉面雏形。

最后，是关键的一步——拉面。在下锅前，将面条一根一根夹在指缝之中，一边拉，一边上下甩动，在案板上摔打。摔打的次数和力道根据面条的形态变化而定。摔打好之后的面条就可以直接下锅煮了。

拉拉面的做法，看似简单，其实颇费功夫，哪怕前期揉面有机器可以替代，但后面一根根的拉面，都是手搓与手拉出来的，所以做面的师傅往往凌晨就要开始忙活，制作好一天的量。

拉拉面经过水煮，加上高汤，倒上浇头，就是一碗色香味俱全的美食了。磐安拉拉面的灵魂，其实就在这浇头之中。磐安是山乡，自然环境优越，盛产各种山珍，因此浇头的制作就多了许多选择。香菇、高山茭白这类名声在外的山珍自是不必说，再加上一片金华火腿，就足以让一碗面的味道得到升华。

磐安地方不大，人却长情。街道上貌不惊人的拉面店或许早已开了十几二十几年。有一些食客从小吃到大，外出许久再回乡之时，也总要来这里吃上一碗，回味回味当年的味道。一根一根的拉拉面，将时光逐渐拉长，成为许多磐安人心中乡愁的种子。（撰文/ 林浩）

手工擀面

磐安手工擀面是当地的一种特色面食，常被用作招待客人的食品，以其独特的制作工艺闻名。磐安手工擀面吃法众多，磐安人常以高汤为底，煮熟面条后搭配各种浇头食用。

主料：面粉

制作方法：

1. 将面粉、水、盐按照一定的比例调好，和成面团，静置醒发。
2. 将醒发好的面团用木棒不断碾压，中途加干面粉防止粘连，直到整块面团薄如白纸。
3. 将面片折叠，直到无法再折为止。
4. 将面片按照一定的宽度，用刀沿横截面均匀切成细长形的面条。

特点：工艺讲究，口感劲道、爽滑，面香浓郁。

/ 延伸阅读 /

在磐安众多的面食品类中，手工擀面是别具特色的一种。一是因为它味道独特，二是因为它的制作过程需要耗费大量的精力和体力。

与其他许多面食一样，制作手工擀面的第一步就是和面。面粉和水按照比例调好，加入适量的食用盐，放在面盆中揉捏，直到“三光”——面光、手光、盆光为止。磐安的店家做手工擀面，一次都是10斤面粉起步，因此揉出来的面团颇大。

在长条桌上撒上面粉，把面团放上去，用碗口粗细的木棍对面团进行按压。按压的过程要持续十几分钟，要确保面团的每一个角落都被按压到。然后将按压好的面团静置一段时间，随后再重复按压、静置。这样的过程要重复三次，叫作“三醒三发”。三醒三发的时间，根据季节的不同而有所变化。在常温下，夏天需要2小时，冬天需要4小时。若温度太低，可以在室内安装增温设备，提高环境温度，从而缩短面团三醒三发的时间。

三醒三发是手工擀面最核心的制作工艺，无论是按压的力道，还是静置的时间，都直接决定了面条的口感，因此师傅需要长时间的经验积累，非一朝一夕之功。

完成了三醒三发，面团光滑，软硬适中，在灯光下还能微微泛起光泽。接下来的工序，就是力量与技巧的考验。制作者手持一人多高的擀面杖，以手心为支点，将擀面杖不断地从面团上碾过。面杖与长条面桌之间发出一阵阵有节奏的撞击声。在这种特殊的“打击乐”声中，浑圆的面团逐渐变薄、变大，最后变成了一张2毫米左右厚度的“白纸”。在这个过程中，擀面师傅需要确保施加的力道均匀，避免出现厚薄不一的情况；同时，要时不时地往面团上撒一些干面粉，防止面团与桌面粘连在一起。

将面团成功擀成白纸一般的面片之后，整个制作过程基本上就算大功告成了。接下来要将面片一层一层折叠起来，用面刀沿着横截面，根据自己想要的宽度切成面条，手工擀面就制作完成了。

磐安当地食用手工擀面，通常会事先准备好高汤，这样做出来的面条滋味更好。面条下入煮开后的高汤，煮熟后捞出，倒入事先炒制好的浇头，一碗香喷喷的手工面就出锅了。手工擀面口感劲道，入口爽滑，通常被用作招待客人的主打食品，因此也被称为“迎客面”，是许多磐安人童年的回忆。（撰文 / 林浩）

沃面

沃（磐安方言读作 ào）面，是磐安独有的特色小吃，介于面与羹之间，独具一格。它起源于旧时山区的清苦生活，百姓将剩菜煮面，长时间炖煮后加水和淀粉勾芡，形成类似胡辣汤的浓稠面羹。沃面因其就地取材，制作简便且风味独特，在民间广泛流传并深受喜爱。

主料：面条、玉米淀粉

配料：肉丝、青菜、鸡蛋等

制作方法：

1. 起锅烧油，加入肉丝、青菜、鸡蛋等食材翻炒至断生。
2. 锅中加水，煮沸后加入折成小段的面条。
3. 加入盐、酱油等调味料调味。
4. 面条煮熟后，加入淀粉勾芡，直到汤汁黏稠。

特点：材料丰富，鲜香扑鼻，口感浓厚。

/ 延伸阅读 /

沃面，在磐安当地方言中，念“ào”面。它似面非面，似羹非羹，是磐安一种别具特色的小吃。

沃面是在旧时山区百姓的清苦生活中自然而然诞生的。在以前，山区物资匮乏，交通不便，老百姓家中有一些剩菜舍不得倒掉，就用这些剩菜来煮面。有时候煮的时间长了，锅里的东西都糊在一起，就索性加点水和淀粉勾个芡，制作成像胡辣汤一样的面羹。这样可以使煮出来的食物更加黏稠厚实，更易饱腹。后来，人们发现这样煮出来的面别有一番风味，而且可以就地取材，制作简单，于是沃面就在民间流行了起来。

如今，人们生活水平提高了，但是对陪伴自己从贫困走向小康的沃面，却始终念念不忘。只不过，现在不会再使用剩菜来煮了，而是选用新鲜食材制作。店家一般会选用猪肚丝、河虾、肉丝、鸡蛋丝、青菜、木耳、面条等为主料，淀粉、胡椒粉、食用油为辅料，这是比较“高端”的沃面吃法。而在家中日常制作的沃面，可以随意搭配，颇有些大杂烩的气质。

沃面的制作，其实并不复杂，起锅烧油，将除了面条以外的主要食材依次下锅翻炒，炒至断生之后，加水煮开。烧煮的过程中，就可以准备面条了。面条的选择也有讲究，店家一般会选择碱水面，口感更好。当然也可以用自己家里现成的面条，挂面也可以。将面条折成小段，撒入锅中，加入酱油、盐、鸡精等调味，煮到面条熟透。最后开始勾芡，使用番薯粉或者玉米粉，加水搅拌均匀，然后缓慢倒入锅中，再加入胡椒粉不停地搅拌，直到汤汁黏稠，一锅沃面就完成了。

煮好的沃面虽然卖相普普通通，但是各种食材散发出来的鲜香却让人难以忽略。吃沃面，只需要一把勺子，毕竟它更接近一碗羹。刚出锅的沃面滚烫，先喝一口汤，鲜中带香，口感醇厚，新鲜的食材熬成的汤汁十分鲜美，让人迫不及待地把剩下的沃面一口气喝完。

清晨，路过磐安的早餐店，沃面往往就在门口的炉子上，“咕嘟咕嘟”冒着香气，第一时间就能被人看见。各种食材散发出的香味勾人食欲，搭配一张玉米饼，铺上各种炒制好的馅料。一口玉米饼，一口沃面，一天的幸福之味就此开启。（撰文 / 林浩）

小馄饨

小馄饨，磐安地道早餐美食，属于南派馄饨，以香油、酱油调制轻盈汤底。其特点在于小巧精致，皮薄馅鲜。小馄饨通常使用传统猪肉馅，不添加繁复配料，以保持纯粹风味。常见吃法为水煮，少见油炸或煎炸。

主料： 面粉、鸡蛋（馄饨皮）

配料： 猪肉、盐、葱、姜、蒜（肉馅）

制作方法：

1. 面粉中加入水、鸡蛋，和成具有一定硬度、弹性和延展性的光滑面团。
2. 将面团擀成薄薄的面片，再将其均匀切成小片正方形面皮。
3. 猪腿肉剁成肉泥，加入葱姜水搅拌做馅，再加适量盐调味。
4. 取适量肉馅放入面皮中央，捏出馄饨。
5. 碗里倒入开水，加入酱油、盐、虾皮、紫菜等调料，馄饨煮熟后直接捞起倒入碗里。

特点： 皮薄馅多，面皮清爽，内馅鲜香，汤底清新。

/ 延伸阅读 /

馄饨种类之丰富，不光有“抄手”“扁食”之类不同名称，还有派系、大小之分。

馄饨派系有南北之分。北派馄饨，多以鸡汤或骨汤做汤底，汤底浓厚，滋味也醇厚；南派馄饨，香油酱油水一冲，汤底便成了，滋味上也轻盈许多。至于大小。大馄饨，外皮有一定厚度，形似一个金元宝。磐安的扁食，就是大馄饨的一种。小馄饨，个小，皮薄如纱，像穿了小裙子的珍珠在汤里漂浮。它常常出没在磐安大街小巷的早餐店内，如安文街道就有一家台口小馄饨，为早起的客人送上鲜香、热气腾腾的小馄饨。

小馄饨看似简单，实则暗藏玄机。小馄饨皮的薄、透，原因在于它不是一张一张擀出来，而是先擀成一大张薄面皮，再用刀切成一张一张小馄饨皮。

因此，和面是关键——和出来的面团必须要有一定硬度和延展性。其中的诀窍有两点。一是和面时加入鸡蛋。用鸡蛋替代一部分水，能够增加面团的弹性与延展性，使得面团更容易擀开，且在煮熟之后，馄饨皮不仅更加透亮，吃起来也有弹性。二是面粉与液体（鸡蛋液＋水）的比例大致控制在2:1。这样和出来的面粉偏硬，擀开后不容易破裂，也更光滑。

和好的面团偏硬，不好操作，此时只需将其放在案板上，包上保鲜膜醒发个二十分钟，让面团松弛下来即可。而后先将大面团擀成扁圆状，再由中间向四周慢慢擀大、擀薄。擀好的面皮按照“之”字形来回折叠，最后再用刀均匀地切成几段。每一段展开就是一个长条，将长条叠在一起切掉头尾不均匀的地方，再切成大小合适的正方形，这馄饨皮就算是做好了。

小馄饨的肉馅要选取优质的猪腿瘦肉，先细细地剁成肉泥，再加入葱姜水搅拌至肉馅有弹性和黏性，葱姜水既能去腥又能增香。包馅儿的时候，在馄饨皮里放上一小点肉馅，不用讲究什么包馅步骤，直接手一捏，馄饨皮就老老实实地合拢变成“裙摆”了。

磐安小馄饨是典型的南派吃法。碗底倒入酱油、盐、鸡精，再放一点虾皮、紫菜，用煮小馄饨的面汤一冲，再将煮好的馄饨盛入其中。最后撒上一些点缀的葱花和磐安小馄饨的精华所在——馄饨皮切成细丝，下锅油炸而成的脆皮。如此，一碗普通却又美味的小馄饨便出了锅。汤底鲜香却不腻口，肉香与馄饨皮的面香在口腔里汇合，最简单纯粹的美味也不过如此。

不似饺子、大馄饨内馅可包万物，小馄饨的馅料相较来说比较单一，像磐安用的是传统的猪肉馅儿，便不会在其中添加其他繁复的配料。吃法，也总是水煮为主，少有油炸、煎炸等吃法。这种纯粹，带着一种返璞归真的美好，是磐安小馄饨最大的魅力所在。（撰文 / 刘林）

铜罐饭

磐安县冷水、仁川两镇与永康、缙云交界，形成了独特的铜罐文化。手打铜罐耐用且充满传承意味，是当地农家的传统器具。铜罐饭作为当地的特色美食，承载着人们的童年记忆。铜罐饭不仅美味，更是家庭温馨、勤劳智慧与文化传承的象征。

主料：大米、糯米

配料：毛芋头、小土豆、腊肉等（随季节改变）

制作方法：

1. 将适量大米和糯米放入铜罐中，上铺毛芋头、小土豆、腊肉等配菜。
2. 加水至铜罐高度的 70%—80%。
3. 将铜罐吊在柴火上方，加热至米饭煮熟。

特点：入口香糯，米香悠长。

/ 延伸阅读 /

磐安县的冷水、仁川两镇与永康、缙云相邻，一些日常用具也会互通有无，形成近似，又独具地方特色的生活方式，比如铜罐和铜罐饭。

铜罐这样的家什，在冷水、仁川的农家里还带有传承的意味。那时永康人来磐安走家串户地打铜罐，用方形的紫铜板，一锤一锤地打成铜皮，再拼接成型，罐口上的盖像帽子一样戴着，严丝合缝。手打铜罐用料扎实、手艺讲究，铜片打得薄却很耐用，纯手工的物件可以用个几十年，哪怕罐底用破了，还可以修修补补接着用。家里三代人都有吃铜罐饭的经历，也几乎都会做铜罐饭，毕竟穷人的孩子早当家，小小年纪就要体会大人的辛劳，自然力所能及地做一些家务。但也因为年纪小，不会把这种生活定义成艰辛、愁苦，孩子单纯的心灵总能把大人眼里复杂的事物简化为有趣。

铜罐饭是20世纪70年代的人们快乐的儿时记忆。那时的他们虽然年幼，但也要跟着父母上山劳作。他们出发时把铜罐和米带好，到了中午歇息时就会在附近找三块石头，先搭起一个简易的灶，拾些干树枝或者毛竹引火，至于煮饭的水则是取山泉水。

做好一罐饭，大概需要二三十分钟，看吃饭的人数和煮饭的罐子大小而定。罐子里水开时，覆在上面的铜盖会冒气，罐子的外壁也会渗出一些小水珠，这时就不能再加柴了。为了保证米饭煮得均匀，要把罐子各个角度转一转方向，之后就焖在火上大概十几分钟。整个过程不能打开盖子。

用铜罐煮饭，一是因为铜罐密封性非常好，除非被蒸气顶开盖子，即使罐子倒立水也流不出来。高度密封，能让罐里的米充分浸泡，类似于现在高压锅的功用。二是铜罐采用紫铜材料，紫铜近似于纯铜，导热效果非常好。在烧煮过程中，铜罐四面受热，米能在短时间内快速烧熟，同时也较多地保留了营养成分。用铜罐做出来的饭，自然比仅通过底部加热的锅要香很多。三是由于上山劳作劳苦，铜罐饭便于煮制，可以节省回家做饭的时间。

铜罐饭是否会煮得夹生或者烧焦，关键在于罐内放水的比例。一般加水到罐子高度的70%—80%，伸一个指头进去刚好触到米的表面，也就差不多了。米也会放两种，大米和糯米。一是为了增加口感，二是为了饱腹。与土地打交道的人们做事也是朴实无华的，没有什么虚头巴脑。除了米和水，铜罐饭里也会根据季节放一些时蔬，比如毛芋头或者小土豆，年景好的时候也会放一些冬天腌制好的腊肉，既能增加营养，又可以调味。

铜罐饭，于大人而言不过是一种节省时间的便易烹饪方式，而对于孩子来说却有着类似野炊般的山野趣味，有着属于那些年的时代烙印。（撰文 / 王偶得）

猪肚糯米饭

方前镇是鱼米之乡，盛产稻米。其特色小吃猪肚糯米饭，以猪肚为容器，内含糯米、板栗、腊肉与枸杞，营养均衡，色彩斑斓。昔日物资稀缺时，猪肚难得，故猪肚糯米饭仅在春节或农忙庆典时能够享用，既饱腹又添喜庆。

主料：糯米、猪肚

配料：板栗、腊肉、枸杞

制作方法：

1. 猪肚提前浸泡一小时左右，用面粉反复搓揉猪肚，重复多次，将表面的黏液彻底除去，再用食盐加白醋反复揉搓直至清洗干净，将整只猪肚翻转清洗，把油脂清除干净。
2. 将板栗、腊肉、枸杞等配料与糯米拌匀，调味后用勺子将其装进猪肚内。再用针线封口，使猪肚成为一个封闭的容器。糯米不能装得太满，同时加一点水，并预留出受热膨胀的空间。
3. 上锅蒸制 1 小时。
4. 蒸好的猪肚糯米饭出锅放凉，切成 1 厘米左右的厚片，即可食用。

特点：猪肚弹牙有嚼劲，糯米饭喷香，滋味丰富。

/ 延伸阅读 /

发源于大盘山南麓的始丰溪横贯方前全境，在流水的冲刷下，始丰溪两岸形成了山间小平原，非常适宜种植水稻，且比县内其他乡镇可多收一季稻米，由此方前就有了“鱼米之乡”的美称。水丰物美的地方，人们就有心思研究美食，比如这道独特的小吃——猪肚糯米饭。

相对于大肠糯米饭，猪肚内除了放糯米这种饱腹的主食，方前的巧妇还会在里面加入板栗、腊肉、枸杞等，既丰富了营养，蒸熟后切开的横截面配色也更鲜艳。板栗多用野生的，大片山林里有的是几十年甚至百年的野板栗树，个头不大但口感甜糯，与腊肉相配就多了一丝鲜甜。唱主角的该算是猪肚。猪肚即是猪的胃，相当于身体的仓库，有容藏的作用，而且具有药用价值。《本草纲目》记载猪肚“甘，微温，无毒。归脾、胃经。补虚损，健脾胃”。

制作这道猪肚糯米饭，通常用1.2斤左右重的猪肚1个，配糯米8两，辅料若干。烹饪方法是蒸、焖。猪肚需提前浸泡1小时左右，然后进行里外彻底清洗，方法是用面粉反复搓揉，重复多次以将猪肚表面的黏液彻底清洗掉，再用食盐和白醋反复揉搓清洗干净，接下来将整只猪肚翻转清洗，把油脂清除干净。再用勺子将调味拌好的糯米装进猪肚里，填装好之后用针线封口，让猪肚成为一个封闭的容器。装糯米时要注意不要装得太满，同时加一点水，给它预留出受热膨胀的空间。

猪肚糯米饭的蒸制时间通常需要1小时以上，而在以前没有燃气、高压锅等便利工具时，要想吃到这口美味需要等待一整个夜晚。家里的巧妇会在收拾好晚饭后才开始制作这道“厚重”的小吃。土灶上架着大铁锅，水开上气隔水蒸制一会儿，然后就可以熄了灶火，用余温焖一晚。天光亮起来的时候，猪肚糯米饭的香气也浓郁了。把它拿出摊凉一点再切成1厘米左右的片，全家共享。如果吃不完，可留待下一餐，上热锅放油，两面煎一下，又是另一种口感和风味。

以前物资匮乏的时候，即便是物产丰富的方前镇，这道猪肚糯米饭也算得上是豪奢了。除了里面包容的山珍，奢侈的还属猪肚，毕竟一头猪只有一个胃。农家养的几头猪都是留着到春节才舍得宰杀，因此才有“杀猪菜”“吃年猪”的说法。猪肚糯米饭通常出现在春节的餐桌上，一年中两次“双抢”农忙时节，它也会亮相宴席之上，既可以做主食，又可以当一道下酒菜。（撰文/ 樊多多）

饼、糕、馃类

以面粉、米粉、杂粮粉等为主料制作的
饼、糕、馃类的小吃。

糊拉汰

糊拉汰流传于磐安、天台一带，是一种将玉米粉和小麦粉调成糊状制成薄饼，再在饼上加菜烤脆而成的特色小吃。糊拉汰的面糊原先唯用玉米粉，后来方前人在玉米粉里加入了一定比例的小麦面粉，让糊拉汰在保存原有韧劲的同时，又多了几分酥脆的口感。传统制作糊拉汰会用到一种特殊的器具——形似平底锅的“镬”。

主料： 面粉、玉米粉、山茶油（饼皮）

配料： 南瓜丝、土豆丝、腊肉、猪油、蒜泥等（内馅）

制作方法：

1. 将玉米粉、小麦粉和水按4:1:4.4的比例混合，调制成粘稠状的面糊，用保鲜膜覆盖容器口，常温放在水盆中。
2. 将洗净的土豆去皮刨成丝，南瓜去籽刨成丝，豆腐捏碎，白菜切碎，分别加入植物油和盐，混匀备用。
3. 将上述面糊轻轻倒去表面的水，再次混合均匀，待镬或电饼铛温度上升至90—100℃时，用手抓一把面糊在热锅上匀速环形拖拉成圆形薄饼。
4. 根据顾客要求，在饼上撒土豆丝、南瓜丝、白菜、豆腐等配料。
5. 盖上锅盖用中火烤制，等菜熟饼脆后起锅即可食用。

特点： 饼底金黄，撒有馅料，呈半球形，饼底薄脆又有一丝韧劲，配菜丰富可口。

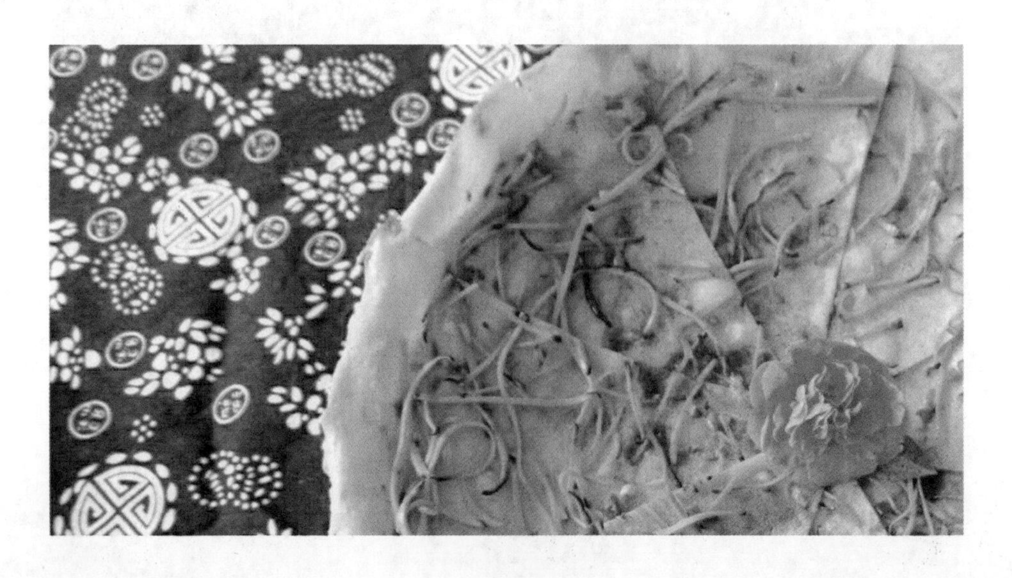

/ 延伸阅读 /

糊拉汰是一种形似鸡蛋饼，制作过程像煎饼果子的风味小吃，流传于磐安、天台一带。饮食落一地，自有一地的传承。方前人对于糊拉汰传承上的用心，让糊拉汰也一跃成为方前小吃乃至磐安小吃的“代表作”之一。

早期的糊拉汰，在做法上相对简单。锅烧热后倒入面糊，打上鸡蛋，待整个面饼凝固，呈焦脆状，再加入事先切好的南瓜丝、土豆丝等小菜即可出锅。整个过程，最为特殊的或许便是那口锅，名为“镬”，颇像平底锅，是专门用来制作糊拉汰的锅。现在的方前人做糊拉汰，依旧喜爱用传统的镬，但细节之处可比原先讲究了许多。

糊拉汰的面糊原先比较单一，唯用玉米粉，后来方前人在玉米粉里加入了一定比例的小麦面粉，让糊拉汰在保有原有韧劲的基础上，又多了几分酥脆的口感。最重要的是，在下锅制作前，面糊还要用清水浸泡，等到要下锅了，才把水倒掉。这和舟山人将制作好的年糕浸泡在清水里以保持它的软糯口感有异曲同工之妙。这样一个小小的细节，能确保面糊始终保有一定的水分，不会因为制作过程太长而变干变稠，也使得糊拉汰的面饼可以摊得大而薄。毕竟足够的水分、薄厚得当的糊质，才是一张糊拉汰足够酥脆的品质保证。

做糊拉汰的油，方前使用的是磐安本地的山茶籽油。山茶籽油不但有山茶香味，还是一味药食同源的中药，从中医药理上看，它性凉味甘，清热化湿。方前人将它加入一道煎制的食物中，总觉得有一些平衡的意味，这大概也是方前人的智慧所在。哪怕是三伏天里吃，也不必担心“上火”的问题。

小菜也升级了不少。为了追求更极致的味蕾体验，土豆丝和南瓜丝会先用猪油和蒜泥炒制一番，增添了几分鲜香。有些人家还会加入磐安特色的腊肉，这样既有鲜香，又有咸香，还有油脂的浸润，让糊拉汰的口味更加丰富。

如此制作出来的糊拉汰，咬上一口，先是最为直观的——又薄又脆，再细嚼，南瓜丝香甜、土豆丝脆爽，其间山茶油与腊肉的香不时冒个头，而后又会发现脆中还有丝丝韧劲。只一口，便将方前人的用心全部包裹了去。

其实糊拉汰的制作方法，从来不是秘密，但要做出方前糊拉汰一样的口感来，却非常不容易。有的时候，手法不对；有的时候，原料不对；有的时候，一切都对了，大概只是人不对。难怪有许许多多的方前人外出务工，回到家乡，第一道要点的就是糊拉汰。只为了心中这一口独一无二的“不可替代”。（撰文 / 安然 魏水华）

饺饼筒

饺饼筒是磐安特色小吃之一，是一种将小麦粉用水调成糊状，在鏊或平底锅上摊成薄饼再配上十几种菜肴，卷成筒状，慢火烤成金黄色的即食小吃。

主料：面粉（外皮）

配料：鸡蛋丝、猪肉、小虾皮、笋、豆面、豆芽、豆腐条、芹菜、咸菜、胡萝卜、莴笋、豆腐皮、毛芋丝（内馅）

制作方法：

1. 将一定量的小麦粉放入容器中加少许盐，按 1:0.9 的比例缓慢加入凉水，一边加一边顺时针搅拌至絮状，再加入适量植物油搅拌均匀，制成黏稠状面糊，沿容器壁缓慢加入冷水水封，放置 2 小时以上（冬天可放置过夜）备用。
2. 轻轻倒去面糊表面的水，将面糊再次混合均匀，用手抓一把面糊在平底锅上用手拖拉成厚薄适中的圆形薄饼。
3. 将配菜分别炒好，盛盘备用。
4. 取一张薄薄的饺饼壳摊平，将菜一层层平铺在上面，再掀起饼皮一边，包裹菜肴卷一圈后折进两头封口，继续圈成圆柱状。
5. 将卷好的饼筒放至加入少许植物油的平底锅中小火烤制，一边烤一边翻转，直到面皮色泽金黄。

特点：营养丰富，风味独特，制作简单，携带方便。

/ 延伸阅读 /

在浙东、浙南各地，饺饼筒都有着非常深厚群众基础，大家对它偏爱有加，叫法却不尽相同：乐清人管它叫薄饼，椒江人和路桥人叫它麦油煎，临海人称它为麦油脂，三门人称它为麦焦，新昌人称它为粘饼，天台人则称它食饼筒。从某种角度来理解，磐安方前人所称的“饺饼筒”，才是最能体现这种食物特色的名称。

饺，表明它的皮是用面粉做的，色白，且有着和饺子类似的馅儿；饼，表明面皮薄韧、气息鲜香的滋味；筒，表明包好后准备入口的状态。三个看似没有关系的字所组成的词，却一气呵成，层层推进，从质地、食材、口感、形状，完美地诠释了这种食物的方方面面。不得不说，对美食，方前人充满了朴素的智慧。

在方前，饺饼筒其实是另一种食物“糊拉汰”的孪生兄弟。它们所用的面糊基本是一样的，从锅灶里做出的糊拉汰是半球形的，一旦改用平锅，半球形变成平面的圆形薄饼，就成了饺饼筒的面饼，方前人称这张薄饼为“饺饼壳”，再卷入比糊拉汰丰富得多的菜码子，就成了饺饼筒。

和外地饺饼筒的另一种不同是，方前饺饼筒有着更丰富的配菜，按标准规格，要凑满十三种，分别是鸡蛋丝、猪肉、小虾皮、笋、豆面、豆芽、豆腐条、芹菜、咸菜、豆腐皮、毛芋丝、胡萝卜、莴笋，这些材料，基本反映了方前镇靠山、面湖、多溪的地域特征。

而十三这一数量，其实也有讲头。在东方认知体系里，人有七窍，加之下阴两窍，计有九窍，加上四肢，合计十三。十三代表了生命，是很具备逻辑深度和哲学意义的数字。方前人把这个数字应用于饺饼筒，足可见这种食物在当地人心目中的地位。又或者，也可能是因为当地地处新昌大佛寺、天台山、神仙居的中心位置。浓厚的佛道气息，影响了当地食物的逻辑走向。毕竟，相传饺饼筒的来源和济公也有些关系：济公在国清寺出家时，将一些剩余的菜肴包裹成筒状给和尚们吃。这就是饺饼筒的雏形。

有人说，饺饼筒是浙江人的煎饼果子。而方前人对于饺饼筒的制作，有着类似于天津人对待煎饼果子一样的执念。每年清明、七月半、冬至和过年时，家家户户都要包饺饼筒作为节日食品。20世纪六七十年代还有在立夏、中秋时吃饺饼筒的习俗。方前人做饺饼筒，饼皮要薄，半透明最好；菜码子要丰富，最少不能少于九种食材；卷好之后还要煎到微黄，没有这步工序，饺饼筒不香。

这些讲究，在外地人看来是矫情，但在本地人心目中，是文化的传承，是美食中所隐喻的风物，也是美食中投射出的哲学。（撰文 / 魏水华 樊多多）

发糕

发糕是以水、米、白砂糖、发酵物（酵母或白药）、红曲米等为原料做成的一种糕点，在磐安不同的乡镇，做法有所区别。近年来，在传统白糖发糕的基础上，磐安人还研究出了加入茯苓、山药、芡实、薏米的药膳发糕。

主料：

新渥发糕：大米、酵母

大盘发糕：大米、白药

红糖发糕：面粉、木薯淀粉、酵母

配料：

新渥发糕：红曲粉干、白糖

大盘发糕：红曲粉干、白糖、茯苓、山药、芡实、薏米仁等

红糖发糕：红糖

制作方法：

新渥发糕

1. 大米浸泡两天，加水加酵母加糖搅拌成浆，送入老窖发酵，其间将发酵起来的泡泡打散。
2. 发酵完毕后上锅蒸半个小时即可。

大盘发糕

步骤和新渥发糕基本一致，酵母用白药替代，米浆中加入茯苓、山药、芡实、薏米，为药膳发糕。

红糖发糕

1. 面粉、红糖、木薯淀粉混合，加入清水和酵母，自然发酵半个小时。
2. 上锅蒸 40 分钟即可。

特点：新渥发糕为传统白糖口味，颜色雪白，气孔均匀，香甜可口；大盘发糕色泽随中药添加而变换，有中药的香味；红糖发糕，气孔少，更为紧实，口感软、弹，有红糖香味。

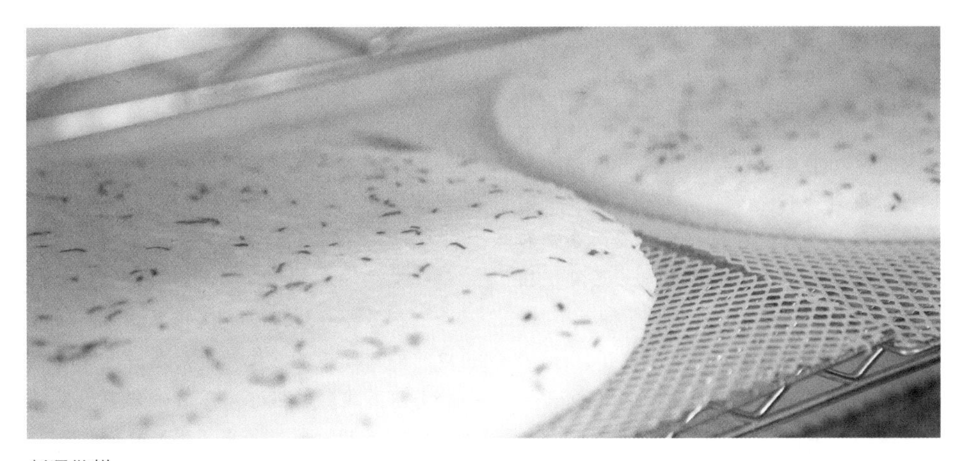

新渥发糕

孔氏五香糕 郭丽泉 / 摄

红糖发糕

/ 延伸阅读 /

“年年发，步步高。”发糕因美好的寓意，深受磐安人的喜爱。在不同的乡镇，它也变幻出不同的模样，承载着磐安人对生活欣欣向荣的期望。

新渥发糕

在新渥街道一带，传统的发糕是白糖口味的，制作过程可以说是步步有讲究，时时要小心。首先需要将大米浸泡两天左右，这样一来，大米吸足了水分，膨胀开来，韧性增加，打出来的浆会更加粘稠，做出来的发糕口感也会更加细腻。然后将泡开的大米混合着同等分量的水送入搅拌机，在搅拌机的轰鸣中加入适量的白糖，这样不过多久就可以收获一份散发着热气的，米香十足的米浆。获得雪白的米浆后，将其送进老窖，加入老浆增加活性，促进发酵，接下来就需要耐心地沉淀和发酵了。

发酵没有固定的时间，靠的全是师傅的经验和观察，“就闻着有一点酸酸的味道就可以了”，期间还需要不停地将发酵起来的泡泡打散。值得一提的是，发酵所需要的温度也很苛刻，在冬天或者气温不够的时候，还需要人为增温，保证酵母充分地发挥作用。发酵完成的米浆虽然颜色看着和原来差不多，却用绵密的泡泡向人们倾诉着自己的经历和发生的天翻地覆的变化，随后安静、舒适地进入圆而扁平的容器里进行最后一步的变身——蒸制。在前面四五天的铺垫下，只需要等待半小时，完整而又美味的新渥发糕就做好了。

发糕上零星散着一些粉干，由红曲粉染色而成，是自然而又可爱的点缀。拿在手里，发糕的热气在空中氤氲至消散，裹挟着大米的香味遍布着四周；轻轻捏一下，就能感受到十足的弹性。送入口中，发酵所带来了酸味，白糖带来了淡淡甜味，吃完一块，脑子里只剩下了"蓬松""清甜"两个词。

大盘发糕（孔氏五香糕）

在大盘镇，每逢节日或是与祭祖相关的活动，总少不了发糕。相传大盘镇的发糕制作技艺始于明朝抗倭英雄戚继光在磐安招兵的时期，当时大盘镇一带的百姓心疼士兵辛苦，就制作了发糕用来慰问他们。

大盘发糕与新渥发糕制作工艺上基本一致，除却发酵采用辣蓼制作成的白药之外，都要经历浸米、淋洗、磨浆、搅拌、加糖、发酵、蒸制等一系列工序。同时，在大盘人的巧手之下，发糕有了新的变化与传承。

当地人孔黄芳从小就跟母亲学习发糕的制作工艺，在遵循传统工艺的基础上，她发挥磐安药乡的优势，按照药食同源的理念在发糕中融入了茯苓、山药、芡实、薏米仁等养生中药，开发出了"孔氏五香糕"，让大盘发糕一跃成为一道美味又养生的药膳点心。

红糖发糕

在另外一边，冷水镇的发糕则是红糖口味的。红糖发糕抛却了大米，选择了面粉与木薯淀粉的搭配，用面粉来实现发糕的"发"，用木薯淀粉来提供发糕的"弹"。

制作时，将红糖、面粉、木薯淀粉三者混合，比例为2:5:3，加入适量的酵母粉和清水，自然发酵半个小时。发酵完毕后放入蒸笼，等上汽之后再蒸40分钟就可以出炉。红糖发糕比之白糖发糕，气孔少，更为紧实，吃起来同样香甜软弹，还富有红糖的特殊香味。

时至今日，新渥发糕早已度过了穷苦时期没糖只能用甜味素替代甜味的日子，一斤斤白糖再也不是难得之物；大盘发糕，仍在继续研究新的药膳口味，红糖芡实发糕、白糖茯苓莲子发糕都是不错的尝试；红糖发糕仍出现在冷水人的餐桌之上……

发糕工序复杂，但并不算困难。磐安人能一直认真地做下去，把握其中快与慢的节奏，以及发糕的形状与配方。这是一种执着，也是一种传承与创造。由此来看，发糕中的美好寓意，实则是由磐安人自己创造出来的。（撰文/ 温瑶瑶 林浩 张燕）

米浆筒

米浆筒，流传于磐安县大盘镇一带的特色传统小吃，由一张轻薄饼皮精心包裹多样菜肴而成。逢年过节时，舞狮队伍需辗转各村，时间紧迫，为表达对舞狮师傅的感激与敬意，村民们创新性地将多样菜肴集于一张饼皮之中，制成米浆筒作为馈赠。

主料：米粉、糯米粉（外皮）

配料：粉丝、包菜、豆芽、萝卜丝、肉丝等（内馅）

制作方法：

1. 大米和糯米混合后磨成米浆。
2. 粉丝、包菜、豆芽、萝卜丝、肉丝等内馅炒熟后备用。
3. 平底锅刷一层食用油后倒上一勺米浆，摊成薄厚均匀的饼皮。
4. 饼皮出锅后根据个人口味包上内馅。

特点：长条卷筒状，外皮米白，内馅颜色丰富多彩，饼皮柔软有韧性，菜肴口感丰富，香味浓郁。

/ 延伸阅读 /

异想天开的人们总有一颗“一口把所有美味吃到肚子里”的心，于是有了东北卷饼、北京春卷、葱包烩、薄饼这样包罗万象的小吃。磐安人则用“米浆筒”实现了这个心愿。

一张薄薄的饼皮，包裹一桌子的菜肴，卷成筒状，一口咬下，就把所有的美味都吃到了肚子里。这便是磐安米浆筒。它是流行于磐安县大盘镇一带的传统小吃。过去，村子里逢年过节会举办舞狮活动。村民想要给舞狮的师傅们做一桌子的美味佳肴，以示感谢和尊重。但舞狮是一个个村子轮流舞，“狮子们”没有太多的停留时间。于是村民想了个办法：用一张薄薄的饼皮，把一桌子的菜肴都裹进去，让师傅们带着路上吃，既方便，又尝到了美味。且米浆筒既可以是小吃，也可以当正餐，成年男子吃个四五卷，也就饱了。这便是磐安米浆筒的由来。因此米浆筒一般在元宵的时候做。再后来，逢年过节，或庆贺或祭祖，家家户户都会做一些。

菜是家常菜，粉丝、包菜、豆芽、萝卜丝、土豆丝、咸菜、豆腐丝、肉丝、鱿鱼丝等，以清爽没有汤汁的炒菜为主，大多会切成丝状或小块。裹的种类越多，自然越有“排场”。米浆筒关键还在这个“筒”。按理说，“筒”的作用是将“菜肴”裹住，那么其地位应该退居其次。其实不然，“筒”的制作工序非常繁琐。

首先，将大米和糯米以4:1的比例混合、洗净（洗米需要半个小时，洗不干净，做出来的饼皮就会厚薄不均），浸泡10小时，磨成米浆。然后进入到制作饼皮的步骤。在锅上涂少量食用油，舀一勺米浆倒于平底铁锅上，铺平、翻面，半分钟后，一张圆形的饼皮初具雏形。烤一会儿，用两根手指抓住饼皮的一角，轻轻向上掀起，放置晾凉即可。这个过程，和早点摊上做鸡蛋饼的饼皮有点像。看起来容易，几分钟一张饼皮，但要做到厚薄均匀、形状齐整、柔软可口，需要长年累月地反复练习。

这样做出来的饼皮，带着大米的香气，口感细腻而有韧性，最重要的是，裹菜的时候“结实”。以前农家会擦干净桌子，把饼皮直接摊在桌子上，然后把一桌子的菜每样夹一点到饼皮里，菜要适量，多了裹不住，少了味道不好。菜放好后，开始“滚筒”。“滚”好的米浆筒到了舞狮师傅们手中，一口咬下去，主人家的热情随着菜肴的美味从味蕾流窜到心田，足以慰藉一天的劳累。

用一张饼皮，包裹一桌子菜肴。米浆筒舒展出江南小吃少见的豪气。然而其柔软而有韧性的饼皮又无不传递着江南人的细腻和体贴。一张一弛，磐安人将热情的待客之道和对美食的珍惜之意都藏在了米浆筒里。（撰文 / 宋春晓）

麻糍

磐安的麻糍，历经三百年传承，不仅是日常劳作中的干粮，也是节庆时传递祝福的佳肴。各乡镇麻糍形态、色彩、吃法各异，展现了丰富的地域文化与创意。方前镇传统的麻糍以纯糯米制作而成，常常出现在喜事与丧事之上。玉山麻糍通常出现在清明、立夏时期，因此常被玉山人称为“清明麻糍”或是“立夏麻糍”。

主料：

方前麻糍：糯米

玉山麻糍：糯米粉、大米粉

配料：

玉山麻糍：野艾草、红糖、松花粉

方前麻糍：黄豆粉、玉米粉

制作方法：

方前麻糍

1. 糯米浸泡一夜，蒸熟后倒入石臼中。
2. 石槌上抹水，不断捶打糯米，直到糯米被打成团状。

玉山麻糍

1. 大米粉和糯米粉加水混合，揉搓成均匀的面团后蒸熟。
2. 新鲜的野艾草洗净后切碎，倒入面团蒸桶中再蒸 15 分钟左右。
3. 将面团捶打至无颗粒、均匀、有黏性。
4. 将麻糍团擀开，切成一指厚的块状，均匀撒上松花粉，蘸红糖食用。

特点：方前喜事麻糍形如“6”，分量大，每个约二斤八两，用于送人；白事麻糍为片状，厚约一指，常出现在白事宴席上；玉山麻糍色泽草绿，有艾草香气。

方前麻糍

玉山麻糍

/ 延伸阅读 /

在磐安，麻糍是流传了三百多年的传统小吃。平常，磐安人民上山下地劳作之时，麻糍是干粮和主食。若逢红白喜事或是节气时令，麻糍又有了祝福的寓意。不同乡镇的麻糍有丰富的形状、颜色、吃法，都是磐安人在用美食传递生活美好。

方前一带，传统的麻糍以纯糯米制作而成，常用在喜事与丧事之上。制作时，糯米要提前一夜泡水，直至糯米吸饱了水分，可以轻易用手捻开。泡好的糯米淘洗一遍，大致沥干水分，就可放入饭甑里准备蒸制。

蒸制糯米最好是用传统的柴火灶，火比较旺且均匀。提前烧火，等锅内的水烧开，将装满糯米的饭甑放上锅，全程大火蒸。注意，蒸制糯米的前期不能盖盖，要等水汽充分上来，将饭甑最上层的糯米蒸至不见泛白，有些许晶莹的状态，才能将盖子盖上进行闷蒸。以二十斤糯米一桶为例，开盖蒸制的时间大约要半个小时，最后的闷蒸大约要十五分钟。如此，就能收获满满一桶糯米饭。

分享糯米饭在磐安好似是一种“彩头”，每至做麻糍的时候，周边的邻居已经拿了小碗过来翘首以盼，糯米饭一蒸好，先分上个一小碗尝了再说。不过，这糯米饭可不是白吃的，吃了那就得干活——通常是家里的妇女带着小孩来“讨”糯米饭，男人留下来帮忙一起打麻糍。毕竟，红白喜事上麻糍用量大，只靠一家人是远远不够的。这体现了磐安农家人的质朴与真诚，一家有事，邻里之间全来帮忙，因为大家伙儿心里全明白：下次我家做麻糍，其他人也是要来帮忙的。

打麻糍需要两人分工合作，先在石臼与石槌上抹上水，将糯米饭全部倒入，一人抡起槌子捶打糯米，每捶打几下，另一人就要翻弄石臼里的糯米，再时不时往糯米中加水，偶尔还要给石槌上抹点水防粘。糯米本就黏性大，被捶打之后会更黏，因此每次捶打后都要快速拎起石槌，否则石槌就深陷糯米团中了。再加上石槌有二十斤重，在如此高强度与快节奏的捶打之中，哪怕是身强力壮的农家人打个一两分钟，也要歇息一下，替换另一人。打完二十来斤糯米饭，需要十一二分钟，捶打之人换了约有六七个。捶打好的糯米团质地均匀，不见一丝米粒，将其放置在事先铺好手粉的案板上，就可以开始将其“改造”成麻糍了。

喜事上的麻糍，用来送给亲朋好友，所以最要体现“分量”。从糯米团上切上一大块，揉搓成一个长条，约半米长，五厘米粗，足有两斤重，随后将长条一卷，呈一个“6”的样子，这麻糍就做好了。过往糯米是稀罕物，一条两斤重的麻糍，通常只给关系最为亲密的近亲。在时间的浸润下，情谊也愈发厚重，如今，麻糍的分量自然也跟着“水涨船高”，变为两斤八两。农家人做得多了，心中早已有数，随手一切，往秤上一放，正正好好两斤八两。“无他，唯手熟耳”的现身说法，不过如此。带回家的麻糍，可以切片直接蘸红糖吃，软糯香甜；也可以切片下锅煎至两面金黄，外脆内软，口感丰富。

若是在白事上，麻糍的吃法则有了不同的变化。将糯米团擀成约一厘米厚的片，而后切成巴掌大小的方形，两面均匀裹上黄豆粉或者是玉米粉，再装盘上桌。方前人说，在白事上吃麻糍有祝长寿的好寓意。

当麻糍出现在玉山人的餐桌上，场景又发生了转变。玉山一带，麻糍做法与吃法都与方前有所不同，它通常出现在清明、立夏时期，因此常被玉山人称为“清明麻糍”或是“立夏麻糍”。清明麻糍的原料并非糯米，而是大米粉与糯米粉。一般来说，大米粉与糯米粉的比例是7:3或是6:4。糯米粉在其中的比例决定了清明麻糍的整体口感，糯米粉少一些，那清明麻糍口感会韧一些；多一些，口感则会更软糯。比例并非固定不变，可根据喜爱的口感进行调整。

制作时，先将大米粉、糯米粉与适量白糖混合均匀，而后少量多次在米粉中加入水，其间需要用手不停搓揉米粉，直到米粉达到可以捏成团，一碰又会散的状态，就可以放入饭甑中，上柴火灶蒸了。蒸米粉与蒸糯米一样，都是等锅里的水烧开之后上锅，前期并不盖盖，等到水汽上来，表面一层米粉全部湿润变色、变透明，再盖上盖子进行闷蒸。

等待米粉闷蒸的这段时间，就可以开始处理野艾草。将鲜嫩的野艾草尽可能切得细碎，放入盆中备用。等到饭甑里的米粉闷蒸至出锅前的15分钟，再将艾草碎连同渗出的汁液一同倒入饭甑中。野艾草不能放得太早，否则会因为蒸制时间过长变黑，影响麻糍最后的色泽。

待到米粉全部蒸熟，将米团倒入石臼中开始捶打。捶打之时，同样要两人协同合作，不过捶打加了艾草的麻糍比纯糯米的麻糍要更为仔细一点，不仅要打成无颗粒的麻糍团，还要注意艾草是否被均匀地捶打至麻糍团之中。打好的麻糍团呈现出均匀的草绿色，且散发着清新的艾草香气。

玉山人吃清明麻糍，少不了松花粉来“锦上添花”。在案板上均匀地撒一层淡黄色的松花粉，将麻糍团放在上面，随后在麻糍团表面再撒上一层松花粉，将麻糍团擀开至大约一指厚，最后切成块状，就可以入口了。清明麻糍原本的艾草香味之中混杂着淡淡的松花香味，咬下一口，艾草香味瞬间涌入口中，麻糍软糯但又不乏嚼劲，时不时冒头的松花香味让麻糍的口味提升到了新的层次。若切成手指粗细小条的麻糍，蘸上红糖，其原本丰富的味道之上，又能多几分甜蜜。

不在节庆之时，吃麻糍则要随意许多，最常见的吃法便是在麻糍内包上红糖，上锅煎或是直接吃。此外，磐安一些地方婚宴上的麻糍，还有蘸红糖水或芝麻红糖水的吃法。（撰文 / 刘林）

大蒜饼

大蒜饼，以面粉为基础，加入新鲜大蒜泥和盐调味后烤制而成，制作简便快捷，以双峰乡的尤为有名。大蒜饼将蒜的辛辣与面饼的香软完美融合，曾是父辈们劳作时的便捷午餐，如今已成为当地人早餐、晚餐的常客，也深受外地游客喜爱。

主料： 高筋面粉

配料： 大蒜、酵母粉、水

制作方法：

1. 高筋面粉中加酵母粉拌匀，加水调和揉面，面团揉至均匀、表面光滑，放置发酵 4 小时左右，具体时长需随着天气温度的变化进行调整。
2. 面团发酵完成后，将面团擀成饼状备用。
3. 锅烧热，锅底刷少许油，放入面饼、加入适量的水（水的量可以是半小碗），加盖用中火烤，电饼铛只需用 2—3 分钟，用镬则需要 7—8 分钟。
4. 打开锅盖，面饼刷油翻面，加水加盖，中火烤至面饼表面金黄，均匀撒上蒜泥后盖锅盖焖 2 分钟，最后起盖撒上葱花，加盖焖一分钟，即可出锅。

特点： 饼底松软可口，蒜末色泽诱人，蒜香四溢不辣口。

/ 延伸阅读 /

在中国人餐桌上，从来都不缺少饼的身影。它可以包罗万象，也可以简单朴素，用不同的形式演绎着自己的精彩。在磐安，各类佐料丰富、口味出挑的小吃数不胜数，可磐安的大蒜饼始终能以它独特的方式拔得头筹，不仅本地人对它爱得深沉，外地人也对它偏爱有加。

大蒜饼作为磐安传统小吃，在民间有很高的接受度，特别是在双峰乡，无论早餐或是晚餐，许多人都喜欢来一块大蒜饼。大蒜饼不仅是小吃，更是一种记忆，浓郁的蒜香味勾起很多人儿时美好的回忆。

大蒜饼可以算是父辈们勤劳智慧的产物。20 世纪七八十年代，父辈们上山下田劳作，为了节约吃饭时间，通常会在早上上山的时候就带好午餐，大蒜饼是必选项目。原因有二。一是因为大蒜。大蒜传入中国已有近 2000 年的历史，可药食两用，味辛，性温，入脾、胃、肺、大肠经，具有温中行滞、解毒、杀虫的功效。在那个物资缺乏的年代，没有专门盛放食物的密封袋，将饼涂满一层大蒜可以防止蚂蚁等小虫偷食，而且食用大蒜饼，夏天能防暑，劳作时能防蚊虫叮咬。二是因为大蒜饼的制作方法简便快捷。提前一天将面粉发好，早上起来只需将大蒜拍成蒜泥，加上盐巴涂在面饼上就可以带着出门了。

大蒜饼的做法说来简单，但要做得好吃，单从面皮开始就得十分讲究，稍微出现一点比例的偏差就会是截然不同的口感。蒜，不能太嫩也不能太老，还要放很多。将蒜瓣一一掰开，摊在厨房的案板上，用刀背将其敲碎。父辈们那时的吃法是将大蒜捣成蒜泥后撒一些盐巴，然后在烤好的饼上薄薄地涂上一层，就直接带出门了。而如今，很多年轻人并不喜欢大蒜的辛味，所以大蒜饼也随之改良，将大蒜切碎后用猪油爆炒，再撒上盐和少许酱油调味。爆炒后的大蒜少了辛味又香气四溢，得到了更多人的味蕾认可。

以 10 人份的食量为例，制作大蒜饼需用高筋面粉 400 克、山东大蒜 40 克、酵母粉 3 克，水 250 克。

在高筋面粉中加酵母粉拌匀，加水调和揉面。面团揉至均匀表面光滑就可，放置发酵 4 小时，这个时长也需随着天气温度的变化进行加减。等面团发酵好以后，将面团擀成饼状备用。最重要的工序是烤饼，要想饼烤得好吃，火候极有讲究，火力不能太猛，否则饼面容易烤焦，里外刀枪不入，咬之崩牙；火候不旺，大蒜饼的外皮又不够香脆，香味也会大减。

现在可以用电饼铛烤饼，以前则是用一种叫镬的平底的锅。锅烧热，锅底刷少许油，放入面饼并加入适量的水（水的量可以是半小碗），加盖用中火烤，电饼铛只需用 2—3 分钟，用镬则需要 7—8 分钟。打开锅盖，在面饼上刷油翻面，再加水加盖，中火烧至表面金黄，均匀撒上蒜泥后盖好锅盖焖 2 分钟，最后起盖撒上葱花，加盖焖一分钟，就可以出锅。

刚刚出锅的大蒜饼吸足了蒜味，香气扑鼻，饥肠辘辘之时，一张热气腾腾的大蒜饼犹如雪中送炭。大蒜饼一定要趁热吃，齿间轻咬，蒜香突破面皮的裹绕，一下子弥漫开来。这一口下去，许多下落不明的时光一下子就找寻回来了。（撰文 / 樊多多）

玉米饼

玉米作为一种耐旱、耐贫瘠的作物，在磐安得到了广泛的种植和利用。玉米饼以磨好的玉米面为原料，历经和面、揉面、成型、烤制等工序制作而成，曾长期作为山区农民果腹充饥的重要食物。它不仅承载了几代人的生活体验，还蕴藏着当地人的情感认同和文化记忆。

主料：玉米粉、水（饼皮）

配料：萝卜丝、土豆丝、豆腐干等（内馅）

制作方法：

1. 起锅烧水，待水沸腾后倒入玉米粉，迅速搅拌至成团。
2. 取一小块面团拍打到硬币薄厚、家用碟子般大小。
3. 锅烧热，将玉米饼贴在锅边。
4. 玉米饼熟透后铲出，包上内馅；或者继续烘烤，刷上猪油、豆瓣酱等调味料，作为零食。

特点：饼呈圆形，大小厚薄均匀一致，表面金黄，有光泽，口感表层绵软，底层松脆，具有玉米香味。

/ 延伸阅读 /

不似许多需要先和面、揉面、塑形最后才开火烤制的饼类，磐安的玉米饼从和面开始便是离不了火的。

旧时，土灶里添一把柴火，烧一锅热水。水开后，加少许油搅拌，将玉米粉倒下锅。若是量少，筷子这时就要迅速下场，进行搅拌，直至面粉成为絮状粘连在一块，便可取出揉面。若是分量多，则要等玉米粉烧煮至熟才可开始搅拌。这一步玉米粉与水的比例至关重要，水多粉少，太稀容易糊；水少粉多，太干容易硬。而后揉面也并非易事，面团极为烫手，手需要时不时沾凉水，揉搓面团。沾凉水一是为了降温，二是为了让面团变得更加光滑。

面团最后揉成的形状也不一般，形似一座小山立在案板上。双手从下而上慢慢捋，最后就揪下来一小撮面团，此时再看向面团，依然还是小山的模样。但若是不那么讲究，面团直接摊在面板上，也不影响其美味。面团因为偏软，不用擀面杖擀，而是用手直接拍打。拍打前，先将面团揉圆在手心稍稍按扁，而后一手推送面团，以面坯中心为圆心慢慢旋转的同时，另一手用拇指按捏使其变大。等到变成手掌大小的面饼后，双手来回拍打，待到面饼如家用碟子般大小、硬币般厚薄之时，这面饼就算是拍好了。拍好的玉米饼贴着锅边放入已经烧烫的铁锅内，慢慢烤制。烤制完成的玉米饼外观圆薄，颜色金黄且有光泽，是名副其实的黄金饼。玉米饼贴锅的那一面松脆，另一面则柔软黏润，口感也十分丰富。

玉米饼的吃法众多，可以单吃，也可以夹小菜做成夹饼来吃。小菜并不固定，萝卜丝、土豆丝、豆腐干等等都可以，多是应季小菜，其中最为传统的小菜便是咸菜豆腐。若是在灶上多烤一会儿，玉米饼就成了玉米脆片，或是刷上猪油，撒上盐与小葱，或是刷上豆瓣酱，是磐安农家最为可口的小零食。

磐安山多地少，在过往缺吃少穿的年代里，玉米在许多人家中便变成了主粮。早餐来一碗玉米糊，中午再揣几个玉米饼上山干活，晚上煮一锅玉米饭，劳动的一天被安排得明明白白。时过境迁，如今土灶和柴火隐去了身影，磐安人也不像以往那般吃不起精米细面，但玉米饼却并未消失，依然频繁出现在磐安的家家户户之中。

若是自家馋了，用燃气灶烧开水下玉米面也是一样，至于烤饼的步骤更是干脆上电饼铛了。这时的玉米饼，不仅是老一辈人儿时的回忆，更成了新一代人眼中健康美味的粗粮制品。若是开了一家早餐铺，那可有得忙了。凌晨四五点起床，大铁桶装上个十几二十斤面，一口气在灶上和完。老一辈人的手艺没有白费，他们还亲自上阵，但多少带着点将手艺好生传给开店儿女的目的。不知不觉，玉米饼也多了几分传承的意味。人来人往，一张张玉米饼出锅端盘间，早餐铺生机勃勃，早起劳作的人们也迎来了这天的第一道温暖。

时代变了，但玉米饼将生活的美好带予磐安人这件事，却未曾改变。（撰文 / 刘林）

炒米糕

炒米糕以精选大米为主要原料。大米经过炒制，被研磨成粉，再与适量糖水或其他配料混合搅拌，最终上锅烘烤，就成了炒米糕。20世纪七八十年代，炒米糕是磐安庆贺新年的传统食物。

主料： 早稻米、糯米

配料： 白砂糖、芝麻

制作方法：

1. 早稻米和糯米按照比例混合炒熟，磨成细粉。
2. 米粉中加入按照比例调出的糖水，揉搓混匀，用模具压出想要的形状。
3. 糕团用柴火炭烤熟即可。

特点： 造型小巧可爱，香甜软糯，入口即化。

/ 延伸阅读 /

让磐安人说过年最好吃的是什么，不少人都会回答炒米糕。“炒米糕”这个名字，简明扼要却字字珠玑。

“米”代表了早稻米和糯米，这是磐安人千挑万选的结果。早稻米生长期短，米质疏松，较干硬，稗粒和小碎米较多，吃起来口感不如晚稻米好。但它黏性小，适合做蛋炒饭和肠粉。这是炒米糕“脆口”的来源。糯米黏性大，易糖化，可以让炒米糕保持形态的同时丰盈口感。制作炒米糕，要先将早稻米和糯米按 2:1 的比例混合，过水后沥干即可。

“炒”指的是它的工艺。自古以来，糕点似乎并不会有这一步骤，有蒸糕、烤糕、炸糕，确实没听说过炒糕。然而炒的不是面团，而是米。

热锅干炒，是磐安人做炒米糕的秘诀。锅里不能有一滴油一粒盐。炒米不能用毛毛雨般的煤气火，要用柴烧出来的大火。巨大的铁锅将下方滚滚的热浪均匀地散布开来，大锅铲在锅内上下翻飞。炒好的米不糊不焦不夹生，呈现金黄的色泽，香味像洪水一样席卷整个屋子，这是一种自然的香气，触动着人们的嗅觉神经。

炒好的米需要磨细，最理想的工具是石磨。这是劳动人民给予自己的魔法。如今石磨少见，想在家里做，只能用破壁的机器。速度是快了许多，可是更质朴的香味和回忆却少了一些。

正宗的炒米糕，干爽酥脆中带着清甜。这甜味自然有早稻米和糯米的努力，但是术业有专攻，甜这件事，还得糖来。炒米糕里加的是熬出来的糖水。将水和白砂糖等比例混合，小火微煮，最后出锅的糖水颜色透亮微黄，用勺子一舀，连绵不断。

将米粉和糖水揉到一起，再撒上些点睛的芝麻，这一步叫作调糕粉。米粉平铺在案板上，芝麻刚刚炒过，飘着香带着余热落入其中，再均匀地洒入糖水。特制工具是个半圆柱体，用圆的一面边擀边摁。最终的目标不是将它们揉成面团，而是要米粉手握不散。

“糕”代表了这个小吃的形态，需要拿出压箱底的模具。上好的模具都是家传的，颜色颇深，边角也已经被磨圆，但是似乎就是比用新模具做得好吃许多。最普通的形状是各种常见的植物和动物，还有些特别的上面带着字。用米粉铺满整个模具，再用刮板刮去多余的粉，压实之后轻轻一敲，出来的不只是精美的小糕点，更是围观的小朋友们压抑不住的喜悦。

压出来的炒米糕还需要经过最后的烘烤。烤要用柴火炭，不能有明火，否则极易烤焦。放置炒米糕的烤架也需选择网口小的，上垫一层纸，才不会留有痕迹。经过炭火余热的适时烤制，炒米糕最终完成。用手摸着，还有些硬，但是一碰到温暖的口腔，它就缴械了，散成细腻的粉，带着米和芝麻的香气，混合着丝丝的甜。

过去，过年守岁时家人围在一处，一边说说笑笑，一边往嘴里送上一口炒米糕和温热的茶，这才叫过年。如今大都变了，对原料的讲究变了，制作的工具变了，吃炒米糕的时候也变了。可是大家围在一起时的开心和温暖是不变的，磐安人对炒米糕的依赖也是不变的。（撰文 / 温瑶瑶）

清明馃

清明馃，是磐安过清明节时重要的风物小吃，以米粉、糯米粉或番薯粉为原料，再加入艾草制成馃皮，最后包入馅料而成。外皮一般呈现出淡雅的青绿色，内馅则丰富多样，既有经典的豆沙、芝麻等甜味馅料，也有鲜美可口的竹笋、腌菜、豆腐干等咸味选择。不同乡镇做法、口味、样式都有所区别。

主料： 米粉、糯米粉或番薯粉（外皮）；

配料： 鼠曲草、野艾草等（染色）；春笋、腊肉、豆腐、咸菜等（内馅）

制作方法：

1. 采摘鼠曲草或野艾草的嫩叶，洗净放在盆里揉捻出汁，将汁液和糯米粉或番薯粉混合，揉成光滑面团，分成大小适宜的小剂子，压成馃皮。
2. 春笋、腊肉、咸菜等小菜切碎炒制完毕后，包进馃皮。
3. 捏出花边或是用模具压出花纹，上锅蒸半小时即可。

注：磐安各个乡镇清明馃做法均有区别，清明馃的外皮常用大米粉、糯米粉混合来制作，但大盘、双溪、窈川以及安文则喜爱用番薯粉；玉山镇做清明馃是先蒸熟馃皮再加入野艾草调味；冷水镇蒸清明馃的时候会在蒸笼底下垫“炊枕馃”；安文街道和方前镇还会在清明馃里添加紫甘蓝汁、南瓜汁、菠菜汁等，让清明馃呈现出不同的色彩。

特点： 色泽丰富，馃皮柔软弹牙，内馅鲜香。

/ 延伸阅读 /

清明馃，是磐安过清明节时重要的风物小吃。磐安人对于先人的敬重，丰富多样的清明馃便是最佳见证。他们收集四季的味道与颜色，融合时光的新旧，包成一个小小的清明馃，将自己与先人连接在一起。

清明馃的外皮常用大米粉、糯米粉混合来制作，而大盘、双溪、窈川以及安文则喜爱用番薯粉。不同的粉，呈现出来的质地有所不同，口味也有所区别。米粉与糯米粉以2:1的比例混合，米粉提供独特的米香，糯米粉则让外皮更有弹性；若是用番薯粉，蒸完后外皮更透亮，能隐约看到内馅儿，口感也更加弹与韧。

最为传统的清明馃是绿色的，用清明时期独有的植物嫩叶染色而成。在安文街道一带，清明前，人们都会采摘一种开着黄色小花的植物，当地人称之为鼠曲草，又名清明草；在方前镇、玉山镇、冷水镇等地，清明馃则是用另一种“野艾草”染色的，当地人说，这是一种叫“蔯”的植物，属菊科，有一股清香。尽管民间常常将给清明馃染色的植物称为“艾叶”“艾草”，但它们和挂在门口或是做艾灸的艾草并不是同一类，而是与艾叶有类似香味或是叶片有些许相似的植物，这些植物磐安人一般会统称为“青”。

多数乡镇制作清明馃，都是先将鼠曲草或野艾草的嫩叶摘回来之后洗净，直接放在盆里揉捻。因为是嫩叶，所以揉到最后唯剩翠绿色的汁液和一点点叶渣。将汁液与叶渣一同倒入粉中，揉成面团。玉山镇则有些不同，是先将米粉与糯米粉混合，加水揉搓，上锅蒸制成馃，而后再将野艾草的嫩叶揉搓进去。玉山人认为这样做会让清明馃中艾草的香味更足、更新鲜一些。

清明馃馃皮精心准备，内馅肯定也不能马虎。清明逢春，正是吃春笋的季节。新鲜的竹笋加上前一年腌制的腊肉，再掺上一些咸菜炒熟，包入清明馃里，便是将春天和冬天打碎了又拼在一起，能吃出火腿的陈与竹笋的新。

除了笋与腊肉“忘年交”的搭配，磐安人也会将各式各样口味的内馅包裹进去。或是将菌类与腊肉混合在一起，菌菇独有的香气与腊肉的香气进行碰撞，带来全新的风味；或是将豆腐、野菜与腊肉混合在一起，互相补充，相互成就；还有充满创新的肉松与蛋黄馅等。

磐安清明馃的形状也并不单调，每户人家都有不太一样的包法。填满馅料之后将馃皮对齐，或是捏出花边，形似元宝；或是将边收在中间，形似柳叶，或是直接压成一个小小的圆饼状，用模具压出花纹……

待到一个又一个清明馃装满了笼屉，就可以上锅蒸制了。蒸熟后的清明馃，在水汽的滋润下变得透薄明亮，馃皮柔软弹牙，内馅鲜香，吞下去后唇齿留香。冷水镇的清明馃还有一个特殊点，蒸清明馃时，垫在蒸笼与清明馃之间并不是笼布，而是一种小绿叶。小绿叶学名叫“山矾”，冷水人称它为“炊枕馃”。用它蒸煮出来的清明馃，还多了一番清新的滋味。

在清明以外的季节，磐安人依旧保留了食用清明馃习惯，安文街道和方前镇还会在清明馃里添加紫甘蓝汁、南瓜汁、菠菜汁等，让清明馃呈现出缤纷的色彩。好似只要清明馃一直在，那些在磐安人生命中出现过的重要的人，便一直不会走远。

（撰文 / 温瑶瑶 刘林）

杨梅馃

杨梅馃是磐安县传统农家宴席的一道必备小吃，起源可以追溯至明太祖朱元璋时代。过年过节，定亲、嫁娶、上梁、乔迁、丧葬等红白喜事，均能见到它的身影。宴席上的杨梅馃，皆是传统的芝麻红糖馅，而家常饭桌上，杨梅馃的口味则更为丰富。

主料：糯米粉、水（外皮）

配料：豆沙、红糖、芝麻（甜口内馅）；咸菜笋干、萝卜丝炒肉等（咸口内馅）

制作方法：

1. 糯米粉加水揉成面团，另取一部分生糯米加入红曲粉染色。
2. 甜口的包入豆沙或者红糖芝麻馅；咸口的包入咸菜笋干、萝卜丝炒肉等。
3. 包上内馅后在染色的生糯米中滚上一圈，再上锅蒸 10 分钟。

特点：外形滚圆，色泽鲜红，形似杨梅，口感软糯，甜而不腻。

/ 延伸阅读 /

杨梅馃是磐安县传统农家宴席的一道必备小吃，过年过节，定亲、嫁娶、上梁、乔迁、丧葬等红白喜事，均能见到它的身影。

杨梅馃的制作工艺并不复杂，以传统的芝麻红糖馅为例。糯米磨成粉，用温水以 1:1 的比例混合均匀揉成面团。用温水的原因在于，糯米粉本身黏性差，需要用温水将面粉烫熟一部分，使面团有黏性，更易成团。而后揪取大约一两的面团，用擀面杖擀成略有厚度的圆饼状，往内里包入馅料，而后收口包圆即可。

包好的面团再放入盛有红曲粉染色的糯米的容器中滚上一圈，直到外表沾满了红曲糯米。最后一步，便是上锅蒸制。传统的杨梅馃大小，约直径 6 厘米左右，水开后，蒸制 10 分钟即可出锅。蒸熟后的杨梅馃，外形圆滚滚，外层的糯米颗粒分明、颜色鲜红，确实神似水果杨梅。咬下一口，口感香糯，恰到好处的红糖芝麻甜而不腻。

一般来说，宴席上的杨梅馃，皆是传统的芝麻红糖馅。但家常饭桌上，杨梅馃的口味，全看这户人家的喜好。喜欢甜口的，会以红豆沙为馅料；喜欢咸口的，会以咸菜笋干、萝卜丝炒肉等为馅料。

杨梅馃的起源，可以追溯至明太祖朱元璋时代。相传，明太祖朱元璋出身贫苦，称帝后微服私访体察民情。有一次，他乔装打扮成乞丐来到大盘山，在一个村庄的大樟树底下看见坐着一个瘸腿老婆婆正又哭又笑地扯着衣角擦眼泪。

原来老婆婆含辛茹苦养大了唯一的儿子，儿子踏实肯干，被一户人家看中入赘招了女婿，听说那姑娘叫杨梅。今天是儿子成亲的日子，她因心中挂念想偷偷地看看儿子和儿媳妇，但又不敢进村，怕给儿子丢脸，又是高兴又是心酸。朱元璋眼珠一转，带着老婆婆装成乞丐来到喜宴上。

喜宴非常热闹，聪慧的新娘却发现了新郎的局促不安，便不动声色暗暗观察，看见席中的老婆婆，她明白了。只见新娘亲自端着一盘红颜色的点心来到老婆婆面前，双膝跪地，对着老婆婆朗声说："儿媳叩见婆婆，请婆婆吃喜果，吃了喜果一家人从今往后团团圆圆，日子红红火火。"

一瞬间，乡亲们都惊呆了，唯有明太祖朱元璋暗自点头，他上前拿起一个喜果咬了一口，入口软而不硬，甜而不腻，不由得称赞道："好一个杨梅，好一个团团圆圆、红红火火！"从此，这喜果就被叫成了"杨梅"，又因外形似水果杨梅，渐渐演变成了现在的"杨梅馃"。

磐安人对杨梅馃的喜爱，也是源于其背后"阖家团圆、日子红火"的美好寓意。（撰文 / 刘林 潘家兰）

糯米蛋糕

磐安糯米蛋糕，也常被称为磐安县定制蛋糕，以糯米粉、鸡蛋和白糖为食材制作而成，色泽金黄、蓬松可爱，有“黄金万两”“步步高升”的美好寓意，在逢年过节、嫁娶喜事时也很受欢迎。

主料： 糯米粉、鸡蛋

配料： 黑加仑干、白糖

制作方法：

1. 鸡蛋中加入白糖，打发至奶油状，再加入几滴柠檬汁去腥。
2. 蛋液奶油中加入适量糯米粉，搅拌至糊状。
3. 蛋糕糊倒入模具，上缀黑加仑干，上锅蒸制 15 分钟。

特点： 色泽金黄，富有弹性，香甜软糯，蛋香与糯米香十足。

/ 延伸阅读 /

在物质生活远不如现在花样多的过往，想吃点不一样，只有农家人自己发挥奇思妙想。糯米蛋糕，就是方前人用糯米粉、鸡蛋和白糖这最简单的材料做出的新花样。

糯米蛋糕的制作并不难。先将鸡蛋倒入碗中，而后加入白糖，将蛋液打发至奶油状。在以前没有搅拌机的时候，要将蛋液打发起来并将白糖搅拌融化，是一件不困难却费力气的事。当时的方前人只好多拿几把筷子手动打发，一人累了，就换下另一人，光是轮换着人打发就得耗费十多分钟。现在直接放入搅拌机中，六七分钟足够。

糯米蛋糕的蓬松感全来自打发足够的蛋液，一般来说 14 个鸡蛋可以做四个盘子大小的蛋糕。白糖可根据喜爱的甜度加入八两至九两。白糖在做糯米蛋糕时不仅能够提供香甜的味道，还能帮助蛋液稳定打发，所以是不可或缺的材料。早些时候，鸡蛋是个稀罕物，方前人就用白药做成的酵液替代部分蛋液，既保证能有足够的水分与糯米粉结合，又有使蛋糕体蓬松的作用，但口感不如纯蛋液制作来得细腻。

蛋液打发好后，先拿一个小碗，装一点清水，再挤入几滴柠檬汁，搅拌均匀后，一同倒入打发好的蛋液中，可以起到去腥的作用。随后加入糯米粉搅拌个两三分钟，直到搅成看不见干粉的糊状，就能倒入模具之中。最后，在蛋糕糊上撒上黑加仑干作为点缀，就能上锅蒸制了。蒸制时间不长，十五六分钟即可。期间时不时飘出的香甜气息，有一种让人“垂涎三尺”的魅力。

刚出锅的糯米蛋糕得尽快从模具中取出，否则放凉了之后会黏在模具上。好在常在厨房“操练”的方前人早已锻炼出了“铁砂掌”，三两下就能把烫手的糯米蛋糕取出放置在案板上。

待到热气稍稍散去，就可以切块分享了。新鲜的糯米蛋糕，入口先是软糯又有些弹性的口感，而后是微微的甜香之中混着糯米香与蛋香的滋味，若是咬到了黑加仑干，此时它吸满了水汽已经膨胀了起来，也变得又韧又软，为糯米蛋糕提供了一丝酸甜，也让蛋糕变得更加可口。

因为色泽金黄，蓬松可爱，糯米蛋糕有“黄金万两”“步步高升”的美好寓意，所以在逢年过节、嫁娶喜事时也很受欢迎。若是往糯米粉中加入紫米粉、小米粉，还能做出色彩更加丰富的糯米蛋糕。（撰文 / 刘林）

尚湖香糕

“一生高”糕点，是磐安县尚湖镇的老字号，是源自清末潘公之手的天然健康香糕。尚湖香糕历经六代传承，秉承古法，精选五谷杂粮与糖水精制而成。

主料： 大米

配料： 人参、白扁豆、淮山药、茯苓、薏仁米、芝麻、荞麦、紫薯、黑米、绿豆、佛手、玉米、枸杞等（选用）；白糖或红糖（糖水）

制作方法：

1. 大米与配料磨成粉，加入白糖水或红糖水，混合成糕粉。
2. 糕粉不断搓散再添加糖水，揉捏成团，重复这一工序。
3. 搓完的粉经过筛粉，倒入模具中压实，刮掉多余的粉。
4. 塑形后烘烤 4 小时左右。

特点： 外形小巧，口感绵长，香味清醇。

/ 延伸阅读 /

“一生高”糕点是磐安县尚湖镇的老字号糕点，以其外形优美、口感纯正、香味清醇、健康养生的特点，成为当地知名的糕点之一。

清末时期，有位潘公因善制喜宴糕点，闻名一时。他以五谷杂粮为主料，辅以糖水，制作成天然健康的香糕。自此代代相传，到如今潘东平，已传承至第六代。潘公制作的糕点，取名叫“一生高”，以八珍糕和各种口味的松糕为主。

八珍糕是明朝御医陈实功研制的传统糕点。陈实功在《外科正宗》一书中，留下八珍糕的方子，并称赞它“服至百日，轻身耐老，壮助元阳，培养脾胃，妙难尽述”。清光绪六年（1880），薛宝田应召进京为慈禧诊病，用八珍糕食疗方将其治愈，留用太医院专事药膳。自此，八珍糕成为长寿补益食品。上到帝王家下至平民百姓，无不竞相服食。潘公根据陈实功的传统八珍糕配方，精选人参、白扁豆、淮山药、茯苓、薏仁米等道地食材，制成和合八珍糕。而松糕则有芝麻、荞麦、紫薯、黑米、绿豆、佛手、玉米、枸杞八种口味。

常规香糕的主料是普通米粉，再根据不同的口味，添加不同的食材。“一生高”的香糕有个特别的制作步骤，叫作“和合糖水”，指的是将绵白糖水或者红糖水倒入磨好的粉中，以增加香糕的甜味和粉的黏度。同样是甜味，绵白糖水和红糖水也有区别，一是色泽，二是口感。拿荞麦松糕来说，潘东平发现，添加红糖水的松糕香味更加浓郁、口感更好。

擦粉和筛粉两个环节，是技术活，也是体力活。在擦粉环节，制作者需要不断搓粉，添加糖水，将粉捏成团，再将粉团搓散，直到捏成团的粉需要用些力气才能搓散为止。这个过程，全凭经验，粉太干，压出来的纹路不清晰；太湿，做出来的糕点就不够光滑。筛粉要用到模具。一块老工匠制作的长条模具，大概有 8 个凹槽。制作者左手拿模具，右手抓一把粉，用掌根将粉推入凹槽中，直到填满凹槽。再用掌根按压凹槽，使粉更加紧实。压好的粉紧实但不坚硬，带有一定的弹性和韧性。等一块模具的8个凹槽填满，再用勺子或塑料薄片将满出凹槽多余的粉刮掉。然后用一张塑料膜从下往上擦过，松糕没有印花的背面就光滑了。最后拿起另一块模具，用模具无凹槽的背面向已填装松糕的模具轻轻敲一下，“哐”的一声，凹槽里的松糕就掉出来了。经过这些环节，再通过4小时的烘烤，美味的松糕就制作完成了。

相比于松糕，和合八珍糕的制作工艺要更复杂一些。磐安是药乡，道地的原材料、遵从古法的制作工艺，让和合八珍糕兼具糕点的美味和中药食疗方的健康养生。“一生高”糕点是日常可口小点心，也是逢年过节走亲访友的礼品。

把大米和普通食材做成可口的糕点，这是磐安人平凡生活里的浪漫。（撰文 / 宋春晓）

方前年糕

方前年糕以籼米为主要原料，经过浸泡、磨浆、蒸煮等多道工序精心制作而成，色泽洁白如玉，形状多呈长条状，因谐音“年高”，有“一年比一年高，一年比一年好”的吉祥寓意，是方前人过年时的美好风物。

主料： 籼米

配料： 时蔬、鸡蛋、红糖等

制作方法：

1. 籼米充分泡水后上锅蒸熟，再放入石臼内捶打至光滑无颗粒。
2. 塑形成易于保存的长条状，泡在水中保存。
3. 加入配料做炒年糕、汤年糕、排骨年糕、炸年糕等。

特点： 口感韧，米香浓，吃法繁多。

/ 延伸阅读 /

年糕大约是很多人心中最能代表年味的美食。它谐音“年高”，有“一年比一年高，一年比一年好”的吉祥寓意，简单、美好，却很长久。

磐安吃年糕，以方前镇最为有名。方前年糕口感韧、米香浓，名传整个磐安县。每至年关，浓浓的米香便包裹着整个小镇，捶打年糕的落锤声回荡在每一条巷道。

传统方前年糕制作的每一个步骤，都由手工完成。方前人通常先将籼米提前泡上一夜，若是量大，可以替换一次清水，将浸泡的时间适当延长。方前年糕选用籼米，是因为籼米比糯米更有韧性，又比普通大米香。

泡好的籼米充分沥干后放进饭甑之中，其后的步骤与麻糍制作相差无几，皆是先开盖蒸制，待水汽充分升腾，将饭甑最上层的籼米蒸至有些许晶莹时，再盖上盖子进行闷蒸。蒸好的籼米松软洁白，形似雪花。

籼米放入石臼中，便开始了最需要体力的“打年糕”环节。因打年糕需要二人合作，这便非常考验默契。每捶打几次，就要由另一人翻弄石臼里的年糕，间或往年糕中加适量水，默契不足便有受伤的风险。但这对年年打年糕的方前人来说易如反掌。每次打年糕，周围总围满了人，有热情帮忙的邻居，也有好奇馋嘴的孩子。在围观者眼里，籼米似乎在每一瞬都经历了重塑，不消多久便成了细腻莹润的年糕团。年糕团稍加切分揉搓，便有了人们最常见的年糕的模样。刚刚成型的年糕经手掌传来柔软的滚烫，籼米的清香经过火的炙烤和数百次的捶打，变得浓郁醇厚，被有幸尝到它的人反复品味，而后自鼻腔、口腔深入肺腑，化成身体里的暖意，久久不散。

近年来，方前人也开始以机械代替一部分手工。年糕作坊里，一台台生产设备整齐罗列着，籼米在这些机器中完成了磨浆、压滤、打粉、蒸煮、压延成型的工序，实现从籼米到年糕的转变。工人们只需将成型的年糕切断，并整齐排列晾凉。因人们对原料的精心挑选，对每道工序的严格把控，以及生产设备的不断优化，这样制作出的年糕不但保留了传统方前年糕的饱满可口，而且走进了更多人的家，就连许多邻镇的人也不辞辛苦赶赴方前，就为了吃上这格外美味的年糕。

历经“千捶”的年糕有着不同寻常的“韧劲儿”，不论用何种方法烹制，年糕本身的香气、口感都不会受到影响。最受欢迎的当属炒年糕，将常见的时蔬、鸡蛋等加入年糕翻炒，就能成就一道经典的家常小吃。此外，还有汤年糕、排骨年糕、炸年糕等，都是深受人们喜爱的吃法。

简单直接的寓意，朴实自然的原料，单纯浓郁的香气，经得起反复咀嚼品味的口感，还有年复一年不曾改变的如仪式一般的制作过程。方前年糕始终用最简单的美好陪伴着人们庆祝生活，迎接希望无限的未来。（撰文 / 刘林）

麦镬

麦镬，即麦馃，用烙好的面皮包卷菜馅而成，是流传在玉山一带的一款小吃，因出锅后形似锅而得名。“麦”代表小麦粉，也就是面粉，“镬”就是锅。

主料： 面粉、水（外皮）

配料： 木耳、豆芽菜、茭白、苦麻菜等（内馅）

制作方法：

1. 面粉加水，调制成糊状，醒发 15 分钟左右。
2. 铁锅烧热，面糊在锅底均匀涂抹后，盖上锅盖焖十几秒即可出锅。
3. 各种馅料炒熟后备用。
4. 在外皮里包制馅料即可食用。

特点： 形似卷筒，外韧里脆，口感丰富。

/ 延伸阅读 /

制作麦镬时，要先调制用来做面皮的面糊。农家人做面糊通常不讲究面粉与水的比例，一切全凭感觉。面粉里直接倒水，若是太稀则多加一些面粉，若是太稠则再加一点水，直到将面粉调成黏稠但依旧有一些流动性的糊状。刚调制的面糊还不能立即下锅，需要醒发一会儿。时间不长，大概 15 分钟足矣。

时至今日，玉山多数的农家人即使住在新规划的三层小楼房，依旧会在一楼保留最传统的柴火灶，也保留了过往做饭之时，一人送柴生火，另一个在灶台忙活的场景。做面皮，玉山人就喜爱用传统的柴火灶。

在噼里啪啦的柴火声中，铁锅烧热，拿起一团面糊，确保锅底粘上面糊之后，立刻将面糊往四周涂抹。这一步操作需要一些技巧，手劲要巧，得对面糊有十足的掌控力，才能够保证面糊涂抹得厚薄均匀。否则，面皮厚了口感不好，薄了容易露馅。随后，盖上锅盖焖上个十几二十秒，一张面皮就烙好了。

麦镬里的菜馅基本上都是当季的菜蔬，茭白、木耳、豆干、豆芽菜等。吃的时候，面皮一层一层叠在案板上，将想吃的小菜铺在面皮上，然后一卷，一个麦镬就做好了。麦镬的面皮有些韧劲，小菜又不缺乏脆口的蔬菜，一口咬下去，外韧里脆，口感十分丰富，就算放凉了，也依旧美味。值得一说的是，玉山一带有吃苦麻菜的习惯，因此清炒苦麻皮在对应的季节，也会成为小菜，为麦镬增添了独特的风味。

麦镬并不对外售卖，想要吃到，要么自己亲手做，要么就约上几个好友去会做麦镬的那户人家“蹭”上几卷。提前炒好的小菜摆好，主人家做面皮，客人就帮忙一起卷麦镬，边做边吃，边吃边聊。久而久之，这麦镬也成了玉山不少农家人用来维系情感的食物。（撰文 / 马达）

酥饼

酥饼是磐安一种传统小吃，外皮金黄，层次分明，轻轻一咬就碎，展现出极致的酥脆口感。内馅则选用优质霉干菜与秘制调料，精心调配，咸香适中，回味悠长。

主料：面粉、水、菜籽油、芝麻（外皮）

配料：霉干菜、猪肥膘肉、盐、糖、味精（内馅）；麦芽糖水（上色）

制作方法：

1. 面粉加温水和成面团后静置放凉，加入老面再次和匀，发酵。
2. 发酵完毕后，取小块面团擀平，在上面刷上土菜籽油，将其卷成条状。
3. 面团压扁，包入按比例调制的霉干菜肉馅，压成饼状。
4. 包好的饼胚表面刷上麦芽糖水，撒上芝麻，放入烤箱烘烤 25 分钟，再静置一晚，次日回炉烘烤 25 分钟即可食用。

特点：色泽金黄，外壳酥脆，内馅有浓郁的油脂与霉干菜香，四季均有，携带方便。

/ 延伸阅读 /

酥饼是金华地区的传统小吃，磐安作为八婺的一员，自古以来民间也盛行做酥饼、吃酥饼。酥饼馅心用霉干菜为主料，故又名干菜酥饼。群众往往以此为干粮，也将其作为馈赠亲朋好友的传统特产。

相传酥饼的创始人是隋唐名将程咬金。他加入瓦岗军之前，曾在金华一带以卖馅饼为生，有一次因为忘记了，馅饼在炉里烤了一夜，第二天开炉，发现个个“色泽金黄、香酥可口、饼香浓郁”，吸引了众多食客，制作方法便因此流传开来。

还有一种说法却是与明朝开国皇帝朱元璋有关。说是程咬金因为是山东人，烤出来的酥饼其实是山东大饼，朱元璋行军到金华以后很爱吃这种馅饼，但是因为战乱年代，战士们带着大饼不方便行军，便将大饼改成小饼，也就是今天磐安酥饼的模样。随着时代的更迭，食客们的传承和创新，磐安酥饼从外形、选料到制作过程，逐渐形成了它特有的流程和方法，并固定下来且广为流传。

磐安酥饼美味的秘诀，就在其讲究的制作方法：和面时以一斤面粉五两半水为比例，用温水和面。手艺人经过长期实践得出的经验是以温水和面可以降低面粉的韧度，这样做出来的酥饼更加酥脆。

面和好以后，静置放凉，再加入前一天留下来的老面作为发酵使用的面种，再次和匀。面团擀成薄薄的面皮，抹上当地的土菜籽油，这是让酥饼色泽金黄的重要一步。随后将面皮卷起成条状，这个步骤也很重要，油有隔断的作用，卷起成条状能让做好的酥饼有一层一层的酥脆感。

接下来就是调馅，按 10 斤肥肉 6 两霉干菜的比例，加入糖、盐、味精。然后手工包制，将卷好的条状面切成 25 克左右一个的面团，用极细的擀面杖擀面皮，以使擀面杖受力均匀，不破坏面皮酥脆感。将调好的馅料包入，捏合揉成饼状，底朝下放置烤盘，刷上一层麦芽糖水然后撒上芝麻，这样能够提鲜，颜色更好看，上面的芝麻也不会掉。最后烤箱烤 25 分钟，出炉后静置一晚，次日再回炉烤 25 分钟，出炉后即可食用。

这样烤出来的酥饼吃起来，外面一层一层薄脆香酥，里面的肥肉和霉干菜入口即化，可谓是一个饼里“刚柔并济，两极分化”，对味蕾的冲击激烈明显，层次丰富，令人回味悠长。

回炉后的酥饼非常耐放，包入包装袋后游客购买起来也很方便。但磐安人依然保留着现做现吃的习惯，守在浓郁的酥饼店门前，就只为了刚出炉的那一口美味。（撰文 / 安然）

水蒸饼

水蒸饼是磐安的一种特色小吃。独特的制作工艺是水蒸饼的一大亮点，它采用了传统的烹饪方法，即利用农村常见的柴火灶蒸烤结合进行烹饪。水蒸饼吃法多样，它可以作为主食，也可以做零食甜点。

主料： 面粉、酵母

配料： 糖；南瓜汁、火龙果汁（染色）等

制作方法：

1. 面粉与酵母均匀搅拌加水，揉成光滑的面团（可加入果蔬汁染色），静置发酵。
2. 用擀面杖把发酵好的面团压扁，再切成巴掌大小的方块，放入水中蘸湿。
3. 锅底留水，烧开后四壁刷油，再将水蒸饼贴在锅边，蒸烤到熟即可。

特点： 巴掌大小，口感丰富，一面酥脆，一面柔软，吃法众多。

/ 延伸阅读 /

在磐安，许多小吃都颇具特色，离了这里，其他地方都难以吃到。水蒸饼，即是如此。就外观而言，水蒸饼呈方形，大小和掌心差不多，中间微微鼓起，像一个塞满的口袋。就口感而言，它一面如馒头般松软，另一面则如煎饼般酥脆，两种截然不同的特点融合得恰到好处。

水蒸饼独特的口感来源于它那独特的烹饪方法，也离不开农村独有的柴火灶。添上柴火，拉起风箱，在一口大锅里实现烤与蒸这两种不同烹饪方法的融合，带来了松软与酥脆的碰撞。

在正式下锅之前，要做好充分的准备工作。将面粉与酵母搅拌均匀，一边少量多次加水，一边搓揉，直到面团变得光滑、细腻。接下来要做的就是把揉好的面团放置在一旁，耐心等待它发酵。发酵大约需要一到两个小时，时间随季节的冷热有所延长与缩短。把发酵好的面团压扁，用擀面杖碾至一指厚，形如一张摊开的饼，再切成一个个巴掌大小的方块，放入水中浸湿。蘸了水的面块可以避免在后续的制作过程中烤焦。这时食材的准备工作便完成了。

柴火灶是制作水蒸饼的“重头戏”。要提前烧上柴火，温上锅底留好的水，锅的四壁也要刷上油。锅底水开后，将准备好的湿润面块仔细地顺着锅沿整齐贴上一圈，盖上锅盖，一面用水汽蒸熟，一面用热油烤熟。柴火灶的优越性在这个过程中悄悄地发挥出来。熊熊燃烧的火焰大面积接触锅底，热量均匀分布，味道自然比城里的燃气灶、电磁炉做的更好。

水蒸饼口感丰富，吃法也是多样的。它可以作为主食，配上一碟鲜香诱人的开胃小菜，大多是肉末四季豆，口感均衡，饱腹感十足。如果在和面时多加一些糖，或是加入南瓜汁、火龙果汁等，味道则会变得更加香甜，颜色也更加丰富。此时就可以把它当作一种风味独特的零食小吃，在休息、聊家常之余吃上两口，为生活增添几分兴味。

时光流转，四季变换，水蒸饼却一直是磐安人餐桌上那一道必不可少的美食。除了水蒸饼这个名字，它还被磐安人亲切地称作水晶饼，经历过火的炙烤和水的浸润，它最终出落得美丽诱人，水蒸的那一面平滑莹亮，油煎的那一面焦香酥脆。更重要的是，水晶饼这个名字饱含着磐安人谈及生活时的珍视与满足。

柴火灶上承载的不仅是简单的一日三餐，更是磐安人代代相传对美好生活的热爱。（撰文 / 刘林）

荞麦饼

荞麦饼，以优质荞麦粉为主料，混合适量米粉，经过精细揉制后，再包裹上鲜美的馅料或简单煎至酥脆。

主料：荞麦粉、米粉、水（饼皮）

配料：萝卜、土豆、鸡蛋、豆腐、咸菜等（内馅）

制作方法：

1. 荞麦粉、米粉混合，加水揉成光滑的面团。
2. 取适宜面团将其拍成手掌大小的面饼。
3. 锅底留一层薄薄的水，将荞麦面饼贴在锅边烤熟。
4. 将萝卜、土豆、鸡蛋、豆腐咸菜等配料切成合适的形状并加入调味料炒熟。
5. 根据个人口味用荞麦饼包裹配料食用。

特点：圆饼呈荞麦色，底部焦脆，上层松软，有荞麦香味。

/ 延伸阅读 /

荞麦在中国有着几千年的种植历史。在历史的进程中，荞麦几经转战，最后进入了米面类的舞台。而在磐安，荞麦饼、玉米饼、米粉饼可以说是饼中“三小巨头”，承包了磐安人的早餐。

荞麦饼不过是小小的一张饼，制作却需要不少的时间和力气。荞麦饼的原料并不全都是荞麦粉，需要以1:1的比例加入米粉增加黏度。通过这种方式，即使是荞麦这样的粗粮，做出来的饼皮也不会干硬。不同于其他的和面方法，做荞麦饼需要先烧一锅热水，将混合的面粉慢慢地、均匀地洒入烧开的水中，让面粉在自然重力的作用下沉到锅底，期间不需要搅拌，大概20分钟后，水和面粉充分融合，便可将尚未成型的面团取出来揉搓。

刚取出的面团温度很高，所以揉搓的过程需要用手不停地沾凉水。揉面没有固定的时间，揉到面团变得有韧劲为止，这时的面团十分光滑，呈现出诱人的巧克力色。

接下来的步骤是拍饼。揪出一个大小适宜的面团，轻轻压扁，不断地拍打，仿佛在叫醒一个赖床的孩子，直到整个面饼变得很薄。在荞面饼需求量很大的时候，拍饼也会用到擀面杖和特制的容器。容器外方内圆，约有半厘米深。取一块大小适宜的面团放入其中，并在上面铺上一个保鲜袋，用擀面杖来回擀上几次，便可得到一个完整而又圆润的荞麦饼。虽然这样子做出来的饼口感没有手拍的那么好，但是也无可厚非。手拍荞麦饼的人工耗费量极大：早餐店需要在凌晨三四点钟就起来揉面，如果需求量大，还会更早；而拍饼时，往往一个小时也只能拍出十几个小饼。可朴实的磐安人大多时候还是拒绝了机器，坚持用这手工小饼去传递独属于磐安人的味道。

拍完饼后，就可以开始烤饼了。在锅内留下薄薄的一层水，将荞麦饼贴着锅边放入锅中。荞麦饼一边吸着水，保持自身的松软和柔韧；一边承受着“煎熬”，饼底变得金黄、酥脆。荞麦饼出锅后，可以直接吃，也可以包裹上自己喜欢的馅料。在荞麦饼里塞馅料，仿佛在进行配色游戏：粉色是腌过的萝卜；明黄色是新鲜的土豆丝；淡黄色是细碎的鸡蛋；墨绿色间杂着白色是咸菜加豆腐……这些食材混在一起，而荞麦饼就像一小片土地，包住了一小方自由搭配的、拥有奇妙口感和味道的自然。

二十几年前，荞麦饼在温饱困难的年代作为主食，像一棵老树守护着磐安的人们，而在精粮流行的当代，荞麦鲜有人种植，但荞麦饼还是作为一种生活的调剂，努力发挥着自己的作用，用自己小小的身躯，包裹着磐安人的生活，体现着海纳百川的精神。（撰文 / 温瑶瑶）

米粉饼

米粉饼，以磨好的米粉为原料，经和面、揉面、成型、烤制等工序制作而成，常见于磐安大街小巷的早餐店内。

主料：米粉、水（饼皮）

配料：萝卜丝、土豆丝、豆腐干、咸菜豆腐等（内馅）

制作方法：

1. 米粉加水在锅中烫熟，搅拌直至成为光滑的面团。
2. 面团分成一个个小团子，拍打成碟子大小、硬币薄厚。
3. 在锅中烤到表面金黄。
4. 根据个人口味在饼中夹入萝卜丝、土豆丝、豆腐干、咸菜豆腐等小菜即可食用。

特点：饼呈圆形，大小厚薄均匀一致，表面微微泛黄，有光泽，口感细腻，表层绵软、底部松脆，有稻米的清香。

/ 延伸阅读 /

常言道，南米北面。南方人对于米的执着，从将米磨成米粉，代替面粉制作各式各样的粉、饼小吃之中，便可见一斑。稻米作为磐安最常食用的粮食作物，在心灵手巧的磐安人手里，也变幻出了各种模样。米粉饼，便是其中一样。

米粉饼，以磨好的米粉为原料，经和面、揉面、成型、烤制等工序制作而成。制作米粉饼时，先烧一锅开水，而后将与水比例为1:2的米粉轻轻倒在开水上。由于炉灶在持续加热，这一步不能搅动米粉。一旦搅动，米粉下沉，遇到高温的锅底，极易焦糊。一般来说，10斤的米粉等待20分钟左右，即可被烫熟。此时便可开始搅动，直至米粉完全吸收锅内水分大致成团。随后要趁热将米粉团揉光滑，再揪出一个个小米粉团，双手来回拍打成碟子大小、硬币般厚薄的圆饼，放入烧烫的锅中，烤至表面微微泛黄。

吃米粉饼时，可在饼内夹入小菜做成夹饼来吃，小菜一般为萝卜丝、土豆丝、豆腐干、咸菜豆腐等；也可什么都不夹，单吃。单吃的米粉饼，一面松脆，一面柔软，咬一口满是稻米的香气。

细数起来，米粉饼的制作过程、吃法，与玉米饼、荞麦饼近乎相同。但同样的操作下，因原材料的不同，风味也不尽相同。玉米饼与荞麦饼因是粗粮粉制作而成，口感上更为扎实一些，饱腹感也更强；而米粉饼则因米粉本身具有一定黏性，烙熟之后饼内气孔细密，口感也更为细腻。如果说玉米饼与荞麦饼是早先时候磐安人因穷苦吃不起精米精面的替代，是生活所迫下的“不得已而为之”，那么米粉饼则是磐安人温饱富足之余，对稻米衍生小吃的开发与创作。由此，米粉饼实则也是磐安人生活日渐富庶的见证。

如今，在磐安诸多的早餐店，常常可以看到玉米饼、荞麦饼、米粉饼“排排坐”，是爱玉米饼、荞麦饼的那一口扎实，还是爱米粉饼这一口细腻，任来往的顾客自由挑选。（撰文 / 刘林）

干菜饼

磐安干菜饼，是当地街头常见的小吃之一。饼皮以面粉、水为基础，通过发酵、揉面等步骤制成。而干菜饼的制作关键在于馅料，采用霉干菜与肥瘦相间的五花肉混合，佐以葱姜调味，既去腥又增香。

主料：面粉、菜籽油或猪油、水（外皮）

配料：霉干菜、猪肉等（内馅）

制作方法：

1. 面粉加水揉成光滑面团，用压面机压成面坯。
2. 将面坯擀成均匀的大薄饼，刷上菜籽油或猪油，折合、揉搓，拽成拳头大小，再擀成双掌大小。
3. 霉干菜和猪肉按照比例加入调料和成馅，包入皮中。
4. 炉子加热，将面饼背面抹水后贴在炉壁上烘烤，几分钟后即可取出。

特点：外表金黄，口感酥脆，内馅鲜香。

/ 延伸阅读 /

说到烧饼，想来北方人总是有话说。毕竟，像陕西、山西、河南、河北、山东、北京等地，一日三餐大都以面食为主。烧饼对于他们来说，再日常不过。但在磐安，也有一款烧饼，名为“干菜饼”，在不少街道上都有售卖，是当地居民一年四季都离不开的街头美味。

干菜饼制作并不复杂。先将面粉和水按照一定的比例进行调和，揉成光滑的面团。面团经过一段时间的发酵，再经过压面机的挤压就基本上成型了。最后再将成型的面坯搁置到案板上，俯下身子，双手对其揉搓，再用擀面杖上下来回推擀，直至面坯成为一张薄厚均匀的大面饼，然后再刷上菜籽油或是猪油，折合，揉搓，将其拽成拳头大小的面团，再将其擀成双掌大小的面皮，此时便可以放馅了。最大的学问就在这馅里。可以说，馅是干菜饼的灵魂，直接关系着烧饼好不好吃。霉干菜和五花肉是馅的主要食材。但肉一定要肥瘦相间的，肥肉多瘦肉少，则腻而难食；肥少瘦多，则淡而寡味。当然，其中还要佐以葱姜等，以去肉的膻腥。等上述程序完成，就到了烤制阶段。

烤制绝对是个技术活。首先便是将面饼放入烧饼炉内烘烤。炉子大都是特制的，炉芯类似无底的瓮，外加黄土，用木板箍成一米五左右高的圆圆的桶。在烤制烧饼时，炉底中心放置火红的木炭，在面饼背面抹上一层水，然后用手将面饼翻拓到炉壁上。大约几分钟后，掀开炉盖，一手持夹，一手持小铲子，将烤制好的干菜饼从炉壁一一铲下、夹出。刚出炉的烧饼，表面金黄，鲜香四溢。趁着热乎劲儿咬上一口，霉干菜的鲜和着肉的香，立刻盈满口腔，让人一边嚷着“烫，烫”，一边又忍不住赞叹：“好吃，好吃。”

除却传统的烤炉，电饼铛也一样可以烤制干菜饼，但缺少了几分炭火的香气。

磐安的大小街道上，从不缺乏干菜饼的身影。它或是出现在小吃店中，随着缤纷的小吃一同亮相，或是干脆成为一家烧饼店唯一的主角——这家店只卖干菜饼。但无论如何，店家都像操持家人的一日三餐似的，为来来往往的客人用心做着烧饼。他们乐观开朗的性格和对未来生活的向往，也像刚出炉的烧饼那般，黄澄澄、红彤彤。（撰文 / 李纪才）

发饼

发饼是磐安当地一种以米粉、白糖为主料，用稀饭发酵而来的饼类小吃，制作起来简便、快速。发饼在旧时常常作为干粮，如今也作为一种点心，出现在早餐桌上。

主料： 米粉、水、稀饭

配料： 玉米粉、酒糟、白糖

制作方法：

1. 米粉加水和白糖搅拌均匀（可加入玉米粉或酒糟调味），加入稀饭进行发酵，发酵完毕后再次搅拌均匀。
2. 锅子烧热，倒入米浆，无需翻面，熟透即可出锅。

特点： 巴掌大的圆形，口感松软，口味清甜可口。

/ 延伸阅读 /

磐安发酵类的食物并不少见，但发饼算是制作起来最为简便与快速的一种。它是磐安当地一种以米粉、白糖为主料，用稀饭发酵而来的饼类小吃。

制作发饼，先做米浆。一斤米粉，加一两白糖、四两水搅拌均匀。发饼延续了传统的发酵之法——用稀饭发酵，这是过往磐安农家最常用的方法。发酵本就是微生物与有机物之间的一场狂欢，在一定的水分和温度下，稀饭中大米的淀粉、脂肪、蛋白质等有机物会被微生物氧化降解。农家人未必懂得背后的科学道理，却早已观察到了现象，并将其运用在发饼的制作中。通常来说，一斤米粉、四两水配比的米浆，加上二两稀饭即可。

发饼的发酵时间与多数发酵食品相比偏短，夏季半个小时左右，冬天则延长至一个小时。发酵完毕后，再次将米浆搅拌均匀，同时也将发酵过程中产生的气体打掉，就可上锅烙制。锅子烧热，中小火，用汤勺舀一勺米浆，倒入锅内，无需翻面，烙制饼面凝结、熟透即可。通常来说，发饼不会做得很大，厚度为2—3毫米，大小则为巴掌大小。正因如此，发饼的烙制时间也偏短，不过五六分钟就能出锅。若是锅子大点，一次性还能烙个好几张。发饼松软可口，浓郁的米香中又带着丝丝清甜。

除却传统的白糖口味发饼，玉米发饼与酒糟发饼也深受磐安人喜爱。玉米发饼是在传统发饼的基础上添加了玉米粉，米粉与玉米粉的比例一般为2:1；酒糟发饼则是加入了红曲酒的酒糟，一斤米粉一般加入20克的酒糟，若是想要发饼颜色更红，可适量多添加一些酒糟。

发饼发酵时间短，制作起来也非常简易，过去磐安人上山劳作之时，总是会带上发饼当做干粮。磐安人如今也是爱吃发饼的，只是发饼因其清甜的口味，往往以点心的形式出现在餐桌之上。发饼完成由干粮至点心的转变，也足以证明磐安人的饮食比过往更加丰富了。（撰文 / 刘林）

外婆饼

外婆饼，一款承载着磐安人对亲情温暖回忆的特色小吃。外婆饼里的雪菜咸香，豆腐嫩滑。薄而韧的面皮，精细匀称的褶子，则是外婆饼独特外观与口感的关键所在。

主料： 面粉、水（外皮）

配料： 雪菜、豆腐（内馅）

制作方法：

1. 雪菜、豆腐下锅炒制，调味，炒熟放凉备用。
2. 面粉中加水和成光滑的面团，将面团分成大小适宜的剂子，并将其擀成圆形的面皮。
3. 将馅料包入面皮中，收口处要捏出 20 个褶子。
4. 将包好的外婆饼适当按压，放入电饼铛中煎烤，适度翻面，煎烤的时间和温度根据饼的大小、数量和馅的材料灵活调整。

特点： 外观色泽金黄，20 道褶宛如金丝皇菊，皮薄馅多，分量足。

/ 延伸阅读 /

外婆这一形象，总是伴随着对外孙们浓浓的爱意，她们花样翻新呈现出的各种美味，成了外孙们记忆中抹不去的美好。磐安外婆饼，就源于磐安人对于外婆的美好记忆。

制作外婆饼，首先要炒馅料。馅料有很多种，最常见也最受欢迎的当数雪菜豆腐。雪菜是农家自己腌制的，豆腐要选用老豆腐，这样不容易破碎。起锅烧油，加入雪菜和豆腐翻炒，加调味料，馅料就制作好了。外婆饼的皮很薄，烤制时间很短，所以馅料必须先炒熟。

馅料准备好之后，就可以开始和面了，整个制作过程跟包子的差不多，不过省去了发酵的环节。将揉好的面团分成一个个小面团，随后用擀面杖擀成大小均匀的圆形面皮。如今为了美观和标准化，许多餐馆将制作面皮的工作交给机器进行，可以大幅度提高制作效率。

但包馅这一步骤，却是机器无论如何都做不了的。将面皮在手中摊平，用勺子将馅料包入面皮之中，不多不少捏20个褶。这道工序也是外婆饼制作的灵魂所在，非熟练工不能胜任。捏好20个褶，再朝下用手轻轻一压，将褶压扁。因为皮薄馅多，压的时候一定要非常温柔才行，否则很容易“胀破肚皮”。

电饼铛中刷上油，然后将外婆饼有褶的一面朝下，放进去烤制。烤制也是一门技术活，需要根据当天制作外婆饼的大小、数量来灵活调整烤制的时间，烤制过程中要经常刷油、翻面，确保饼皮表面既能保持焦黄亮丽的色泽，又不会烤焦，影响口感。

烤制完成后，出炉的外婆饼香气扑鼻，颜值满满。20个褶经过烤制，变得金黄发亮，外婆饼就像是一朵绽放的金丝皇菊，让人不忍心下口。品尝外婆饼，香是第一个体验，然后是经过烤制脆薄的饼皮，紧接着雪菜的酸脆和豆腐的柔嫩一起在口中迸发开来，进一步激起了食欲。吃完一个外婆饼，肚子便已经饱了六七分。

外婆饼最大的特点就是外表焦黄、皮薄馅多，透着皮几乎可以看到里面的内馅，这与外婆的爱是何等的相似——朴实却又饱满。（撰文 / 林浩）

麦角

麦角，外皮采用小麦面粉精心制作，内里则包裹着丰富的馅料，经过对折包裹成型后，置于锅中细心烙制而成。其外皮的大小，在磐安，有一个独特的衡量方式——和自家的碗一样大小。过去，当地人家中的碗往往形状较为粗犷，口径较大，不似现代餐具那般精致小巧，因此，制作出的麦角在尺寸上也颇为壮观，直径普遍可达约 20 厘米。

主料： 面粉、水（外皮）

配料： 咸菜、豆腐、肉丝等（内馅）

制作方法：

1. 按照个人口味炒制馅料，通常有萝卜丝豆腐炒肉、冬腌菜豆腐炒肉、土豆丝豆角炒肉几种。
2. 面团和好后醒发半小时。
3. 将面团分成小剂子，擀成圆形的皮，包入炒好的馅料。
4. 锅烧热，麦角烙至两面金黄即可出锅。

特点： 色泽金黄，形似半月，外皮韧中带脆，内馅鲜香。

/ 延伸阅读 /

麦角，以小麦面粉为外皮原料，内里填上馅料对折包好后上锅煎制而成。麦角成品色泽金黄，犹如弯弯的月亮。

做麦角，一般要先炒制馅料。馅料应季而来，传统的有萝卜丝豆腐炒肉、冬腌菜豆腐炒肉、土豆丝豆角炒肉等几种。为了使馅料吃起来更香，炒制时常用菜籽油。馅料炒好放凉的这段时间，即开始和面。因麦角的外皮吃起来要稍有韧劲，因此和出来的面需偏硬一些，面粉与水的比例约为 2:1。和好的面团，放置一边醒面半个小时。醒面是为了让面团的面筋放松，方便后续擀面。若是冬日里，气温偏低，醒面的时间则延长至 1—1.5 小时。醒面完毕，即可从面团中揪出剂子，用擀面杖擀成一张圆形的皮，面皮厚度大概为 1—2 毫米。

麦角有趣的地方在于它的大小往往取决于这户人家里碗的大小。包馅之前，磐安人会拿出自家的大碗扣在面皮上，手用力一压，或是拿刀沿着碗边划上一圈。这样一来，原本面皮上有些粗糙的边就被切掉了，徒留一个直径和自家碗口完美契合的滚圆面皮。而后，面皮中间放上满满的馅料，再对折捏紧。讲究点的，往往还会再拿碗边压一遍，这样能让麦角形状更加美观。过往人家的碗不似现在这般精细，通常都是大口的碗，因此，当时麦角的大小相当可观——直径通常有20厘米左右。麦角包好后，上锅开烙。因为馅料早已炒熟，麦角烙至两面金黄，面皮熟透，便可出锅。一口咬下，最外层的面皮被烙得发脆，而后内里的面皮带着一点韧劲，搭配上内馅的软，口感十分丰富。菜籽油的香味被高温激发，更为麦角增添了几分鲜香。

因为个大又美味，麦角是农家人的心头爱。老一辈人上山干活的时候，经常会随身带上几个，当作这天的午饭。而对于不少八零后来说，儿时学校门口小吃摊上 5 毛钱一个的麦角也往往是他们用以饱腹的不二选择。

磐安人对小吃的传承，有时候便是表现在一些细枝末节上。如今磐安人做麦角依旧保留了麦角最有趣的步骤——去自家碗柜中寻一个最大的碗来切面皮。用大碗来切面皮，已然变成了做麦角的仪式感。这家家户户偏爱的大碗，是麦角独一无二的见证，也是磐安小吃独一无二的见证。

（撰文 / 刘林）

安文漾糕

安文漾糕，源自磐安县安文街道的传统糕点，精选大米与白糖为基材，历经泡米、磨浆、发酵及蒸制等多重工序。作为一道应季的美味小吃，安文漾糕在岁末年初之际备受青睐，是家家户户欢庆佳节时不可或缺的甜蜜之选。

主料：大米、水、甜酒酿

配料：白糖

制作方法：

1. 晚稻米洗净、浸泡后磨成米浆。
2. 在米浆中添加甜酒酿发酵，发酵过程中大约需要搅拌去泡三次。
3. 在发酵完的米浆中加入白糖调味。
4. 上锅蒸 40 分钟即可。

特点：口感紧实有韧劲，口味微甜，有酒酿香气。

/ 延伸阅读 /

安文漾糕，是流传在磐安县安文街道的一道糕点。它以大米、白糖为原料，经由泡米、磨浆、发酵、蒸制等工序制作而成。在磐安，这是一道不折不扣的时令小吃——当饭桌上出现它，便意味着旧的一年要过去了。

制作安文漾糕要选用晚稻的米，这样才更有嚼劲。晚稻米洗净后，用清水浸泡24小时以上，泡至米粒可以用手指轻松捻开。捞出浸泡好的晚稻米，大致沥干水分，放入磨浆机中进行研磨。磨浆的用水量，根据泡的时间长短、水分沥干程度自由调整。米浆磨至有些浓稠，但流动性较强的程度即可。

发酵，是至关重要的一部分。传统的安文漾糕发酵方式，是直接在米浆中添加稀饭，现如今一般用甜酒酿。一桶10公斤的米浆，放入0.8公斤的甜酒酿，搅拌均匀后开始发酵。冬日里制作，室温要控制在23℃，湿度控制在60%。大约三个小时之后，米浆发酵至原本的两倍大，用搅拌棒再次进行搅拌，将发酵产生的气体打掉，如此动作，重复三次，米浆便发酵好了。安文人用方言中的“漾”指代搅拌和将气体打掉的过程，这也是漾糕名称的由来。

发酵完毕的米浆与原先相比，体积变大，密度变小，看上去更加松软，还透着一股甜酒酿的香味。而后加入与米浆比例为1:4的白糖，搅拌至白糖溶化后，即可上锅蒸制。白糖会影响米浆发酵，通常在米浆发酵结束后再加入。一张直径约为40厘米、厚度约为1.5厘米的漾糕，从上蒸锅到出锅，一般需要40分钟左右。

漾糕与发糕相比，发酵程度要低一些，蒸制出来后，糕体更加薄，气孔更加密集，因此吃起来更弹更有韧劲，也没有发酵的酸味。白糖漾糕是最为传统的口味，为了适应更广人群的口味，红豆、蔓越莓、葡萄干、金橘等新的味道被开发出来。这些新口味制作起来也不麻烦，多是等漾糕蒸制凝固时，将配料撒上一同蒸熟。

虽然一年四季漾糕都有出售，但每逢小年至次年元宵节前，仍是漾糕店最为繁忙的时候。那段时间，从早到晚，一屉又一屉漾糕被安文人拎回家端上饭桌。你一块我一块，甜丝丝的漾糕被分享间，新的一年也已经到来。

漾糕还在，年味便不会消散。（撰文 / 刘林）

状元糕

状元糕，源自磐安方前，寓意步步高升、高中状元，是江南地区传统糕点之一。其制作选用粳米粉、白糖及水，经精细配比、揉搓、筛粉、成型、蒸制而成，外形多为状元帽或祥云状，图案精美，寓意吉祥。虽在现代婚俗中地位渐减，但状元糕仍承载着中国人对农耕文明与耕读理想的深厚情感。

主料： 粳米粉、水

配料： 白糖

制作方法：

1. 粳米粉、白糖、水按照比例混合，充分揉搓后静置。
2. 将混合后的米粉过筛。
3. 米粉倒入模具中塑形。
4. 上锅蒸 8 分钟左右，出锅后在糕体上点上洋红即可。

特点： 色泽洁白，外形精致清雅，口感微甜，松软可口。

/ 延伸阅读 /

人生三大喜事：他乡遇故知、洞房花烛夜、金榜题名时，状元糕参与其中有二。民间普遍流传着江南做糕点的小伙子成为状元郎的故事。状元做的糕点，自然就成了状元糕，有步步高升、高中状元之寓意。而在磐安的方前，状元糕还在婚俗中扮演了重要角色。过去，男子到女子家提亲，需挑着一箩筐的状元糕和红鸡蛋前往。提亲队伍到女方村子，便开始给每家每户送两块状元糕、两个红鸡蛋，分享喜悦的同时，也希望得到更多人的祝福。状元糕，寓意后代能高中状元。

方前人如今还能回忆起过去制作状元糕的情景。那时谁家娶媳妇，半个村子的人都会来帮忙。因为光是制作状元糕，就要花费很长时间。状元糕的原材料并不稀罕，米粉、糖精（或白糖）、水、食用洋红，足矣。米粉用的是粳米粉，营养丰富。首先，将米粉、水、白糖按 4:1:1 的比例（甜度按个人口味酌情增减）进行混合，充分揉搓后静置 2—3 小时。期间可根据米粉的干湿程度适当增加糖水或米粉。其次，准备筛子和模具。过去方前家家户户都有制作状元糕的模具。正方形的模具大致可以制作15块糕点，形状不完全一致，但整体是状元帽子或者祥云的形状，花纹多以鸟兽鱼虫等有祥瑞寓意的为主。模具放在最下面，筛子在其上方，将充分揉搓后呈粉状的米粉放到筛子上，筛子抖落，细细的米粉掉落到模具里，筛出的成团或结块的米粉，反复揉搓，直至成粉末。这样筛出来的米粉绵密细腻，口感很好。第三步，待模具被细细的粉末填满，擦去边缘多余的米粉，压实并将成形的状元糕倒出至蒸具。大火蒸8分钟左右，即可起锅。最后，用筷子在每块状元糕上轻轻点上洋红，出炉摊凉。方前的状元糕就制作完成了。

状元糕的制作，关键在搓粉。除了米粉和糖水的配比要恰当，糖也有讲究。白糖溶化后黏性强，不易揉搓。过去人们为了避免结块的米粉太多，一般选用糖精而非白糖。选好了糖，依然要靠人工反复揉搓，用方前人的话说，过去家有喜事做状元糕，手都要搓破。

然而，米粉和白糖的香气是干净而治愈的，刚出炉的状元糕松软芳香，米香中带着一丝清澈的甜味，让人忍不住想要立刻咬上一口！摊凉后的状元糕不仅颜色洁白，形状规整，口感松软，而且图案显现出清晰明了的线条，从而更显精致清雅，让人不禁感叹起大米和水的神奇魔力。

如今，这样“极简主义”的状元糕在方前婚俗中的地位已不那么重要。会自己在家做状元糕的方前人少了，外面的状元糕也逐渐加上桂花、花生碎等各式配料做点缀。但是最初从大米中“涅槃重生”的状元糕无疑依旧是最能展现中国农耕文明的一种糕点。它洁白无瑕、干净朴素，人们一边搓着米粉，一边把关于耕读理想、步步高升的美好心愿寄托其中。

物换星移，越来越多的人离开土地，然而中国人几千年的耕读文化传承至今，状元糕干净朴素的清甜也依然动人。（撰文/ 宋春晓）

糕粘

每当重阳佳节来临，方前的群众便以米粉融合红糖，巧手制作出香甜软糯的糕粘，以庆祝这一传统节日，故“糕粘”又常被亲切地称为“重阳糕”或“菊糕”，寓意着秋日的丰收与吉祥。如今，糕粘已经超越了时间界限，成为日常的糕点，深受男女老少的喜爱，也有了新的名字——“思念米糕”，寄托着人们对过往美好时光的怀念与对未来生活的甜蜜期许。

主料： 粳米粉、红糖

配料： 金橘片、芝麻

制作方法：

1. 在饭甑底部撒一层芝麻，再放上几片糖渍金橘片。
2. 在饭甑里铺粉，一层米粉、一层红糖，直到填满饭甑，在最上面再撒一层芝麻。
3. 掀盖蒸到上汽，根据容器大小再蒸 10—30 分钟即可。

特点： 层次分明，米糕雪白，糖线红亮，口感香软，滋味清甜。

/延伸阅读/

在天台，有一种名叫“糕粘”的小吃。每逢重阳节，天台人就会用米粉和红糖做成糕粘来过节，由此“糕粘”也被称为“重阳糕”“菊糕”。方前因临近天台，重阳节吃糕粘的习俗也流传过来。只是在方前，糕粘并不作为重阳节的风物，而是男女老少都喜爱的可口糕点。

方前做糕粘的原料与天台有所不同。天台喜爱将粳米粉与籼米粉混合使用，并在米粉中先放上白糖揉搓混合，方前糕粘所用的米粉则只用粳米磨成。粳米也是方前年糕所用之米，因此吃方前糕粘时品味到的米香与方前年糕倒是有几分相似。方前粳米粉里也不加白糖，糕粘的甜味全靠红糖提供。

制作糕粘，先在饭甑底部薄薄撒一层芝麻，再放上几片糖渍金橘片。之后就可以开始铺粉的步骤，一层米粉，用刮板抹平，再一层红糖，同样用刮板抹平。如此重复几遍，保证在饭甑最上层的是米粉后，再撒上一层薄薄的芝麻。由于糕粘熟了之后比较黏，分块难度大，因此在上锅蒸之前就要用刮板均匀地分块。值得一说的是，抹红糖的时候还有个小技巧，红糖抹平后要再沿着桶壁刮一下，让桶壁上有红糖附着。这样蒸出来的糕粘就能层次分明，既有雪白的米糕，又有红亮的糖线。

这是如今方前小吃店家使用的较为简易的制作方法。若是以往的方前农家做糕粘，所用的饭甑都是放在柴火灶的大木桶，因此光靠刮板无法抹平米粉，都是用大筛子将米粉一点一点筛入饭甑——有些类似状元糕的制作方法。

无论哪种饭甑，在上锅蒸的时候，都不能盖盖。要等热气穿过层层阻力冒上来，最上层米粉已经吸收了一部分水汽和热气变得有些透明的时候，才能把盖子盖上。小桶再蒸十多分钟即可出锅，大桶则要半个小时以上。

蒸好的糕粘倒扣着脱模，此时有芝麻、金橘的一面就成了正面，非常好看。若想糕粘更好吃，要先在上面盖一层布或者保鲜膜再等热气散去，这样糕粘的表面不会因为热气散去而变得干燥，依旧是湿润润的口感。糕粘吃起来软糯香甜，但又保留了一些米粉的颗粒感。金橘片的加入是点睛之笔，消解了红糖的甜腻，让糕粘又多了几分清新的味道。

可想而知，香甜的糕粘对于方前的小孩子有多大的吸引力。儿时围在灶台前等糕粘出锅的记忆，是他们哪怕长大、哪怕远行也无法磨灭的。也难怪，方前人也将糕粘称为“思念米糕”。无论时隔多久，方前人只要再吃上一口糕粘，都能思念起童年最甜蜜的时光。（撰文／刘林）

冬至馃

冬至馃以米粉为原料。磐安人对冬至日十分重视，在这天通常有吃冬至馃和带着冬至馃去祭祖的传统。传统的冬至馃体型较大，直径约有七八厘米。不在冬至日出现的冬至馃，被叫作米粉馃，做法与冬至馃无区别，只是更为小巧，唯有巴掌大。

主料：米粉（外皮）

配料：雪菜、豆腐等（内馅）

制作方法：

1. 米粉炒至半熟，加入热水搅拌均匀至光滑的米粉团。
2. 将雪菜、豆腐等配料炒熟，米粉团分成一个个小剂子，压成合适大小后包裹馅料。
3. 上锅蒸熟、水煮或煎制即可。

特点：色白如雪，呈圆饼状。

/延伸阅读/

一阳来复，古时人们认为天地之间有阴阳二气，冬至一过，阳气开始恢复，春天也即将到来。是以，古人对冬至这个日子也极为重视，有“冬至大如年”的说法。民间衍生了不少庆祝冬至的习俗，如北方吃饺子，南方喝羊肉汤，做冬至馃等。磐安就有在这一天吃冬至馃和带着冬至馃去祭祖的传统。

冬至馃以米粉为原料，做之前要先将米粉在锅中炒至微微发黄。待米粉半熟，就在锅中倒入热水，将米粉搅拌至不见干粉，再取出粉团放置在案板上。此时的米粉团极为烫手，哪怕动作再娴熟，也要时不时用手蘸凉水边降温边揉，直至米粉团变得光滑。随后，将米粉团搓揉成长条，切成一个个剂子。包馅之前，将剂子搓圆，用手掌一压，一个圆形的粿皮就出现了。而后将炒熟的馅料放至馃皮中间，慢慢包起来后再用手稍稍按压，呈有一定厚度的圆饼形状即可。冬至馃的馅料通常都比较家常，最为经典的是冬腌菜炒豆腐。

在磐安，“馃”的花样很多，有时候图省事也会将清明馃做成简单的圆饼形状。但传统的冬至馃，比之这些馃要大得多，直径约有七八厘米，而且也不同于其他馃有诸多创新，外皮颜色丰富，冬至馃外皮只保留了米粉原本的白色。其中缘何，磐安人也不尽知晓，许是这白色更接近冬日的气息吧。

若是带去祭祖，冬至馃只需上锅蒸熟。而在家过冬至，冬至馃的吃法则全然不同——烧一锅水，将冬至馃直接放入锅内煮熟，再放入小青菜等配料，以盐、胡椒等简单调味。煮熟后的冬至馃，体积还会膨胀一些，只要一个就能将一个碗装得满满当当。冬至馃外皮软糯，内馅爽口有滋味，混着热汤吃完这一碗，浑身也早已暖了起来，家家户户也在一碗热腾腾的冬至馃中，做足了迎接春节的准备。

离开了冬至这个节气，冬至馃的身份也发生了变化，有了新的名称——米粉馃。米粉馃外形与冬至馃相比，只是等比例地缩小，唯有手掌心这么大。吃的时候，在锅内用菜籽油煎至两面金黄即可出锅。煎好的米粉馃，外皮最外层脆而不硬，内里软嫩弹牙，最中间是冬腌菜豆腐的咸香，是一道老人与小孩都喜爱的家常小吃。

日常餐桌上的米粉馃，走过春夏秋，在冬至这一天变成了冬至馃。日常的小吃被赋予了节气习俗的意义，也宣告着这一年又即将走到了尽头。以小吃身份的转变，作为磐安人即将好好准备过年的见证，或许便是磐安人在生活中那不经意的浪漫。（撰文／刘林）

豆制品类

以大豆为主要原料的小吃。

仁川油豆腐

仁川油豆腐，又称油炸豆腐，使用仁川镇当地传统做法制成的卤水豆腐和仁川盛产的山茶油炸制而成，外壳酥脆，豆香浓郁，直接蘸酱油是最常规的吃法，也可加入辣椒粉、葱花调味。

主料： 卤水豆腐、山茶油

制作方法：

1. 大豆去壳后浸泡 6 小时。
2. 磨浆、去渣、煮沸、点卤、压坯，做出豆腐。
3. 豆腐切成边长为 5—6 厘米的立方体。
4. 山茶油烧热，先用中火将豆腐炸至金黄，再转小火炸到外壳酥脆即可出锅。

特点： 颜色金黄，形状方正，外皮酥脆，内里柔软，豆香与山茶油香互相碰撞。

/ 延伸阅读 /

自淮南王刘安发明豆腐以来，豆腐之名散播在华夏大地，发展至今，各地人文风土不一，豆腐的滋味也各有千秋。磐安做豆腐，以仁川镇最有名。其中一道油豆腐，用当地盛产的山茶油油炸而成，其美味的名声享誉整个磐安。

每年秋季，是大豆收获的季节。仁川位于磐安南部，海拔高又坐拥青山与秀水，当地种植出来的大豆颗粒饱满、表皮光滑、颜色富有光泽。仁川油豆腐能盛名在外，其优质的大豆原材料是第一重保障。

当年收获的优质大豆，碾压去壳后先用山泉水浸泡 6 个小时。在山泉水的浸润之下，大豆将山泉水的甘甜吸收了进去，比之前更加饱满。此外，大豆外层的皮，也会在浸泡的过程一一褪去，浮在水面之上，去除这些外皮是豆腐口感细腻的关键。随后按照传统的做豆腐方法，磨浆、去渣、煮沸、点卤、压坯。此时做出来的豆腐，光是空口吃，都能感受其充足的大豆馨香。

油豆腐好吃的另一道保障，在其“油”。仁川的山灵水秀滋养了大豆，也同样滋养了油茶果——仁川是磐安传统的山茶油主产区，种植了 8000 多亩油茶树。这些油茶树在平均海拔 600 米以上的小山坡上肆意接受阳光的滋养，加之山地昼夜温差大，生长出来的油茶果果仁丰满，出油率极高。在经过去壳、晒干、粉碎、蒸、榨油、过滤一系列制作工艺之后，仁川山茶油色泽金黄，品质纯净犹如琥珀一般，缓缓流动之时，还有四溢的清香，这无一不说明仁川山茶油的质量之高。

豆腐与油俱备，只欠“油炸”。仁川油豆腐与寻常的油豆腐相比，体积更大。切块之时，豆腐每一边的边长要控制在 5—6 厘米左右。初入油锅之时，要用中火给豆腐上色，直到豆腐颜色炸至金黄，而后转成小火。在小火慢慢炸制的过程中，油豆腐的外皮开始逐渐酥脆，原先紧密的内部组织也开始变得蓬松起来。只有掌握了火候，炸好之后的油豆腐才能依旧是方方正正的模样，即使是放凉也不见塌陷。

仁川油豆腐不需要其他过多的烹饪手法，直接蘸料是最常规的吃法。蘸料之前，可先单纯尝一尝油豆腐本身的味道，外壳是酥酥脆脆的，内里呈均匀的蜂窝状结构，每一丝都散发着浓浓的豆香，嚼上两口，豆香与山茶油香开始碰撞与融合，这便是仁川，是磐安独有的味道。蘸料一般是酱油中撒上一点葱花，吃辣的人家会在其中放上一些辣椒粉。酱油很好地为油豆腐提供了鲜香，却又不过分掩盖油豆腐的滋味。

在磐安，若是宴请外来的客人，餐桌上总是有这么一盘油豆腐出现，而后主人骄傲地说一句：“这就是大名鼎鼎的仁川油豆腐，快来尝尝！”这股子的骄傲之情，是磐安人对仁川油豆腐的最大认可。（撰文 / 刘林）

农家豆腐皮

农家豆腐皮是磐安特色小吃，方前镇的高丘村是农家豆腐皮制作专业村。豆腐皮可以作为火锅涮菜，也可用于制作响铃、素烧鹅等。

主料：大豆

配料：水

制作方法：

1. 将处理过的大豆用清水浸泡 2 小时左右，去除外皮。
2. 用豆浆机将大豆磨成豆浆。
3. 将豆浆和豆渣一同放入大锅中烧煮。
4. 用纱布过滤掉豆渣，留下豆浆。
5. 将豆浆倒入灶台的大锅中，保持小火，每隔 10 分钟左右，锅的表面就会结出一层豆皮。
6. 用长竹筷将豆皮挑起，插在架子上沥水，沥干后放到庭院中晾晒或放入温室中烘干即可。

特点：薄如纸，色如金，口味醇香。

/ 延伸阅读 /

方前镇的高丘村，以前有几十户人家都从事豆腐皮制作的生意。但是制作豆腐皮是一个辛苦活，加上工厂机械化制作的加入，许多人都放弃了这门老手艺。但如今，仍有农户还在坚持使用传统的豆腐皮制作技艺。

在豆腐皮制作阶段，整个工坊一片云雾缭绕，弥漫着豆香。工坊主人此时正在云雾之间来回奔走，用娴熟的动作将平底锅上的豆腐皮挑出来，挂在上方的架子上。左手一拨，右手一挑，往架子上一插，再往锅中补充豆浆。这就完成了一张豆腐皮的制作程序，动作迅速，一气呵成。等到把每个锅都挑了一遍，主人才有十来分钟的空余时间，这也是一口锅中豆腐皮凝结所需的时间。

豆腐皮的制作，通常前一天晚上就开始了。首先是浸泡大豆。这个大豆并不是整颗的，而是已经用机器进行处理过的。经过机器处理，大豆会对半破开，表皮遭到破坏会分离出来。用水浸泡，大豆的表皮会浮在水面上。大豆浸泡 2 个小时左右，捞出水面上漂浮的大豆外皮，然后将泡发的大豆倒入豆浆机中磨成豆浆。将豆浆和豆渣一同倒入大锅中，烧煮一个半小时。然后用纱布过滤掉豆渣，剩下的豆浆就可以倒入特制的平底锅了。

圆形平底锅约 10 厘米深，直径 60 多厘米。24 口锅整齐地镶嵌在长条形的灶台上。这灶台也是特制的。在灶膛和锅中间，还有一层水箱。隔水煮豆浆，可以避免炸锅。在炉膛口的边上，有一个水位计，可以随时观察水箱的水位。里面的热水还可以放出来用于日常生活，可以说是非常独特又实用的设计。

每一口锅中，一次加入 30 斤左右的豆浆，在火力的加持下，只需十多分钟表面就可以结出一层豆腐皮。豆腐皮在架子上悬挂沥干水分之后，就可以拿到晒场上去晒了。天气好的情况下，三四个小时就可以晒干。如果遇上阴雨天气，那么就要拿到烘房里去烘干。烘房中的热力也是从炉灶中引过来的，可以说一物多用。

100 斤大豆，大约可以产出 50 斤豆腐皮，一斤豆腐皮接近 20 张。晒干后的豆腐皮颜色金黄、薄如蝉翼，上面还会有许多细腻的纹路，闻上去有一股豆制品特有的清香。食用时，只要用水一泡，豆腐皮立马就会变软，用来下火锅，做响铃、素烧鹅等，都是不错的选择。这种手工制作的豆腐皮吃上去口味清淡、滋味醇香，有一种农家豆腐皮特有的味道。（撰文 / 林浩）

豆腐丸

豆腐丸是磐安人民在食物匮乏年代的高端小吃，使用卤水豆腐和猪肉制作而成。豆腐丸有两种吃法，可做汤，也可炸食。

主料：豆腐、猪肉

配料：葱花等

制作方法：

1. 卤水豆腐、猪肉切碎，充分搅拌混合，做成肉泥备用。
2. 肉泥中加入适当调料，以增添风味。
3. 烧开水，每次取适当大小肉泥挤成肉丸下入锅中，煮熟即可（也可下入油锅中炸制）。

特点：直径与一元硬币相当，形如小球，炸豆腐丸外表呈金黄色，外酥里嫩，鲜香可口，豆腐丸汤，爽滑脆弹，豆腐与猪肉的香味融为一体。

/ 延伸阅读 /

豆腐丸是一种十分朴实的小吃。从莹白的豆腐启程，捎上猪肉来丰富其内涵和香味，经过剁、抓、摔等工序，蜕变为圆润如珠的丸子，是磐安人心中简单却又难以忘怀的美味。

身为磐安人的家常菜，豆腐丸的食材虽然简单，却也颇有讲究。最重要的食材——豆腐，要选卤水豆腐。这种豆腐有韧劲、豆香味足，含水量少，在制作豆腐丸的最后步骤中会作为最重要的黏合剂将所有的材料和调味料拢在一起，同时也会让做出来的丸子表面光滑、平整。

先将豆腐切成指甲盖大小的小块备用，然后就可以开始处理猪肉了。猪肉一般选用的是肉质弹性较好的前腿肉，处理时首先需要剔除猪皮，再根据个人的喜好调整肥肉和瘦肉的比例，一般来说瘦肥肉的比例是7:3，因为过多的肥肉不利于丸子的黏合。在选定部位和肥瘦后，就需要将猪肉剁碎。剁碎也有一定的步骤，首先将整只的猪前腿切成片状，再将其三两一起切成肉条，最后再剁成肉馅，这样能保证切出来的肉馅均匀统一，不会有漏网之“肉”。

莹白的豆腐丁趴在粉色的肉馅上，铺上一层翠绿的葱花，再加上佐料：盐，保证最简单的味道；鸡精，体现略微的鲜甜；生抽和蚝油，进行简单润色；偶尔会有麻辣的调味粉，为这简单的味道添加上一些刺激。然后“魔法”就开始了。先把这些食材抓碎，这一步骤可以用刀面辅助，以保证每一块豆腐都破碎，激发出它们的黏性，其间可根据制作的经验添加适当的盐。然后就要开始摔打，这一步骤的技艺并不难，却是制作豆腐丸的重点。因为在一次次慢慢地摔打中，不同的食材会在外力的作用下抱成一团，最后做出的豆腐丸才会入水不散、入口弹牙。摔打完成后，开始塑形。只需要抓取其中一团肉泥，手稍稍握紧，虎口处就会溜出一个圆圆的丸子来。

豆腐丸的吃法主要有煮汤和油炸。煮出来的豆腐丸吸收了水中的灵气，由一个个其貌不扬的小球变成了一粒粒莹白如玉的“珍珠”，入口爽滑脆弹；油炸出来的豆腐丸则变得黄澄澄的，外酥里嫩，好吃到让人停不下来。

豆腐加猪肉的组合，在磐安人们的手中变成了不可多得的珍馐。在粮食匮乏的年代，豆腐丸只会出现在逢年过节或生日的餐桌上，孩子们在吃光桌上的丸子后甚至还会去锅里看看，期盼再能找出几颗，因为他们知道一顿吃完，就需要以月为单位进行等待了。彼时的豆腐丸代表的是他们对美好生活的向往和期盼。

如今，那些孩子们长大了，即使生活不再困难，豆腐和猪肉也随处可得，他们却还是满怀着对豆腐丸的尊敬和喜爱生活下去，将这道美食传承下去。现在的豆腐丸是生活的调剂，也是旧时的纪念品。这一颗小小的丸子，包裹着磐安人的质朴和创造，浸润着磐安人的珍惜和回忆。（撰文 / 温瑶瑶）

鸡蛋豆腐

鸡蛋豆腐是磐安县仁川镇的知名小吃，使用卤水豆腐和鸡蛋炸制而成。“摇”是这道小吃制作的关键步骤。鸡蛋豆腐既可切丝做炒菜，也可作为汤羹、红烧肉等菜肴的配菜使用。

主料： 鸡蛋、豆腐

配料： 盐

制作方法：

1. 老豆腐捣碎，按照2斤老豆腐1个鸡蛋的比例和鸡蛋混合在一起，再加入盐调味。
2. 将鸡蛋豆腐碎“摇”成球状，放入烧热的油锅中炸，待其浮到油面即可出锅。
3. 鸡蛋豆腐可以切成丝炒，也可以加入各种烧煮的菜中。

特点： 鸡蛋豆腐呈圆形，表面金黄，口感酥脆，内部结构稀松，有鸡蛋和豆腐清香。

/ 延伸阅读 /

鸡蛋豆腐，不是我们惯常所见的日本豆腐，而是由卤水点浆的老豆腐和鸡蛋一起制作而成。在以豆腐闻名的仁川，鸡蛋豆腐也是当地小有名气的小吃。

制作鸡蛋豆腐，要按照 2 斤老豆腐 1 个鸡蛋的比例。先将豆腐捣碎，加入少许盐，再将蛋液打入，一起盛在盆里摇匀。“摇”这个过程不但需要时间，还见功力。需摇到豆腐和鸡蛋混为一体，呈一个球状。再将其放到烧热的油锅里炸，炸出来的鸡蛋豆腐一个个膨胀开来，滚圆滚圆的，待其从油锅底部浮了上来，表面也变成金黄色了，就可以捞起来了。

刚捞起来的鸡蛋豆腐盛在盆里，外形有点像我们常见的油面筋，只不过比油面筋要实在多了，一口咬下去，外面酥脆，松松软软的，隐隐有鸡蛋和豆腐混合的香味。在过去物资相对匮乏的年代，油炸过的食品相对容易存放，但这样一盆鸡蛋豆腐放在家里，人们往往会被它的香气诱惑，将其作为“零食”，走过便随手抓上一个吃。有时候，鸡蛋豆腐也会作为外出干活时的“干粮”被带上路，成为补充能量的最佳食品。

如今磐安人，已经不会把鸡蛋豆腐当“零食”或者“干粮”吃了。鸡蛋豆腐成了磐安人饭桌上的家常菜，既可以作为主菜切成丝炒来吃，也可以成为做红烧肉或麻辣烫中的一味配菜，偶尔还会被加入汤煲之中，成为吸油佳品，使汤更清醇透亮，也更健康。

在旧时，做豆腐是件大事，一般家庭逢年过节才会做豆腐，更别说去做更繁琐的鸡蛋豆腐。因此，似乎每个村子都会有一个“豆腐西施”，她做鸡蛋豆腐的手艺往往是村里最好的，寻常时节大家都去她家买上几斤，有时候做得多了，她家男人也会挑了担子到别的村子去卖。这样十里八乡的，大家就都知道了她家的鸡蛋豆腐。

在仁川的街道上，做鸡蛋豆腐的手艺都是从老一辈“豆腐西施”手里传下来的，店家依旧用着老式方法做着鸡蛋豆腐。不同的是，现在再也不用挑着走村串巷地叫卖了，她们在街上有了属于自己的门面，虽然简陋，但乡亲们都知道，这里的鸡蛋豆腐最地道。（撰文 / 安然）

熏豆腐干

熏豆腐干是磐安众多手工豆制品中的一种，以仁川镇制作的最有代表性。熏豆腐干是豆腐的衍生制品，使用松木熏烤而成，可直接食用，也可作为其他菜肴的配菜使用，手工制作，风味独特。

主料： 卤水豆腐

配料： 盐

制作方法：

1. 卤水老豆腐切成块状备用。
2. 在豆腐上均匀抹盐调味。
3. 准备好炭火，以松木炭为佳。
4. 将豆腐放在炭火上熏烤，中途在炭火中加一些松木屑用于增香。
5. 熏烤过程中需时常翻面，直到豆腐块色泽金黄、略带焦黑即可出锅。

特点： 入口弹，软，焦香十足，食用简便。

/ 延伸阅读 /

大豆变身为熏豆腐干，需要经历粉身碎骨、去粗取精、凝聚成型、烟熏火燎几个阶段。因为豆制品保质期短，所以都是当天制作，当天卖完，一般不会留到第二天。垂涎熏豆腐干的食客们，每天早晨豆腐坊开门之前，就已经在门口等待。刚出炉带着热气的豆腐，自然是最香、最有味道的。

凌晨三四点钟，昏黄的灯光下，豆腐坊里面已经蒸腾起了热气。泡发的大豆经过磨浆、过滤、烧煮、点卤、压榨等工序，变身为一整块四四方方的豆腐。制作熏豆腐干需要的是老豆腐，与嫩豆腐的区别主要在于点卤材料和压榨时间。

整块老豆腐切成正方形的若干块，每块大约三四厘米厚。在豆腐的表面均匀地抹上盐分，然后在烤炉中加木炭，将豆腐放在网架上熏烤。火力不能太大，也不能太小，需要靠制作者的经验灵活调整。在制作过程中，要时不时往火红的木炭上撒一些松木屑。这些松树的木屑燃烧之后，会有一股强烈的松脂香味，可以给制作出的熏豆腐干增加香气。

熏制的过程中，豆腐需要经常翻面，以防长时间对一个部位熏烤让豆腐被烤焦。经过一次次翻面，原本雪白的豆腐逐渐染上棕黄色，由淡变浓，由浅入深，最后整块豆腐都变成棕黄色之后，熏豆腐干就制作完毕了。

因为熏制之前已经涂抹了盐分，所以熏豆腐干做好以后是可以直接食用的。刚出炉的熏豆腐干带着热气，咬一口香味十足，有滋有味，最是好吃。凉了之后，熏豆腐干也可以切成小片与其他菜肴翻炒，滋味更佳。因为熏豆腐干的保存时间比鲜豆腐更长，所以人们在下地干活或者出远门时，会带上一块熏豆腐干。熏豆腐干不需要配菜就可以直接食用，简单方便，因此受人喜爱。

从豆腐到熏豆腐干，多的就是那一股烟火的气息。现如今人们物质生活水平提高，各种美食佳肴层出不穷，但还是有许多人记挂着这一抹人间烟火，不肯舍去。（撰文 / 林浩）

甜点零食类

以甜点、零食为主，可单吃、可配茶的小吃。

麦芽糖

麦芽糖，又名饴糖，由小麦和糯米制作而成，具有健胃开脾、润肺止咳、滋养强壮等功效。麦芽糖在以往只有过年时才能吃到，是磐安物资匮乏年代的甜蜜奢侈品。

主料：麦芽、糯米、水

制作方法：

1. 小麦洗净后在合适的容器内培养出麦芽，糯米蒸熟放凉。
2. 麦芽与熟糯米加水混合，发酵 6—8 小时后将混合物倒入纱布中过滤出麦芽糖汁。
3. 麦芽糖汁放入锅中，大火烧开后转至文火熬煮糖水，直到糖水浓稠到可以起挂。
4. 起挂的糖水出锅，铺到放有豆秆灰的米筛上，待温度合适开始用小木棍打糖饼。
5. 糖饼打开后开始拉糖，可以拉成各种形状，等到温度降低，麦芽糖就会变硬定型。

特点：米黄色的条状，质地偏硬，香甜可口。

/ 延伸阅读 /

传统的麦芽糖以小麦和糯米为原料制成，香甜可口，营养丰富，有着补脾益气、润肺止咳等功效。在缺衣少食的年代，磐安人常常在过年的时候制作麦芽糖，甜味是那个年代的稀罕物，麦芽糖也随着过年的仪式感烙印在磐安人的童年回忆里。

过往制作麦芽糖，往往在冬日的晚上。磐安山多地少，冬天的晚上通常冷得结冰，磐安人的记忆里往往有着在冬天的夜里，一家人在灶台后头围着烧火取暖，唠着家常，蒸着糯米的美好画面。

麦芽糖的甜味来自麦芽和糯米加水发酵后的产物。将新收的大麦洗净，放在透气的竹盆中，后保持合适的湿度，等待麦芽长出后，与冬夜里蒸好的糯米充分混合搅拌，发酵6—8小时后将混合物倒入纱布中过滤出麦芽糖汁。再将麦芽糖汁放入锅中熬煮，大火烧开后转至文火，糖水越熬越稠，稠到起挂即可。甜甜的香味随着几口锅冒着的热气弥漫开来，充满整个低矮的小木屋，也把小孩子们吸引到了锅边，眼巴巴地盯着锅里随热气升腾的甜意。

此时的糖不白，是深褐色的，也很硬，且粘牙。把熬好的糖水盛在一个铺着一层豆秆灰的米筛上，等它凉到一定温度，不能太烫，也不能太凉，再将这块褐色的糖饼挂在一个固定于柱子的木钩上，接着立马用两根一寸来长的小木棍快速地打起糖饼来。这是一项力气加技术活。没力气，糖饼会打不开；技术不熟练，糖饼会掉到地上。褐色的糖饼打开后越扯越长，家里的长辈会轮番上阵，替换着打，糖饼也会在打的过程中越来越白，白得像雪一样，到最后，吃到嘴里，甜在心里。

刚出炉的一块整糖饼尚还温软，这时可以把它扯成各种形状，可以是细条缠成8字形的，可以是菱形的，如果奢侈点，还可裹上芝麻。最后凉透了，麦芽糖也就慢慢硬得如石头一样了。需要注意的是，麦芽糖不能见风，否则表面就会融化。

老一代磐安人常把麦芽糖存放在有谷壳作为干燥剂的小坛子里。小孩子嘴馋时，往小坛子里伸进一只手掏啊掏，摸出来一块麦芽糖，雪白的糖上会粘着几粒金黄谷壳。现代的麦芽糖已经是随处可以买到的小零食，吃麦芽糖也不再是过去过年的大事。但甜意在嘴里化开的过程中，记忆也像被一只稚嫩的手翻动，渐渐浮上水面，才发现，旧日冬日暖阳下的回忆，从未褪色。（撰文 / 羊旭华　刘林）

甜酒酿

甜酒酿，又称醪糟、酒酿等，是一种历史悠久的传统发酵食品。在磐安，甜酒酿的制作技艺早在几百年前就已流传开来，代代相传至今。甜酒酿使用纯植物发酵剂白药制作，既是甜美小吃，也可以用作发酵剂制成发糕。磐安县方前镇至今保持手工制作甜酒酿的工艺。甜酒酿可以煮开，再根据个人需求可加入鸡蛋、红枣、桂圆、枸杞等一起食用。

原料： 糯米

配料： 白药、凉开水

制作方法：

1. 提前一天泡好的糯米沿饭甑四周铺放，水开后蒸 20 分钟左右。
2. 蒸熟的糯米用蒸布包裹取出，用水淋开，使其粒粒分明，不互相粘连。
3. 控干水分，放入盆中，晾凉。
4. 晾到 36℃左右洒入白药，用手来回翻搅拌匀，再轻压平整。
5. 在糯米中央用较粗的木棍戳一个洞，在洞的周边再洒一圈白药，密封，放置一天到一天半。
6. 当酒液的高度超过洞的一半，加凉开水至高于米表面 1 厘米的位置，继续密封 10 小时。
7. 待醪糟整体浮出时，用汤勺打散醪糟，再静置 10 小时，即可食用。

特点： 香甜好入口，米香中混合着淡淡酒香。

/ 延伸阅读 /

坦率地说，甜酒酿不算酒，顶多是米酒的前世，是米酒家族中特立独行的一份子。

在 20 世纪很长的一段时光里，大部分中国家庭物质条件匮乏，在吃饭这件大事上，经常捉襟见肘。有客自远方来，作为家庭主妇的母亲通常会巧用心思款待稀客，正餐之前端出一份点心为之接风洗尘，再自然不过——那份作为点心的甜酒酿，正是那个特殊年代的美食。

说起甜酒酿，绕不过素有“鱼米之乡，百果之园”美誉的磐安方前镇。方前位于磐安县东南，是一个民间小吃尤其丰富的江南小镇，大部分的小吃皆采用手工古法，纯天然而无任何人工添加物，甜酒酿所用的酒曲就是用植物辣蓼制作而成，称为白药。

甜酒酿也叫醪糟，它不完全是酒类，却有着酒的芳香。制作甜酒酿要用糯米、白药和凉开水。以 3 斤糯米为例，糯米提前一天泡好（一般来说保持室温 20 度左右，泡米 24 小时即可，不论季节），放入已经铺好湿蒸布的饭甑中，此时的米不需要再次淘洗，否则米会变酸。糯米往饭甑的四周铺放，中间留一个洞。水开后蒸 20 分钟左右就好了。

蒸熟的糯米用蒸布包裹着取出来，用水淋开，使其粒粒分明，不互相粘连，再把水控干，放入做酒酿的盆中，等待摊凉。糯米大概晾到和正常体温差不多的时候，就可以洒入白药，并用手来回翻搅拌匀，再轻压平整。方前人习惯在盆子中央用较粗的木棍戳一个洞，在洞的周边再洒一圈白药，密封，放置一天到一天半。

一天以后，可以观察到洞的中间有酒出现，当酒液的高度到达洞的一半以上时，就可以加凉开水，加到高于米的表面一个手指头尖就行，继续密封发酵 10 小时。

醪糟整体浮出时，能闻到甜味儿，但酒味不足。这时用汤勺打散醪糟，再静置 10 小时，这样就算做好甜酒酿了，甜香味十足，酒味浓郁。

甜酒酿的最佳食用方法是加水煮开，这样能起到暖中焦的效果。煮开后，待水沸腾一会儿，就可以根据个人喜好加入鸡蛋或者汤圆等，还可以加入桂圆、红枣、枸杞等来调味，营养更加丰富。

在磐安，甜酒酿除了可以作为点心食用，还可以用于发酵。磐安许多发酵类小吃，如发糕，在制作时往往会用甜酒酿替换酵母来完成发酵的过程。如此做出来的发糕，又多了一味来自甜酒酿的香甜。

另外，变成甜酒酿的糯米比之前好消化，如果吃多了糯米制品，就可以来一碗甜酒酿化解，有点“原汤化原食”的朴素哲学意味。（撰文 / 樊多多　沃野）

花结

花结是外观如花朵的小吃，磐安南、北区域的花结有外观、制作步骤和口味的差异，知名度高的是大盘花结和玉山花结。大盘花结在揉面时即进行调味，而玉山花结的口味则是在炸制时进行调制的。制作甜口花结时还可加入紫薯、红薯、南瓜等食材进行调味、调色。

主料：

大盘花结：面粉、水、糖、鸡蛋

玉山花结：糯米粉、早稻米粉

配料：

大盘花结：黑芝麻

玉山花结：番薯、南瓜、紫薯等

制作方法：

大盘花结

1. 面粉、鸡蛋均匀混合揉成面团。
2. 面团擀成面皮，切成菱形小面片。
3. 小面片中间剪出小口，再将菱形两个较长的角从小口中反拉出来捏成花结的模样。
4. 花结风干定型后下油锅，炸透后撒黑芝麻。

玉山花结

1. 糯米粉、早稻米粉均匀混合成面团后，加入熟番薯泥（或者南瓜泥和紫薯泥等）均匀混合。
2. 面团擀成面皮，切成正方形小面片。
3. 小面片对折成三角形，经过剪、捏、拉等步骤，做成一个花结。
4. 花结风干定型后，下锅油炸。
5. 咸口花结，油炸后再放入盐锅炒一遍即可。

特点：造型精致可爱，口感酥脆，吃起来口齿生香。

大盘花结

玉山花结

/ 延伸阅读 /

从现在往前倒几十年，对于磐安的孩子们来说，鱼肉米面并不是每天都能享受到的美味，而记忆里更珍贵的，是家里有客人时捧出来的点心盒。

别的不说，花结一定是其中的“位高权重”者，小小的一个，捏在手中，在和同伴戏耍累时即地坐下认真地啃着，是能让心都膨胀出来的快乐幸事。其中大盘花结和玉山花结最为出名，二者的原料和手法都十分不同，但给人们带来的快乐是相同的。

大盘花结

大盘花结的来历，据老人说来，和农历六月六有关。

六月六只是一个单独的称呼，在中国不同的地方，有不同的叫法和节日风俗，其中和大盘花结关系较大的应该是“天贶节”。这个名称源自宋真宗赵恒。据说，赵恒在六月六这日获得了上天赐予的一本天书，于是定下此名，甚至在泰山脚下建了一座天贶殿来庆祝此事。而民间为了庆贺这一奇事，会在六月六的早晨互相道喜，吃炒面。

炒面的面并不是面条，而是一种用面粉、油、糖混合制作而成的食物，类似于小块糕点。而这种习俗到了磐安，在大盘人民创造力的延伸下，就成了精致可爱的花结。

在大盘镇，六月六是当地百姓赶集的日子，这时距离集市不远的学田村也就成了乡亲们会顺路走访的地方。有朋自远方来，村里都会拿出精心准备的点心来招待，其中一般都会有花结。这种小小的、油炸出来的小面点便于携带，若在村里吃不够，临走时还可以抓上一把边赶路边吃，增加旅途的趣味；而其中蕴含的油分和香气也可以在一定程度上填饱肚子，让赶路的人一路走下来仍然精力充沛。

花结的主要原料是面粉，将薄薄的一片面团做成花结，十分考验手工、耐心和火候。最经典的做法是在面粉中加入鸡蛋和黑芝麻，这是为了增加花结的口感和香味，也可根据个人口味加入适当的盐或糖。

将醒好的面团擀平、擀均匀，其间为了防止粘连，需要不断地撒上面粉。通常这一过程会持续二三十分钟，直到面团变成一两毫米厚度的面片。擀面完成后，需要将面饼切成方便入口，宽度五厘米左右的菱形。为了趣味，亦或是为了口感，大盘人通常会在小面片中间切出一个小口，再将较长的两个角从小口中反拉出去，面片就变成了最后的花结形状。

在热油锅里，花结如何在炸透的同时不老不焦，这全看师傅的手感和经验。花结投入油锅，待其微微泛黄时立马捞出。这时品尝是最好的，花结虽然尚热，却已经酥脆可口，咀嚼时鸡蛋、芝麻和面团在油中膨胀得恰到好处，将其香味完整地释放出来并且融合在一起，唇齿留香。

如今的点心为了迎合人们的需求，样式、口味层出不穷。但是在大盘镇，无论时代如何发展，从日常到节日，招待客人的点心中总会有这小小的花结。这不仅是当地人对童年甜蜜味道的珍惜，也是他们对先祖传下来的手艺保留，是大盘人互相分享的独特快乐。

玉山花结

大盘花结，到了玉山镇岭口村便换了个花样，变得更加精巧。一剪、一捏、一拉之后，花结像是镂空放大的桂花，又像舒展开来的丁香。

玉山花结主要有橙色、紫色和金色，

不同的颜色彰示着它们不同的原料和味道。橙色的是番薯，甜味稍淡；紫色的是紫薯，口感更面；金色的是南瓜，更加细腻。

和大盘花结比起来，玉山花结的揉面步骤更多，材料也更丰富。就拿番薯来说，蒸熟的番薯去皮按压成泥，与比例为2:1的糯米粉和早稻米粉混合起来，再加入白糖调味。这样的配比，能使制作出来的花结口感更弹，米香味更浓，颜色也更透明好看。揉面要趁热，因为番薯冷下来之后就会凝结成块，不容易均匀地混入面粉中。

面团揉完后擀成薄皮，再切成边长五厘米左右的正方形。接下来就是最复杂的一个步骤了。将面皮对折成三角形，一边将重合的角捏住，一边沿着与三角形的边平行的方向左右两边从外到内各剪三刀，长度为面皮的二分之一。然后摊开面皮，将第二条线从中剪断后开始捏。将一开始捏住的两个角反方向重新捏在一起，再将剪过之后形成的最中间的角捏在一起，做成花心，被剪断的第二条线从两侧分别捏合。一个栩栩如生的花结就这么完成了。

成型的花结还需要定型，若不定型，进入油锅之后就会全部散架。定型一般需要半个月，这半个月里，花结需要被放在通风阴凉的地方，不能接触阳光，否则就会开裂。在彻底晾干之后，花结就能迎来进入油锅的最终命运了。

大盘花结在揉面时就决定了口味，而玉山花结则是在炸制的时候才会做出选择。如果选择甜花结，将其投入油锅即可，其中混入的紫薯、红薯、南瓜以其自带的清香和甜味飨客。如果选择咸花结，就需要将做好的花结投入盐锅，入口的咸和自带的微薄的甜相互抗争，在口中迸发出奇妙的香气。

朴实无华的面片变成精致可爱的花结，只需要一剪、一捏、一拉。就像磐安人民对于自己生活的态度，即便生活辛苦或普通，他们总能为生活捏出小小的花来。这不仅仅是聊以自慰，更是一种乐天精神的体现，也是他们热爱生活的表达。（撰文／温瑶瑶）

择子豆腐

据说，择子豆腐最初是由磐安邻县东阳当地的寺庙创制的，后来逐渐流传到民间，并成为夏日清热解暑的佳品。这一美食的制作技艺在当地代代相传，已有数百年的历史。择子豆腐是磐安首批十六道药膳之一。食用时加井水，再放入糖、醋、薄荷调味，是磐安择子豆腐的地道吃法。

主料： 择子粉、水

配料： 米醋、白糖、薄荷、枸杞

制作方法：

1. 择子放在阳光下暴晒两天左右，直到晒干脱壳。
2. 去壳的择子晒三天之后放清水里浸泡 15—20 天左右，需要每天换水。
3. 择子肉浸泡后磨成浆，再将杂质和择子淀粉分离。
4. 分离出的择子淀粉放阳光下晒 2—3 天，磨细，即为择子粉。
5. 择子粉按照一定比例与水混合，过滤后倒入沸水中熬煮搅拌，20 分钟后即可出锅，冷却后即可加入白糖、水、薄荷水或者醋等调味料食用。

特点： 外观晶莹剔透，口感清凉甜美。

/ 延伸阅读 /

深秋的磐安山村，秋风吹来，有时候会有小小的“弹珠”落在地上；又时不时有农人在翻动晒筥，摩擦发出不小的声响。这农人收集的“弹珠”，是一种叫橡果的东西，磐安土话也叫橡子、择子。

秋天采摘的择子，在冬天晒干做成择子粉，便是来年春夏做择子豆腐最好的材料。

择子是橡子树结出的果实。孙思邈说择子“消食止痢，使人健无比”。择子豆腐不仅是磐安山区传统的夏日清凉甜品，还能清热解暑，清心爽口，是地道的磐安药膳。它以择子磨成的粉为主料，经洗粉、烧制、放凉冷却等工序，加入薄荷、白糖、枸杞等配料，做成类似于仙草冻的清凉甜品。择子豆腐外观晶莹剔透，呈半透明的灰褐色；入口丝滑，口感清凉。

有记载，择子是比水稻更早的一种粮食，“几曝复几蒸，用作三冬粮”，但其外壳非常坚硬，果肉未经加工时苦涩味很重。于是在成为择子粉之前，择子要去壳、去涩味。

择子去壳，方法非常“天然”。捡回的择子，放在太阳下暴晒两天左右。待到择子完全晒干，壳会裂开，露出洁白的果肉。这时候的果肉味苦、涩味重。下一步，去涩味。将去壳后的择子肉晒上三天，晒干后放在清水里浸泡，每天换水，如此持续15—20天。择子的涩味和苦味就在这一轮一轮的换水中慢慢被去除。

再是磨浆和沉淀。浸泡后的果肉，用石磨慢慢磨成浆。再用纱布把浆里的渣滓和淀粉水分离。淀粉水放置一段时间，待淀粉沉淀完毕，把水倒掉，下面就是一层厚厚的淀粉。最后将淀粉放太阳底下晒2—3天，择子粉就做好了。这是择子豆腐最重要，也是最繁琐的工序。

这样做成的择子粉是很珍贵的。新鲜带壳的10斤择子，经过晾晒、浸泡、沉淀等一系列工序，最终只能收获2斤左右的择子粉。择子粉细腻丝滑、干爽轻柔，除了用于做择子豆腐，磐安人还拿它做择子面皮、择子面，也做婴儿的天然爽身粉。

第二年夏天是择子粉真正的“用武之时”。山民将储存好的择子粉拿出来，开始制作他们的夏日甜品。将一定配比的择子粉与水和在一起，搅拌均匀，反复过滤后缓缓倒入煮沸的水中；然后顺时针搅拌，持续不停。大约十几二十分钟，锅中有咕噜咕噜的气泡连续向上冒出来，便可出锅；冷却 7 小时，加入调料便可食用。

与前期制作择子粉相比，择子豆腐的制作看似要简单很多。但其中的诸多环节，也会凭制作者的经验，比如水与粉的配比，过滤、搅拌的方法与时间等。磐安的山民喜欢在冷却好的择子豆腐上加白糖、醋、薄荷（俗称“老三样”），再从水井里打来清凉的泉水，冲在择子豆腐上。白糖的甘甜、泉水的清冽、薄荷的清凉，融合在微苦清香的择子里，一碗清甜可口的夏日甜品择子豆腐就算最终完成了。

与山为邻的山民以勤劳和智慧，用漫长的时间，完成了择子从坚硬到柔软、苦涩到清甜的置换。这是山民给我们的启示，也是自然对人的馈赠。（撰文 / 宋春晓）

糖漾

糖漾之名，源于古时的词语发音，也被写作糖饧、糖娘、糖洋等，以前作为祭祀祖先的供品使用。传统吃法是加入红糖或白糖调味，现在加入蔬果汁制作而成的糖漾，外观颜色鲜丽，口感丰富，是各个年龄段的人都喜欢的磐安特色小吃。

主料：糖、大米、豆灰水

配料：赤豆、艾草、栀子等

制作方法：

1. 洗净的大米浸泡一夜后磨成米浆，加入适量红糖或者白糖调味。
2. 在磨好的米浆中加入豆灰水，用相对应颜色的蔬果汁进行调色。
3. 在蒸笼里倒入适量米浆，一层凝固成型之后再倒入下一层。
4. 蒸熟出锅，用棉线切块。

特点：质地弹滑，口感软糯，甜香适口。

/延伸阅读/

在磐安，有一种点心叫糖漾。这个名字和制作工艺以及外形倒没什么关系，来源于古时的发音，具体是哪两个字不得而知，也混叫成糖饧、糖娘、糖洋等。

糖漾的来源，与农历七月十五的中元节相关。中元节，也就是民间俗称的鬼节，它原本是祭祖的节日。这个时候，初秋已至，部分作物已经成熟，农民就会用新收上来的稻米做成糖漾，向祖先报告今年的收成，并期待来年有个好光景。

做糖漾，要提前一天将米淘洗干净并泡下，泡过一夜后，用石磨将其磨成米浆。磨之前，可以在泡好的大米中加入适量的红糖或者白糖调味，磨的过程中也需要不断加水，以保证其口感。

新鲜的米浆白得发亮，混合着大米的天然香味和糖的清甜。这时的米浆还需要加入豆灰水。豆灰水由豆秆烧制的灰漂洗而成，加入米浆中能使其变得更加粘稠软糯，还有清热的功效。

糖漾切开来是小小的一块，最开始的尺寸却取决于蒸笼的大小。蒸笼烧热后，在底部铺上一层吸饱水的棉屉布，舀上一瓢米浆浇入其中，在重力的作用下米浆自然就形成了一层厚薄均匀的饼。蒸熟一层的时间大约是几分钟，然后再浇上一瓢等量的米浆，如此循环即可。糖漾每层的厚度都在双手之间，每一家做出来的都不尽相同。

刚出锅的糖漾冒着滚滚的热气，然后被切成便于入口的菱形小方块。有趣的是，切糖漾时可以用棉线。软弹的糕体虽然体积很大，但是轻松就能被棉线拉断，还不会粘得刀上、手上到处都是。咬上一口，牙齿最先感受到的是黏糯的糕体带来的阻力，将其嚼碎后，大米的清香带着一丝甜意在口腔中散开，这种微弱的甜像是一种小小的呼唤，让人忍不住更加细心地去品尝和感受。

只加红糖或白糖，是最基础的吃法，如今有了更多花样。首先可以在米浆中加入植物的汁液来丰富其颜色和口味，红色用的是赤豆或豇豆，绿色用的是艾草，黄色用的是栀子，摆在一起五彩斑斓，只需看着便能勾起食客的兴趣。其次可以用白底的糖漾蘸配料吃。蘸着蜂蜜，是香甜；蘸上酱油或者辣酱，又变成了消遣的零嘴。另外还可以进行再加工，如烤、炸、煎等等。

糖漾的保存并不容易，通常花两天时间辛苦做出来的糖漾也就能吃个两三天。没有冰箱的时候，糖漾就成了联系邻里的好礼物。用荷叶包上一些，派出家里的孩子们去送糖漾，一人背上几包，大的去最远的姑姑们家里，小的就去附近邻居家里。有时自己家孩子刚四散而去，就又能收到别人家孩子带来的“快递”了。

过去，糖漾代表的是对祖先的铭记和对美好生活的期盼。如今，糖漾代表的却是家乡的味道和家里人的爱。不论磐安人身处何方，不论他们干的是大事小情，最后总需要这淡淡的甜来告诉自己：家永远在，继续往前走吧！（撰文/温瑶瑶）

柴叶豆腐

柴叶豆腐又名观音豆腐，并不是一种豆制品，由腐婢树叶的汁水制作而成。腐婢俗称柴树，制作出的成品切块如豆腐，故而得名。柴叶豆腐制作的关键是加入草木灰，是一道具有清热功效的药膳小吃，可凉拌，可煮汤，口味可甜、可咸。

主料：柴树叶、草木灰、水

制作方法：

1. 采柴树嫩叶，洗净后用开水烫熟。
2. 嫩叶烫熟后用纱布包住，反复揉搓，直至绿色汁水变为墨绿色。
3. 在柴叶汁中加入草木灰凝固，即可食用。

特点：外表呈透亮的墨绿色，嫩滑有弹性，富有青草香，烹饪方式多样。

/ 延伸阅读 /

在磐安，“豆腐”是一个泛称。哪怕没有大豆的参与，许多软、韧且有弹性的食物都会被冠以豆腐之名。柴叶豆腐，便是如此。

柴叶豆腐在磐安，还有一个颇具仙气的名字：观音豆腐。相传，过往饥荒年代，民不聊生。观音菩萨路过此地，内心不忍，于是发慈悲心，在大地上挥洒了自己瓶中的杨枝甘露。原本荒芜的土地，霎时长满了绿树。人们从树上摘取叶子，配上草木灰制作成豆腐用以饱腹。这绿树的叶子，便是磐安人口中的柴树叶。这柴树的学名实则是腐婢，是长于磐安山头与田间的一种阔叶小灌木，民间还会称其为“豆腐柴”“观音柴”。

制作柴叶豆腐是讲究季节的，柴树叶要在尚嫩的时候采摘，一般为初夏时期。柴树叶本身也可入药，有清热解毒的功效，因此柴叶豆腐在夏日里非常受欢迎。每每时节到了，自家山头与田间有柴树的磐安人家便会出动去采摘嫩叶。为了不破坏嫩叶，磐安人通常会将柴树叶连枝一起摘下，带回家后，再将嫩叶全部摘下，放入清水中洗净。洗净后的嫩叶，放置在盆中，倒入开水烫熟。烫熟的嫩叶很快会浮在水面上，此时将柴树叶捞出，包入纱布之中，用手反复搓揉，直至绿叶中渗出的汁水由浅绿色变为墨绿色。

要让柴叶汁变为豆腐，还少不了关键的一步——加入草木灰。传统的做法，是将草木灰均匀地洒在柴叶汁中搅拌均匀，之后静待凝结即可。若是再精细一些，可将草木灰先放在清水中浸泡，而后将澄清的草木灰水倒入柴叶汁中。据说，做柴叶豆腐的时候最好是不要说话，因为说话可能会扰了观音菩萨，影响最后的质量。

从整个过程来看，其实柴叶豆腐被称为“豆腐”也无可厚非，都有“榨”与“点制”的过程。做好的柴叶豆腐呈墨绿色，但又带着些许透亮，嫩滑又有弹性，其本身没有味道，唯有一股清香，吃法上也如同豆腐一样，花样百出。

凉拌，柴叶豆腐切成小块，撒上白糖或是倒上酱油，甜吃清爽，咸吃开胃。煮汤，将其切成小块放入沸水中煮开，同样可以根据口味制作成甜汤或是咸汤。若是做成甜汤，还可以放入冰箱冰镇，做成一份小甜品。此外，柴叶豆腐还可以做成炒菜，只是加入简单的蒜苗、辣椒就足够美味。

饥荒的年代一去不复返，苦日子走到了尽头，但磐安人感念美味来之不易的心却仿佛始终没有改变。若是哪家先做好了柴叶豆腐，往往都会分享给自家的亲戚和周围的邻居，让大家一同品尝美味。（撰文／刘林）

冻米糖

冻米糖是磐安特色农家糖，是年糖中的极品，其制作技艺在当地已经传承了数百年。冻米糖多在冬天制作，使用大麦制成麦芽糖，而后加入米花、芝麻、花生等，对于火候的把握和翻炒的频率是其制作成功的关键。

主料： 麦芽糖、米花

配料： 食用油、白砂糖、花生、芝麻等

制作方法：

1. 起锅烧油，加入麦芽糖和少量的白砂糖，不停地搅拌，直到麦芽糖全部融化。
2. 在锅中加入米花、花生、芝麻等材料，不停地用锅铲搅拌，防止温度过高烧焦。
3. 将炒好的材料倒入搅拌机中搅拌，确保糖液分布均匀。
4. 搅拌均匀后，将糖液倒入方格形的木制框架中，用特制的工具进行压制、抹平。
5. 压紧实之后，静置一段时间，让糖分结块，最后用刀切成小块进行包装。

特点： 酥脆可口，香香甜甜。

/延伸阅读/

在过往，对于很多磐安人来说，农家糖的甜味是年味的一种。吃到农家糖时，也意味着春节快到了。因为农家糖只有在这一段时间才上市，在其他时候是见不到的。农家糖具有明显的季节性，这跟它的制作过程息息相关。

一直以来，正宗的磐安农家糖都遵循祖祖辈辈传下来的传统手工艺制作。根据原料的不同，农家糖也分很多种，最常见也最受欢迎的，非冻米糖莫属。制作冻米糖的工序其实并不复杂，但个中却奥妙无穷。

制作冻米糖，首先是准备原材料，包括米花、麦芽糖、白砂糖、芝麻、花生等。米花和麦芽糖都不是现成品，需要单独制作。制作米花的手法和爆米花差不多，米花外表洁白光滑，形状与大米类似，只不过在个头上膨胀了数倍。米花也可以单独食用，入口酥脆喷香。

制作冻米糖的第一步，开火起锅，加入适量的食用油，烧热之后，加入适量的麦芽糖和少量的白砂糖。加入的麦芽糖重量，根据最后制作成品的量来确定。高温会逐渐将麦芽糖融化。在这个过程中，需要不停地搅拌，防止煳底。

等麦芽糖全部融化为液体之后，加入剩下的米花、芝麻、花生等，用锅铲迅速翻炒、搅拌。这是整个制作过程中最难，也是最考验手艺的部分，对火候的把控和翻炒的频率有非常高的要求。炒制的时间不足，糖液分布不均匀，后续步骤将无法成形；炒制时间太过，则非常容易炒焦煳底。有经验的师傅，会根据原料散发出的香气，判断炒制的火候，以决定何时出锅。

待到原料翻炒均匀，就整锅倒入专用的搅拌机中。此时的米花、花生等经过与麦芽糖的融合，已经变得相当黏稠。出锅后随着温度的下降，糖会发硬结块，就不容易搅拌均匀了。所以要趁着刚出锅的余热，迅速使用搅拌机将所有的材料搅拌均匀。

紧接着，将搅拌均匀的糖团倒入正方形的木质框架中，然后用特制的工具抹平、压实，冻米糖的制作就基本完成了。等待冻米糖稍微冷却成型之后，再进行切制。切制也很有仪式感，横切几刀、竖切几刀、斜切几刀都有讲究。最后出来的就是大小均匀，重量相等的冻米糖了。

除了冻米糖之外，农家糖还有其他品种，比如小米酥、核桃糖、芝麻糖、玉米糖等，只是原料变一下，制作方法都是大同小异。

磐安农家糖一入口，酥脆的口感、甜蜜的滋味，还有各种香气在口腔中蔓延，多吃几块也不会腻。（撰文/ 林浩）

青草糊

青草糊是磐安的冷门小吃，流传于方前镇一带，是磐安夏天特有的清凉甜品。青草糊外观似果冻，使用的原料是亚麻籽，食用时可加冰水、薄荷、果糖进行调味。

主料： 亚麻籽

配料： 水、薄荷、果糖等

制作方法：

1. 将亚麻籽清洗干净，用纱布包好。
2. 双手戴上手套，将亚麻籽包放入凉开水或纯净水中反复搓洗，直到水变成黑色，亚麻籽只剩下残渣为止。
3. 过滤残渣后静置，待液体凝结成胶状。
4. 用刀切成小块，加入薄荷、果糖等调味即可食用。

特点： 口感软、弹，入口清爽、清香十足，消暑良品。

/ 延伸阅读 /

青草糊，它并不似名称那般是糊状，而是类似果冻的质地，在整个磐安，它可以算是一款比较“冷门”的小吃。

青草糊原本是天台家喻户晓的名小吃，因方前与天台相邻，也传到了方前。制作青草糊的原料有很多，天台人喜欢去山上寻一种名叫“仙草”的植物，方前则会选用亚麻籽。它的制作过程简单，却颇为神奇。

首先将亚麻籽洗净，然后找一块纱布将亚麻籽包在里面。而后在干净的盆中，放入清水，双手戴着手套在清水中搓洗亚麻籽包。在搓洗的过程中，亚麻籽很快会化成墨绿色的汁液，最后只剩下残渣。然后把盆中的液体倒入模具中，过两三个小时，汁液就会自然凝结成冻。这是最原始的青草糊，颜色看起来如墨一般浓重，但放在阳光下，便会看到黑色透亮之中，还隐藏着绿色。

青草糊的制作过程与手搓凉粉很相似，但味道上却有区别。凉粉本身没有什么味道，原味的青草糊吃上去却有一股淡淡的青草味，不少第一次吃的人会感到有一些不太习惯。所以青草糊通常会加入冰水，再滴几滴薄荷，撒入一些果糖，做成一份甜品来吃。

吃的时候，最好用小碗，青草糊会随着动作在碗内摇摆，好像随时会逃离一般，让人忍不住把全部的注意力都集中到它的身上。挖入一勺青草糊送入口中，软、弹的口感中裹挟着薄荷凉气，独特的青草芳香也在口中弥漫，整体口味十分清爽。尤其是夏天的午后，一碗青草糊，可以让昏昏沉沉的脑子瞬间精神起来，清凉冰爽的感觉会持续很长一段时间，比雪糕和汽水的效果好很多。也可以把青草糊加入奶茶或者咖啡中，又别有一番滋味。

现如今，方前有一家开在街头的奶茶店还在坚持制作青草糊。夏日里，邻里们总会在闷热的傍晚，来店里点上一碗青草糊。价格不贵，随客人心意，两块钱三块钱皆可，不为盈利，年轻的店家只是想守住这记忆中的小吃，为方前人送上一道夏日的消暑佳品。（撰文 / 林浩）

双溪板栗

双溪板栗是磐安特色山珍，因产自双溪乡丽坑村而得名。一栗包三子，以大著称，又名“魁栗”。有古籍记载“栗产安文者佳”，史上曾为宫廷贡品。

主料： 双溪板栗

制作方法：

选用肉质细密、水分较少的小栗子炒制。

特点： 圆润饱满，个头较大，生吃香甜爽脆，熟食绵密细腻。

/ 延伸阅读 /

一个地方有山有水，就算不从堪舆学的角度分析，也能知道这是一个好地方。双溪正是如此。双溪，窈川和六保溪汇聚而成。在山水的加持下，双溪境内土地肥沃，气候温和湿润，光照充足。这里也是著名的“丽坑魁栗”的故乡。明代古书中记载“栗产安文者佳”，而安文栗子中又以丽坑为最。

双溪乡丽坑村的栗子被称为“魁栗”。“魁”并不是可随意获得的称号。想古人，有的“摧眉折腰事权贵”，有的“十年窗下无人问”，有的囊萤映雪，有的闻鸡起舞，为的都是一个“魁”字。丽坑以其栗子粒大而获得“魁栗”之称，似乎已然可见其实力。

丽坑魁栗的出名，据当地人说，还和朱元璋有关。相传，朱元璋打天下时，被元兵追杀。逃到丽坑村得一农夫施救，将元兵引至错误方向。元兵远去后，朱元璋对农夫说，自己摸过的栗树结果时，一个板栗蒲里肯定出三个大栗子。秋冬之交，丽坑村的板栗果然全部都是一个板栗里长三个子，且个个果大肉肥，成为“魁栗”。朱元璋称帝后，专门派京官前来考察栗树种植和管理情况，朱元璋得知丽坑栗树的结果情况后龙颜大悦，就将其定为宫廷贡品，让东阳官府每年进贡，“丽坑魁栗”就此声名远扬。

传说的真伪已无人再去考证，因为丽坑魁栗如今已经靠自己的实力打出了一片天下。魁栗未成熟时，最外面的一层果皮可以用“张扬跋扈”来形容，冒出长长的尖，有种生人勿近的高冷，此时经过栗子树下，总有种冒险的感觉，难以想象第一个吃栗子的人是如何发现此类珍果的。

魁栗成熟后，部分栗苞会开出一个大口子，从树上掉下来。于是便可以看到，在魁栗内部，通常有一个中栗和两个边栗；有些“过分争气”的中栗，就会成为一个独子栗。剥开外光内毛的栗壳，再撕去一层薄薄的且略有些韧性的涩皮，魁栗黄澄澄的内心最终展露无遗。据说魁栗生吃是甜的，似糕似果。

除生吃外，焖、炒、烤、煮、煎、炸，丽坑魁栗仍是样样适宜。

炒栗要选肉质细密、水分较少的小栗子，在半盆炒栗石和糖浆中翻滚。炒栗石的原料多为石英砂，作为传热介质，它们能提供持续不断的高温，让栗子受热均匀，也让栗子内部在尚还脆嫩时能均匀吸收糖分。翻炒过后的栗子，外壳微微膨胀，均匀地粘着一层薄薄的糖浆，在暖黄色灯光下泛着金黄的色泽，香气从破开的壳中幽幽升起，调动人的各个器官，让人“舌本流津”“意甚快也”。

在甜点界，栗子也能过得风生水起。例如宋代重阳节，时人多吃狮蛮，而这种蒸糕的做法在孟元老的《东京梦华录》的《重阳》中有详细记载：“下以熟栗子肉杵为细末，入麝香糖蜜和之，捏为饼糕小段，或如五色弹儿，皆入韵果糖霜。”也正是因为栗子在这种糕点中的重要作用，狮蛮也被称为“狮蛮栗糕”。

而在丽坑，魁栗则更多出现在餐桌上。相信在丽坑人的耳边提起栗子，大部分人就会想到板栗烧鸡。在秋冬之时，去门口抓一把适才打下来的板栗，整颗的栗子和切成块的鸡肉在葱、姜、酱油的帮助下变得格外诱人，最后加入没过鸡块的水静待收汁。出锅后鸡肉鲜嫩，还附带着板栗的清香；裹着汤汁的板栗中和了油腻，让整道菜变得更加清爽可口。

如今，魁栗作为丽坑的标志之一，给丽坑带来的不仅是经济发展，更有在日积月累的陪伴中沉淀下来的风俗和文化。丽坑人在提起魁栗时，语气里包含的不只有思念和珍惜，更有浓浓的感恩和自豪。（撰文／温瑶瑶）

香菇脆片

磐安是“中国香菇之乡”，20 世纪 90 年代磐安香菇出口量占据全国总量的 50%，产业鼎盛可见一斑。磐安香菇品优味佳，除了用于烧制油焖香菇等经典菜肴，还衍生出很多健康小吃，香菇脆片即是香菇的衍生小吃，经过杀青、水煮、冷冻、脱水、脱油等步骤制作而成，保留了鲜香菇的色香味形。

主料： 香菇

配料： 橄榄油、盐

制作方法：

1. 香菇洗净，煮熟。
2. 送入冷冻库进行冷冻。
3. 在常温下解冻，再用低温橄榄油进行油炸。
4. 在真空环境中脱去多余的水分和油，撒上调味料。

特点： 保留了香菇的原始形态，有浓郁的香菇香气，口感酥脆，口味微咸之中带有香菇的甘甜。

/延伸阅读/

磐安的香菇朴素、忠厚又名扬海外，作为“中国香菇之乡”的天赐物产，它们的独特味道在餐桌上的表现，或为主角，如油焖香菇，或为各色菜肴做陪衬。而香菇脆片，则是磐安人带领香菇进行的一次涤荡身心的涅槃。它不需要温暖的热水唤醒，也不需要额外的烹调，只需要将其送入嘴中，就能享受奇异的美味。

一颗鲜香菇变成最后的香菇脆片，首先需要杀青，即煮熟。在沸腾的水中，香菇逐渐软化，渗透出汁水，失去了作为鲜香菇时拥有的“青涩”，但保留了鲜亮的颜色和自身的口感。煮熟的香菇马上就会被送进冷库里进行冷冻。在后续的制作中，需要先将冷冻的香菇解冻，待其恢复常温后，用低沸点的橄榄油进行油炸，在油的作用下，香菇变得松脆而易碎。起酥完成后，香菇就被放进了接近真空的环境中脱去多余的水分和油分，保持着最原本的色、香、味、形，最后再轻轻地撒上一层盐，守住本真的味道。

拿起一颗香菇脆片放入嘴中，先冲上来的是香菇的鲜味，用牙齿轻咬，酥脆的纤维完全抵挡不住牙齿的进攻，没两下便败下阵来，将隐藏的香气一股脑呈现了出来。咀嚼的过程中，香气源源不断地释放，愈嚼愈浓。由于香菇脆片上没有多余的调味料，初入口会稍显平淡，但也正是这种平淡，更好地显示出了香菇原本的香与鲜。不知不觉间一罐吃完，只留下满口的余香。

香菇脆片吃的是香菇原本的味道，这也注定了原料不能够滥竽充数，所以选用的都是磐安本地的优质香菇。

整个制作过程只用到了油和盐，保持了它的安全和健康，使香菇脆片成为老少咸宜的解馋零食。没有大肆宣传的渠道和日夜进行的流水线，十几年来，香菇脆片带着“健康”的理念和本真的味道，守着自己的一方小天地，给想吃的人、会吃的人送去一份独属于磐安的慰藉。（撰文/温瑶瑶）

番薯干

磐安产的番薯软糯甘甜，为便于保存而衍生出番薯干的制法。番薯干多在每年 11 月中旬制作，经过三次晒、蒸才能完成，食用时可蒸可炸。磐安番薯还可制成番薯片，口味较番薯干更为独特。

主料：番薯

制作方法：

1. 番薯洗净、蒸熟。
2. 切成条状，在太阳下晾晒两天。
3. 再重复蒸熟、晾晒的工序，完成“三蒸三晒”即可。

特点：色泽金黄，口感软糯，清香甘甜。

/延伸阅读/

19世纪六七十年代，中国农耕技术落后，稻谷、麦子只能吃半年，其余的日子便靠番薯、土豆等挨过去。因此在“60后”“70后”的心里，番薯是救命的粮食。冬天一家人围在屋子里烤火谈天，肚子饿了，妈妈就从一层一层的塑料袋里拿出番薯干，一人啃上一块，有时候隔着炭火烤一烤，那就更加软糯香甜了。

而磐安的番薯干天生就软糯甘甜，吃的时候不需要炭火的加持。因为磐安人做番薯干，有自己的讲究。

每年的10—11月是番薯采收的季节，刚挖上来的番薯直接煮了吃，味道很是鲜美。但番薯是不易储存的食物，挖的时候不小心挖破了，那块必然放不长久，要赶紧吃掉。其他的番薯，农人会连泥巴一起，摊开在地上存放。即使这样，番薯也容易发芽或长霉。于是人们选择把大部分番薯晒成番薯干或做成番薯片来保存，这也是江南“晒秋”最主要的内容之一。

番薯的品类很多，做番薯干的番薯，最好选红皮黄心的品种，甜度高、口感软糯。磐安农家还认为，番薯挖回来要放置一段时间“沉”一下，这样做出来的番薯干更甜。大约11月中旬左右，他们便将番薯洗净、蒸熟，然后切成条状，放太阳底下晾晒两天，再拿去蒸。如此反复三次，番薯干便制作完成。

番薯干切条的大小取决于刀工，也看个人喜好，晾晒的天数则看老天爷的心情，农家番薯干的制作并没有量化的固定流程。但这样做出来的番薯干总是特别甘甜软糯，是比其他零食更天然美味的存在。过去人们把番薯干做得干裂难咬，也是为了让它水分少，易存储。如今的番薯干则通常放在冰箱里储存，拿出来放凉或者蒸一下再吃都很美味。

当然，番薯片便不会有这样的担忧。番薯切片下锅油炸，熟透后捞出。一块块菱形的番薯片倒在竹筐里，脆得发出“噼里啪啦”的声音，同时散发出香气，无不显现着农家人的精致。与番薯干不同，番薯片关键在脆，咬一口，“咔哧”一声，耳朵比嘴巴先感受到它的酥脆美味。

从明朝末期到现在，番薯在这片土地上生长了四百多年，早变他乡作故乡。从番薯饭、番薯粥到番薯干、番薯片、烤红薯，磐安人变着花样地吃番薯。除却食物本身，早把它作为家的联结、过冬的仪式感。

这样的番薯，是记忆中的一片柔软，生活里的一味甘甜。（撰文/宋春晓）

干土豆片

干土豆片是磐安特色小吃，挑选大小均匀的土豆进行制作。经切片、晒、煮、晒制成的便于保存的干土豆片，食用时炸好撒盐即可，是天然健康的中式薯片。

原料： 土豆

配料： 油、盐

制作方法：

1. 土豆洗净，切成薄厚均匀的片，晒干至手掰即断。
2. 晒好的土豆片放进大锅煮，七分熟时起锅，而后一片片铺好，放在太阳光下均匀晾晒，晒干后封存在阴凉通风处待用。
3. 晒干土豆片下油锅炸好撒盐即可食用。

特点： 口感松脆，有浓郁的土豆香味，越嚼越香。

/ 延伸阅读 /

洋芋开花赛牡丹。

每年四五月份，磐安乡村的半山腰都会被白色和蓝紫色的小花点缀。花瓣薄薄的，花色淡淡的，不抢眼，却是这个时节刚刚好的色彩。这就是洋芋花。洋芋花的花期很短，仅一月左右，在完成授粉任务后，洋芋花就逐渐枯萎，香消玉殒。而埋藏在土里的洋芋则开始了生命的征程，一天天长大。当种洋芋的土地上出现一道道裂痕时，即预示着到了洋芋丰收的季节。

磐安人喜欢管土豆叫洋芋。洋芋的吃法比较多，最具时令特色的做法是洋芋笋干腊肉煲。腊肉是经年的美味，笋干是之前晒好的，也可以用当季的鲜笋代替，而洋芋确是无可替代的新鲜产出。如果想四时都能方便地吃到洋芋的鲜美，那么干土豆片就是独一无二的选择。

土豆收获的季节，全家老小都在地里忙活。一亩土地的产出远不止餐桌所需的供应量，多出的土豆也不用售卖，因为家家都有。于是土豆的储存问题就变得现实。擅长料理一日三餐的家庭主妇把心思花在如何储藏土豆上。她们会挑选一些个头大小相近、外表圆润的漂亮土豆拿来切片。片要切得薄厚均匀，这也是对巧妇刀工的考量。

切好的土豆片要进行晾晒。晒土豆片要提前看天，自然晒干，不经过任何工业环节。晾晒时间选择上午11点到下午3点，晒好的标准是用手掰，折断即脆。一般需要连续两三个晴天才能将土豆片一次性晒好，否则颜色就不好看。磐安人对美食的追求不止于口感，也注重颜值。

晒好的土豆片放进大锅煮，以完成最后一道工序。煮土豆片要把握好火候，一般是七分熟就起锅，而后将土豆片一片片铺好，再次放在太阳光下晒干，之后封存在阴凉通风处待用。晒干的土豆片可以有效延长保质期限，还可以做成各式各样的美味，美味小吃干土豆片就是大人小孩都爱的零嘴。

制作干土豆片过程很简单，就是把之前封存的晒干土豆片下油锅炸一下就好。吃的时候撒一点盐就成了最原生态的天然小吃。

干土豆片有着类似薯片的外观和色泽，却没有香、辣、麻的复杂味道，靠着天然纯净的“内在”成为磐安人延续了一代又一代的传统美食，老一辈人生活的缩影。（撰文 / 樊多多）

药膳类

以药食同源的中药材为配料，体现药乡特色的小吃。

元胡鸡蛋

元胡鸡蛋是磐安首批十六道药膳之一，具有健脾行气、通经止痛的功效，是磐安民间常见药膳小吃。

主料：鸡蛋

配料：元胡、白术、干姜、八角茴香、食盐、料酒、醋、水

制作方法：

1. 清水中倒入白醋搅拌均匀，放入鸡蛋浸泡半个小时。
2. 白术、元胡、干姜洗净与八角茴香、桂皮一起放入调料包中。
3. 在锅中加入水、调料包、鸡蛋、盐、料酒，大火烧开，去浮沫，转小火煮3个小时即可。

特点：具有健脾行气、通经止痛的功效。

/ 延伸阅读 /

作为家常食材，鸡蛋的食用方式非常多。水煮蛋、荷包蛋与水蒸蛋，这只是鸡蛋的独角戏，类似“单口相声”。而鸡蛋作为主角或者配角演绎出来的美食佳肴，更是俯拾皆是。作为磐安特有的药膳小吃，元胡鸡蛋属于饮食剧目中的“小众派”，但因为与药材合理配伍，具有食疗功效，成为“疼痛人群”食药同源的补益首选。

望文知意。元胡鸡蛋的主要食材是鸡蛋，主要药材是元胡。

元胡，又称延胡索，与白术、芍药、贝母、玄参并称“磐五味”，同属道地药材“浙八味”，为大宗常用中药。始载于《开宝本草》，性温，味辛苦，入心、脾、肝、肺经，是活血化瘀、行气止痛之妙品，尤以止痛之功效而著称于世。李时珍在《本草纲目》中归纳元胡有“活血，理气，止痛，通小便”四大功效，并推崇元胡“能行血中气滞，气中血滞，故专治一身上下诸痛”。

元胡鸡蛋，也是一剂磐安民间常用的药膳良方。以前农忙时，家中主要劳动力时有辛劳腰痛的症状，主妇就会用这道元胡鸡蛋来给一家之主进行食补和食疗。但要注意的是，元胡并非药食同源的中药，制作这道小吃需用元胡与其他药材配伍才可达到安全又有效的食疗目的。

作为2014年评出的磐安十六道药膳之一，元胡鸡蛋经浙江省中医药研究院等单位审核评定，有标准的药食配比和制作方法与流程。主料为鸡蛋20个，药材用元胡5克、白术50克、干姜22克，辅以八角茴香5克，用调料盐10克、料酒300克、醋250克、水2500克。

元胡鸡蛋作为药膳的配伍依据为：白术健脾益气，燥湿利水；元胡理气活血，化瘀止痛；干姜温中散寒，且能增强止痛之效；辅以鸡蛋食补之品，共奏健脾行气，通经止痛之功。八角茴香味辛，性温，有温阳散寒、理气止痛功效，可用于寒疝腹痛，肾虚腰痛，胃寒呕吐，脘腹冷痛等症。元胡鸡蛋具有健脾行气，通经止痛的功效，适合脾胃虚弱引起的脘腹胀满，体倦乏力人群，妇女血瘀痛经、闭经者可于经前适当食用。但要注意孕妇忌服；非血瘀痛经、闭经妇女月经期及前、后忌服；阴虚内热，津液亏耗，血热妄行者忌服。

元胡鸡蛋的制作方法简单，一个字——煮。先在清水中倒入白醋搅拌均匀，然后放入鸡蛋浸泡半个小时；白术、元胡、干姜洗净与八角茴香、桂皮一起放入调料包中。而后在锅中加入水、调料包、鸡蛋、盐、料酒用大火烧开，去浮沫，转小火煮3个小时即可。

药乡人民的智慧在于从长期的药材种植、加工历史中提取可用于日常生活的入口美味，将药材与食材通过水与火的共融，幻化为于身体有益的食养之方，防病、治病的中医哲学在烟火气里代代相传。（撰文/ 樊多多）

猴菇馒头

猴菇馒头是在市级非遗小吃方前馒头的基础上进行创新的药膳小吃。猴菇馒头制作时使用白药发酵，同时添加采用特殊方法提取的猴菇粉，既保证了馒头的香甜，又具有猴菇的养胃功效。

主料：小麦粉、白药、猴菇粉

制作方法：

1. 将白药发酵两次取得酵液。
2. 在小麦粉中加入猴菇粉、酵液后揉搓成光滑面团。
3. 面团分为合适的大小后上锅蒸熟。

特点：色泽淡黄，暄软有弹性，有养生护胃的功效。

/ 延伸阅读 /

方前小吃蓬勃与旺盛的生命力，源于方前人对于美食的一片热忱之心，也源于磐安这天然药乡输送的源源不断的灵感。药食同源的中药材与小吃相结合，成为近些年小吃创新的主题。猴菇馒头，便是在方前馒头的基础上做出了改良，让方前馒头美味、饱腹之余，又多了健康护胃的美名。

猴菇馒头的前期步骤，基本上和方前馒头一致，都需要将白药发酵两次取得酵液。“奢侈”一些，可以直接用酵液替代一部分水和面。但酵液取之不易，通常情况都是在面粉中加入酵液做成面浆，最后在和面的时候加入面浆来发酵。方前馒头变身猴菇馒头的步骤在于和面之时在面粉中加入一定比例的猴菇粉。

猴菇，又称为猴头菇，不仅是珍贵的食用菌，也有很好的药用效果。从中医的角度来看，猴菇味甘、性平，入脾、胃经，有滋补健身、助消化、利五脏、养脾胃的功效。但由于猴菇本身有一定特殊味道，如果直接用干燥猴菇磨成粉加入面粉之中，做出来的馒头也会带有这种味道。于是方前人就采用了特殊的方法提取猴菇粉，一百斤的猴菇能提取出来的粉不过五斤。这样一来，不仅做出来的馒头没有特殊气味，猴菇的营养价值也更能体现。

猴菇粉呈咖啡棕色，与面粉混合均匀后，揉出的面团也呈淡淡的黄棕色。面团醒发至两倍大，即可揉搓成长条，再切分出一个个小剂子。猴菇馒头有两种样式，或是将小剂子揉成圆形，也可以将长条面团用刀切成一个个小长方形。圆形馒头更精致，方形馒头包装更方便。

做好的猴菇馒头小巧可爱，掰开之后气孔均匀，暄软又有一定的弹性，无论是日常搭配菜肴还是养生搭配药膳汤，都很适宜。当然，面粉中也可以加入一些白糖，为猴菇馒头提供一丝清甜。这样即使不搭配任何佐菜，猴菇馒头也可以空口当成小点心吃。

对于药乡的小吃高手来说，将中药材与馒头相结合，自然不只有猴菇一种选择。若是在制作馒头时，用石斛汁替代一部分水，就可以制作出清香四溢的石斛馒头；在面团之中揉入黄精颗粒，做出来的就是黄精馒头。

小吃创新路漫漫，但磐安人已经找到了属于自己的方向。（撰文 / 刘林）

石斛面疙瘩

石斛是浙产道地药材“新浙八味”，也是“新磐五味”中的一种。磐安创新药膳石斛面疙瘩，将鲜石斛汁加入面粉制成的面疙瘩，色泽清丽，口感劲道，益胃生津。

主料： 面粉、鲜石斛

配料： 水

制作方法：

1. 面粉加水调成糊状物备用。
2. 鲜石斛用破壁机器打成汁后过滤。
3. 将石斛汁加入面糊中搅拌均匀。
4. 起锅烧水，水开后用勺子将调好的面糊一点点加入沸水中。
5. 煮沸定型后即可出锅。

特点： 色泽翠绿，形似小鱼，口味清香，口感有嚼劲，健康养生。

/ 延伸阅读 /

面疙瘩是一种非常常见的面食，面疙瘩的起源，相传和明太祖朱元璋有关。

据说，朱元璋在四处征战时，一日在山中迷路，和大部队失去了联络。不巧，天上又下起了大雨，把朱元璋淋成了落汤鸡。他又累又饿，走了很长时间，终于找到了山中一户农家，于是便前往讨要吃食。屋主见来人浑身湿透，面如菜色，顿生同情心，可是家徒四壁，便拿出仅剩的一点面粉倒入碗里，边倒水边用筷子搅拌调成糊，下到开水锅里，又加了几颗青菜，端给朱元璋吃。这时的朱元璋已经饿得前胸贴后背了，便觉得这菜比山珍海味还好吃，便问屋主人："这叫什么名字？"屋主人说："家里没东西了，我随便做的。"朱元璋说："这是面粉做的疙瘩块，就叫面疙瘩吧。"面疙瘩由此得名。

面疙瘩制作简单，在许多地方都能见到。不过在作为"中药材之乡"的磐安，面疙瘩的形象却有了新的变化，当地餐厅会在其中加入石斛汁，做成石斛面疙瘩，让这道小吃在美味之余又多了几分健康。

制作石斛面疙瘩，要先把面粉放入大碗里，用清水拌匀，调成糊状物。然后，鲜石斛加水，用破壁机打成石斛汁。将石斛汁加入面糊之中搅拌均匀，做成一碗石斛面糊。锅中水烧开之后，倾斜着碗，用勺子将面糊一一剔成条状，顺势下到开水锅里，直到面糊全部下锅为止。再用饭勺搅拌匀和，面疙瘩煮沸定型之后，即可出锅。煮熟的面疙瘩浑身翠绿，像一条条小鱼，散发出淡淡的石斛清香。当然，这样的面疙瘩是没有味道的，还需要进一步的烹饪加工。

简单的吃法，准备一个西红柿和一个鸡蛋，西红柿炒出汁之后加水，烧开之后加入鸡蛋和面疙瘩，再加佐料调味，就是一碗美味的西红柿面疙瘩汤。翠绿的面疙瘩，红色的西红柿，浸泡在淡黄色的蛋花汤中，颜色鲜艳，引人食欲大增。讲究一点的，可以准备虾仁、火腿、大虾、香菇等山珍海味，制作海鲜面疙瘩或者火腿面疙瘩，又是一番风味。

石斛是磐安的地产药材，也是新"磐五味"之一，具有益胃生津、滋阴清热的作用，还可以提高免疫力。随着人们生活水平的提高，食物早已不仅仅是为了果腹，更是要吃出健康，吃出美丽。石斛面疙瘩，就是在传统面疙瘩的基础上，衍生出的一款健康养生小吃。（撰文 / 林浩）

石斛糕

石斛是药食同源的中药材，磐安人将其与糕点的创新结合，以石斛汁代水制成蛋糕卷，口感清香，易消化。除了石斛糕，石斛酥、石斛酒、石斛花茶、石斛面等产品也纷纷脱颖而出，体现了中药材食养、中药生活化的现代特色。

主料： 低筋面粉、鲜石斛、鸡蛋

配料： 水、糖粉、玉米油

制作方法：

1. 鲜石斛用破壁机打成汁。
2. 低筋面粉过筛后，加入蛋黄、石斛汁、玉米油和糖粉搅拌均匀，制作成蛋黄糊。
3. 将蛋白打发，中间分三次加入糖粉。
4. 先取三分之一蛋白糊倒入蛋黄糊中，翻拌均匀后，将蛋黄糊倒入剩余的蛋白糊中，翻拌均匀。
5. 蛋糕糊倒入模具中，用烤箱烤熟后即可食用。

特点： 色泽嫩绿，口感香甜，带有石斛的清香。

石斛糕

石斛汁

/ 延伸阅读 /

石斛，最初只生长在悬崖峭壁之上，因为疗效显著，被称为我国“九大仙草”之一。如今，石斛早已从悬崖峭壁飞入了寻常百姓家，人们对于石斛食品的开发也是花样百出。磐安自然环境优越，非常适合石斛的生长，冷水镇的铁皮石斛基地，除了有丰富多样的石斛景观，各种石斛制作的美食也让人垂涎欲滴、心向往之。石斛糕就是众多石斛美食中的一种。

石斛糕，制作方法跟蛋糕基本一致，只是用石斛汁代替了水。制作时，将新鲜的铁皮石斛枝叶放入破壁机中，加水打成汁备用。值得一说的是，鲜榨的石斛汁，不需要加热，就可以直接饮用，还可以加入蜂蜜进行调味。

石斛汁准备好后，就开始下一步操作，将蛋黄和蛋清分离，蛋黄用打蛋器打成糊状，加入石斛汁和过筛后的低筋面粉，再加入玉米油和糖粉，充分搅拌，直到没有颗粒。

蛋黄糊做好之后，就可以来打发蛋清了。往蛋清中滴几滴柠檬或白醋去除蛋腥，再使用打蛋器从低速开始打，速度逐渐加快，分三次将剩余的糖粉加入其中，直到蛋清彻底打发，呈现固化形态为止。固化形态的特征是打蛋器的头拉起时，可以拉出短小直立的小尖角。

取三分之一打发的蛋白，加入到蛋黄糊当中。将蛋白和蛋黄糊翻拌均匀，不可以搅拌，否则会消泡，导致失败。拌匀后，把整个蛋黄糊倒入剩余的蛋白中，继续采用翻拌的手法拌匀。

在蛋糕模具中刷一些玉米油，把拌匀的蛋糕糊倒入模具中，往下震动两下，就可以放入烤箱中烘烤了。烘烤的时间和温度根据蛋糕糊的分量和烤箱的大小有所不同，可以根据自家烤箱的特性灵活掌握。

烤好的石斛糕色泽嫩绿，除了有蛋糕的口感之外，还带着石斛的清香。如果家中备有石斛粉，也可以用石斛粉替代低筋面粉，用牛奶替代石斛汁，这样做出来的蛋糕石斛含量更多，口感也更加与众不同。

近年来，磐安大力发展药膳产业，石斛是其中的主要角色之一。石斛本身营养价值不菲，中医认为，石斛味甘，可以益胃生津、滋阴清热、强壮筋骨、提高免疫力，而且老少皆宜，没有特定的禁忌人群。因此，人们又将其称为不死草、还魂草等，足见其深受人们青睐。

除了石斛糕，石斛酥、石斛酒、石斛花茶、石斛面等产品也纷纷脱颖而出，构建起了庞大的“石斛王国”。在不久的将来，或许还可以见到全石斛宴的场景。“来磐安，品石斛”也将成为磐安小吃之旅的亮点之一。（撰文 / 林浩）

灵芝小米酥

灵芝是药食同源的中药材，也是“新浙八味”“新磐五味”之一。使用灵芝提取物制成的小米酥，具有一定的季节性，通常在冬天制作，是磐安独有的小吃新贵。

主料：小米、灵芝提取物

配料：白砂糖、麦芽糖、黑芝麻

制作方法：

1. 小米浸泡一段时间。
2. 白糖与麦芽糖按照比例混合熬煮糖水，将小米倒入其中。
3. 加入黑芝麻一同翻炒搅拌，直到炒制均匀。
4. 小米炒熟后将米团放入模具中，撒入灵芝提取物，用擀面杖压平，再趁热切成长条块状。

特点：外表金黄，口感酥脆，口味香甜，有小米香与芝麻香。

/ 延伸阅读 /

小米酥在全国各地都很常见，是一款以小米、白砂糖、麦芽糖为主料的经典小吃。经典小吃在磐安生根，发出的枝芽定然与磐安本土的特色一脉相承。在继承过往小米酥制作方法的基础上，心灵手巧的磐安人在小米酥中加入了药食同源的中药材，让这道小吃散发出了养生的魅力。

小米酥选用的是优质的生态小米。小米，就是“粟”，在我国栽培历史极为悠久，古诗中“春种一粒粟”的“粟”，讲的便是它。它不仅能饱腹，还有和中、益肾、除热、解毒等功效。因为生长环境优越，生态小米口感好，营养成分也保留得更多。磐安人创新加入的中药材，实则是灵芝的提取物，能让小米酥更有清热、消渴、健脾、和胃的功效。

制作时，先将小米浸泡一段时间，直至手指可以轻易碾碎的程度。下一步，就是熬制糖浆。白糖与麦芽糖按照一定比例混合，倒入锅中，小火慢慢熬化后，再转为大火熬至黏稠拉丝。随后，将泡好的小米倒入糖浆之中，撒入黑芝麻，一同翻炒搅拌。直到糖浆均匀地裹在了每一粒小米上，黑芝麻也均匀地分布在了米团中，再将米团放入长方形的模具之中。紧接着，立刻用擀面杖将米团压平、压实，再撒入灵芝提取物，趁热切成长条块状。等到糖浆彻底冷却，小米酥就可以食用了。

做好的小米酥外表金黄，口感酥脆，小米香中夹杂着芝麻香，十分香甜可口。除却黑芝麻，小米酥也可以加入核桃仁、花生等其他坚果丰富口味。

小米酥和冻米糖等农家糖的外形和制作工艺如出一辙，因为糖浆温度高的时候易融化，夏天不好保存，因此小米酥也如同农家糖一样，通常要入冬之后才会开始制作。这也让小米酥自然而然成了过年必备的零食之一。

密封包装起来的小米酥，能放置很长一段时间，可以放在家里慢慢品尝，也可以拿来送给亲朋好友。如今加入了药食同源养生理念的小米酥，再被送出去，也多了几分希望对方能够健健康康的美好寓意。（撰文 / 刘林）

桃酥

桃酥据传为唐朝时的陶工在面粉中加入桃仁以辅助治疗咳嗽偶然制得。为适应人们的健康需求，磐安人加入药食同源的中药材制作桃酥，如黄精桃酥、石斛桃酥等，是磐安的特色药膳小吃。

主料：

黄精桃酥：黄精粉、水、面粉

石斛桃酥：石斛粉、水、面粉

配料：猪油、鸡蛋、细砂糖

制作方法：

1. 黄精或者石斛去除杂质，根据特性完成处理工序后打磨成粉，加入猪油、鸡蛋、细砂糖、面粉搅拌均匀。
2. 将面团分成合适的小剂子，搓成球形后压扁，做出桃酥形状。
3. 烤 15 分钟左右即可。

特点：入口即化，香酥可口，富有营养价值。

/延伸阅读/

酥，跳脱出最基础的味觉，是人们对食物额外的一种体验，逐渐成了一些面食小点的称呼。这种点心不需要复杂的手艺，一点面，一杯水，少许糖，却能变换出浩繁的品种。如今这种点心有了新做法，在磐安，和中药材一起。

中药材，总是给人一种苦如忠言的印象。可是在磐安，中药材给他们带来的却是明亮的生活，对于磐安人来说，中药材应当是彩色的、鲜甜的。为了表达这份敬慕之情，他们把明亮的中药材揉进了小小的桃酥里，改变了人们对中药苦口的刻板印象，也拓宽了药膳的边界。

黄精桃酥

生黄精除去杂质，手工洗刷干净后九蒸九晒，此时的黄精已经变成棕黑色，闻起来略有些焦香味，但中心仍然柔软。将其切成片，而后搅打成粉末备用。

细砂糖加入鸡蛋，搅打均匀后加入一小块猪油搅拌。其他风味的油也可以，但是做出来没有动物油脂那种独特的香气。搅拌均匀后加入黄精粉、面粉和水，揉成面团，醒发备用。醒发完成的面团偏褐色，散发出一种特别的香味。

将面团分成合适的小剂子，搓成球型后压扁，再在中心压出更深一些的凹陷，表面均匀撒上芝麻后即可进入烤箱。

不需等待很久，十五分钟即可。原本褐色的面团在热气的作用下颜色更深了些，桃酥表面裂开深浅不一的花纹，和嵌在表面的芝麻形成小小的画。桃酥入口就化成小小的碎粒，轻轻一抿就化了，其中裹着的面香、芝麻香是一层，黄精的清香味是另一层，逐渐蔓延开来。

石斛桃酥

石斛喜欢生长在温暖、潮湿、半阴半阳的环境中，也是磐安当地的中药材名片之一。于是石斛也和黄精一样，被掺进了小小的桃酥里。

采石斛，清洗干净后去根头，在酒中浸泡一夜。隔天漉出，将其置于无烟火上烘烤，再放入酒内淬制，取出再烤再淬，直至石斛吸干定量的酒，表面呈金黄色。最后慢慢用小火焙干，磨成粉末即可。

其余的步骤和制作黄精桃酥无二。刚刚出锅的石斛桃酥和黄精桃酥相比颜色淡了一些，外面一层是被烘烤出来的金黄色，里面却带着些淡淡的绿。冷却后用手轻轻一摁，石斛桃酥就碎成了几块，其中幽幽的石斛香味散发出来。

桃酥自砖红色的宫墙走进低矮的民间屋檐下，曾经红极一时，却又在现代因为高油、高糖而让人望而却步。如今在磐安人的奇思妙想下，桃酥又有了新的融合和界定，让害怕的人不再害怕，让喜欢的人更喜欢。

白案江湖，在磐安，愈加精彩纷呈。（撰文/温瑶瑶）

佐餐类

佐餐下饭类的小吃。

泡鲞

泡鲞的名称源于方言，“泡”有油炸之意，“鲞”即为腌制风干的海鲜，一般为黄鱼干或带鱼干。泡鲞以海鲜为主料，外裹面糊油炸而成，原为台州小吃，传入磐安后经改良、创新，成为磐安特色小吃。

主料：面粉、鸡蛋

配料：带鱼干、啤酒、胡萝卜、葱花、虾米等

制作方法：

1. 面粉中加入鸡蛋、菜籽油、盐、胡椒粉等调制面糊。
2. 等待面糊发酵，改良后会加入啤酒，大大缩减发酵时间。
3. 过去用带鱼干做鲞，再用鲞挂面糊，现在可以根据自己的喜好在面糊中加入佐料，不用再挂糊。
4. 将适量面糊拨入油锅中，炸至金黄即可出锅。

特点：色泽金黄，外形圆润，面衣脆，内馅韧，口感丰富，滋味鲜美，有吉祥喜庆的美好寓意。

/ 延伸阅读 /

磐安制作泡鲞最地道的店家，在盘峰乡溪下路村。店主早年在仙居闯荡，因此他家的泡鲞在原来的基础上，又做了改良与创新。

制作泡鲞，至关重要的一步就是制作面糊。面糊的浓稠度决定了泡鲞入口的第一道滋味，一般来说是一斤面粉配上八个鸡蛋，再加入菜籽油或茶油以及盐、胡椒粉等调料。而后关键的一步便是将搅拌均匀的面糊静置发酵，发酵的时长一方面取决于天气，夏日3—5小时不等，冬季则要半日以上。农家人的智慧常常在小吃的制作中体现——想要快速吃上泡鲞，只需要在面糊中加入一些啤酒即可。啤酒中的气泡，足以让面糊下锅后膨胀起来。

传统的泡鲞，在面糊发酵完毕后，需要给鲞挂糊。挂糊一般左手拿勺，右手拿筷子，先用勺子舀上一勺面糊，将鲞放置其中，再用筷子挑起一筷面糊将鲞盖住。因为面糊中加了鸡蛋，颇有黏性，所以还要用筷子再绕着勺子转几圈将面糊裹得均匀些，直至鲞被裹成一个“小面团”模样。接着，就得用筷子将勺子里挂好糊的鲞拨入油锅中。从挂糊到下锅，熟练的人几秒钟便能搞定一个，如此反复，不一会儿，锅内就满是“小面团”了。改良后的泡鲞，则是在发酵完毕的面糊中加入虾米、胡萝卜丁、葱花等配菜搅拌均匀，勺子舀上面糊，用筷子拨弄下油锅。

炸泡鲞的油温也非常讲究，在下锅时，油温要烧至六成。待所有“小面团”都下锅后，则要把火关小，将油温降低至三成慢慢炸。直到泡鲞渐渐膨胀起了身姿，颜色也由原本的淡黄变成了富有光泽的金黄色，再把油温升到六成，用大火将面团内部的油逼出，这样泡鲞才会不油腻。整个过程，传统泡鲞需要20分钟，而改良后的泡鲞，十多分钟足矣。

炸好的泡鲞，外表金黄，个个都挺着圆鼓鼓的肚皮，看上去十分讨喜。传统的泡鲞，咬下一口，先是面衣的脆，而后是鲞的韧。蛋香与海鲜香混合，十分可口。改良后的泡鲞，滋味也不遑多让。虾米提供了足够的咸鲜，又有胡萝卜的清香，以及时不时冒头的葱香，味道十分丰富。

泡鲞味道鲜美，圆滚滚凑在一起的样子又十分喜庆。在过往，每逢红白喜事、乔迁迎宾，餐桌上总是少不了泡鲞的身影。因此，这泡鲞也是“吉祥喜庆”的代名词。宴席上，你一块，我一块，这份喜庆，也跟着分到了每个人的身上。（撰文 / 刘林）

菜卤豆腐

菜卤豆腐是磐安县的传统名菜，也是玉山一带的地道农家菜，菜卤在当地被称为“博士菜”。菜卤豆腐以磐安特有的菜卤头子为主料，混合农家盐卤豆腐、土腊肉，用砂锅炖煮而成，香味醇厚，味道浓郁。

主料：盐卤豆腐、菜卤头子、土腊肉
配料：生姜、黄酒
制作方法：
1. 九头芥连根带叶腌制 20 天左右。
2. 腌制完成后，叶子晒干做成霉干菜；根部加入卤水煮制，大火烧熟，再改文火慢炖 4 个小时；熄火后再焖 12 个小时，起锅、晒干，即为菜卤头子。
3. 取一小块菜卤头子，佐以盐卤豆腐以及霉干菜、腊肉等炖煮。

特点：菜卤香味醇厚，豆腐鲜美可口，汤汁味道浓郁。

/ 延伸阅读 /

菜卤豆腐的烹饪手法，完全符合中国的老话“大道至简”。只是几乎所有“简”字的背后，都包含了不为人知的“繁”。菜卤豆腐的“繁”在于三种主料的制作。其中最“繁”的，当属菜卤头子。

菜卤头子是磐安当地的叫法，是一种和霉干菜类似的干货。其颜色黢黑，形如枯枝，散发着醇厚的香气。据村民介绍，玉山一带是菜卤头子的发源地。制作菜卤的原料只有一种，叫九头芥。九头芥味道清苦，却是做霉干菜、腌菜以及菜卤最好的原材料，且九头芥耐寒，在南方冬天最寒冷的时候，也不会被冻坏。在乡下，几乎人人家里都会种九头芥，

九头芥割回家后，要放个2—3天，有点发黄之后再着手腌制。九头芥连头带叶整根腌制，腌制时长大概为20天，若是天气热，则会缩短腌制时间。腌好后，将九头芥根部与叶子切开。卤好的叶子一般会晒干，拿去做成霉干菜。而根部则会加入腌制的卤水煮制，先是大火烧熟，再改文火慢炖4个小时，熄火后再焖12个小时，起锅、晒干，菜卤头子就做好了。

这样做出来的菜卤头子，颜色黢黑，香味格外浓郁。要是谁家晒了菜卤头子，十几米开外就能闻到香味，更别说存放菜卤头子的屋子了，几乎是长年弥漫着清香。这香味不同于普通的菜香，经高温炖煮和阳光晾晒后的菜卤头子，有着格外清冽甘爽的醇香。若是保存的时候密封得好，多年后拿出来，菜卤头子的香味依旧。也许这就是农人迷恋“蒸”和“晒”这种最原始的烹饪工艺的原因。

磐安人做菜卤头子，是很有耐心的。九头芥慢慢长，腌菜慢慢等，菜卤慢慢煮、慢慢晒，做好的菜卤头子也可以慢慢吃。急不来，也不用急。正是这漫长的制作过程使它耐得住时间的“软磨硬泡”，做好的菜卤头子，存放七八年，也不会变质。

如同霉干菜与肉是最佳拍档，磐安人喜欢把菜卤头子、腊肉和农家盐卤豆腐放一块炖煮。“炖”的烹饪手法，能让菜卤头子和腊肉储存好的能量在清水中慢慢释放，然后通过盐卤豆腐上小小的气孔，将这种醇厚的滋味融合到清透的豆腐中。豆腐的鲜美，融合菜卤头子、腊肉的醇香，让这道菜卤豆腐兼具清爽与醇厚的口感。

用这样复杂的工序，换得一道美味，是刻意为之，也是无奈之举。南方山区最冷的时候，地里的青菜、萝卜都被冻坏了，只剩下味道清苦难以入口的九头芥。而来年春天的野菜蔬果还遥遥无期。这时候，怎么挨过漫长的寒冬成了眼下最大的问题。于是菜卤头子成了磐安人过冬的办法。这种能存放七八年的干货，炖煮开来，还保留有鲜蔬菜的芳香。过去在学校寄宿的孩子，也是吃菜卤头子长大的，因此磐安人也叫它“博士菜”。吃着菜卤长大的乡下孩子虽没能个个成为博士，但这份淳朴的愿望总令人动容。

于是菜卤豆腐有时候也是一种预兆和寄托：吃着吃着，春天就来了。（撰文 / 宋春晓）

苦麻皮

苦麻皮，即苦麻菜秆上的外皮，要用敲打的方式将外皮从茎秆上取下来。炒苦麻皮是流传在玉山一带的小吃，可作为小菜配粥或饭，也可卷在玉米饼、荞麦饼等粗粮饼里食用，风味独特。

主料：苦麻皮

配料：腊肉丁、胡萝卜丁、盐等

制作方法：

1. 敲打苦麻菜秆直至苦麻皮脱落，再用小刀去除苦麻皮上老化坚硬的部分。
2. 苦麻皮焯水五六分钟，去除苦味。
3. 油烧热，放入苦麻皮、腊肉丁翻炒一两分钟即可出锅。

特点：口感脆、韧，入口有微微苦味，回味甘甜，有清香。

/ 延伸阅读 /

磐安人能吃苦，这话倒是有些双关之意。一方面，这表现了山城人民对过往艰苦生活坚韧不妥协的态度；另一方面，便是字面意义上的“吃苦”了——玉山一带，流传着一种名叫苦麻皮的小吃，以苦麻菜菜秆的外皮制作而成。

苦麻菜学名为苦苣菜，菊科，苦苣菜属，是一种生命力极其旺盛的植物，在原先被看作“杂草”。后来心细的玉山农家人发现，无论什么生长环境与季节，这“杂草”总能坚守住几片绿叶。在过往缺粮缺菜的日子里，苦麻菜自然也成了饭桌上的常客。

要吃到苦麻皮，是需要等待的，得先把苦麻菜叶吃光了再说。四月份是种植苦麻菜的好时机，几天之后种子便能抽出绿芽。六月份，鲜嫩的苦麻菜叶就开始长出来了。等到有六片叶片以上或是茎秆有十厘米之时，苦麻菜叶就能够采摘了。吃法也很简单，菜叶焯水，入锅清炒即可。苦麻菜叶入口之时有些微苦，但是嚼上个两三下就会有一股甘甜返上来，还有一股绿叶植物独有的清香。苦麻菜叶颇有些像韭菜，摘了一茬，只需要等上个十天半个月，还会再长出来。如是，从六月初一路吃到九月初，这苦麻菜秆长至不能再长，留下的苦麻菜叶也开始变老之时，就是吃苦麻皮的时机了。

做苦麻皮，有些麻烦的是前期的准备工作。九月初的苦麻菜秆已经十分“顽固”，要想把皮从它身上扒下来，少不了一顿敲打——用木棍对着苦麻菜秆从头敲到尾，直至苦麻皮脱落。因为苦麻菜秆是一节一节生长出来的，看起来有些像莴笋的外皮，少不了一些坑坑洼洼，所以还需要用小刀将外皮上有些老化的坚硬部位一一去除，最后再放在清水中冲洗干净。所以，每到这个季节，不少玉山人家门口最为常见的场景，就是一个大水盆放在中间，周边是一小堆苦麻菜秆，两三口人一人一个小马扎共同处理苦麻皮。毕竟，人多，效率才高。

处理好的苦麻皮焯水五六分钟，就能将苦味去除个大半。随后锅内放油，先放入一些腊肉丁煸出香味，再将切成萝卜丁大小的苦麻皮倒入锅中一同翻炒，一两分钟后即可出锅。炒好的苦麻皮，口感脆中有韧劲，菜皮的清爽中和了腊肉的荤香，淡淡的苦味让人更加珍惜咀嚼后的甘甜，无论是早餐配粥还是晚餐下饭，都很适合。此外，玉山人还会将苦麻皮当成小菜，卷在麦窝里一起吃。

带苦味的食物向来有清心败火之功效。盛夏，一碟苦麻菜，消一消夏日里的暑气；金秋，炒上一碗苦麻皮，去一去秋日里的燥热。一株苦麻皮的使命，从原先的充饥到如今变成了养生。玉山人还在吃“苦”，但日子却早就不苦了。（撰文 / 刘林 宋春晓）

萝卜干

萝卜干是一种经典的腌制食品，在中国及许多亚洲国家的饮食文化中占据着重要地位。制作萝卜干主要有晾晒和腌制两个步骤，食用时可加入蒜末和葱炒制，而加入红曲炒制的萝卜干则是磐安的一大特色。

主料：白萝卜

配料：

酒糟萝卜干：红曲酒酒糟、盐

白萝卜干：盐

制作方法：

1. 萝卜不去皮，切成块状或条状晾晒风干。
2. 风干后，加盐或酒糟，搅拌均匀后密封腌制。

特点：口感爽脆弹牙，口味上，白萝卜干酸辣回甘，酒糟萝卜多添一份酒糟的醇香。

酒糟萝卜干

白萝卜干

/ 延伸阅读 /

在磐安，随意选择一家餐馆点上几个小菜，坐等吃食的空档，总能发现餐桌上有着一碟其貌不扬的小菜，或是红色，或是白色。任凭时间流逝，“物”转“菜”移，这小菜始终都能坚守自己的阵地。这就是磐安的萝卜干。

磐安萝卜干的制作主要有晾晒和腌制两个步骤，目的都是让萝卜在保持本味的基础上保存得更久。首先，萝卜不去皮，以保持其脆爽和韧劲，切成容易入口的条状之后开始晾晒。晾晒的时间需要根据萝卜的大小和天气调整，一般来说，手臂粗细的萝卜需要5天左右的晾晒。晒至九成干后，就可以进行下一步加工了——抹盐。先抹一点盐，喜欢吃酒糟的还可以从里到外均匀抹上新做的酒剩下的红曲酒糟，然后将其密封在罐子里。或抹一点盐上锅蒸，蒸完再进行晾晒，然后密封，这样加工的萝卜干相比前一种颜色会更红一些，口感会更软一些，口味会更甜一些。

红酒曲的酒糟是萝卜干的点睛之笔。每年的九、十月份，在新米收上来之后，为了更好、更久地发挥新米的香味，一批新米会被选来制酒。制出的酒封坛装好，等待再次开启用于招待客人的那天，于是就剩下了酒糟。萝卜的历程也是如此，秋天收获后除了自家吃的，总有许多萝卜被剩下。富有智慧而节俭的先祖们不忍放弃它们，于是将其凑在一起，在酒糟与萝卜的碰撞中，这种便于携带、食用时间长、脆爽可口的萝卜干就生成了。

萝卜干吃法众多并且简单易做。一是加入大蒜末和葱简单地炒制。白萝卜干炒制后散发出独属于萝卜的香气，咀嚼的声音让人能轻易感受到它的清脆与爽口；加入了红曲酒糟的萝卜干像海绵一样吸收了酒糟的醇香，在热火上走过一遭之后，红曲的风味被完全激发出来。另一种就是凉拌或直接食用，事实上萝卜原本就是可以生吃的食物，经过晾晒和腌制后，少了辛辣，变得更加容易入口。直接食用的白萝卜干在酸酸辣辣中带着一股甜味，嘴巴无聊时甚至可以做零嘴；红曲酒糟腌制的萝卜则浸透了酒味，在夏天配粥吃或用于下酒再合适不过。

有一些食物，如孔老夫子所说的“不时不食”，就像应季而开的花，在短暂的花期中绽放精彩。而另一些食物，就像村口的老树，没有特别夺目的美丽，却能让人们感到源源不断的温暖。萝卜干，就是磐安人的“树”，陪着他们走过春夏秋冬。

过去和现在，萝卜干渗透进了磐安人的每一个生活场景。家常吃饭的餐桌上，有它；招待客人的酒席上，有它；劳动休息时享用午饭的田埂与山间，有它。可是如今，老一辈的人不方便做，年轻人又没有耐心做，只剩吃着萝卜干长大的这一辈中年人，还在坚守着当地的传统。（撰文/温瑶瑶）

炸蚕蛹

炸蚕蛹是磐安乡村桑蚕产业衍生的特色小吃，其营养价值丰富。炸好的蚕蛹色泽金黄，香气四溢，具有温补肾经、强壮筋骨、滋补脾胃等功效，对于肾阳虚、腰膝酸软、手脚冰凉、容易疲劳以及脾经、胃经虚弱的人群有一定的益处。

主料： 蚕蛹、油

配料： 椒盐

制作方法：

1. 在蚕吐丝结茧后的四五天内，将茧剪开，拿出蚕蛹。
2. 活蚕蛹洗净沥干水分直接放入油锅中，炸成金黄后捞出。
3. 出锅后撒上椒盐调味。

特点： 色泽金黄，表皮酥脆，内里香甜，入口香气四溢，口感饱满。

/延伸阅读/

种桑、养蚕自古便是中国农家日常生产中重要的一部分，许多文人墨客都曾从不同角度观察描写农家养蚕的情景。李白写过：“及此桑叶绿，春蚕起中闺。”这描写了清新恬淡的桑园风光，表达了农家繁忙却轻松悠闲的劳动心情。

小章村，位于磐安县南端，自20世纪80年代便开始种植桑树，推广格蔟养蚕技术。小章村全村有一大半人家从事蚕桑行业，已然成为磐安县蚕桑生产第一大村。在研究小吃上，小章村“当仁不让”就地取材，将目光转向了蚕。

蚕在吐丝结茧后的四五天内，便会成蛹。若是提前将茧剪开，就能看到一个个嫩软的蚕蛹。食用蚕蛹看似当代人的“勇敢之举”，但中医本草典籍里，早有对于用炒食、煎汤或研末等方法烹饪蚕蛹后的功效记载。《本草纲目》中记载：“为末饮服，治小儿疳瘦，长肌，退热，除蛔虫；煎汁饮，止消渴。”《泉州本草》也说：“蚕蛹治小儿疳积：蚕蛹炒熟，调蜜吃。”

抛却其药用价值，蚕蛹本身也早在1400多年前得到过古人的青睐，以蚕蛹为原料的菜肴并不少见。小章村的炸蚕蛹，在磐安其他地方都是难以寻觅到的一道美食。

炸蚕蛹做法非常简单，活蚕蛹洗净，沥干水分直接放入油锅中，等到蚕蛹被炸成金黄色即可捞出，将油沥干后再装盘。整个过程中，需要注意的唯有火候和时间。油温要维持在七成热，油炸的时间也不能过久，否则蚕蛹容易炸煳。装盘后，只要在蚕蛹上撒上一层薄薄的椒盐调味即可。炸完的蚕蛹，色泽金黄，香气四溢，表皮酥脆而不硬，内部还保留了软嫩的口感，无论是当随口的小吃，还是下酒的小菜，都很合适。

除却种桑养蚕大村，小章村更为有名的或许还在于这里是中国第一位田园诗人——陶渊明后裔的聚居地，陶姓占全村总人口的90%。“欢然酌春酒，摘我园中蔬”，这或许便是陶渊明对小章村田园生活的礼赞。

千百年前的诗歌传诵至今，美食也一代一代沿袭。在小章村歇歇脚，享用上一盘炸蚕蛹，品尝到的不仅是桑里美味，还有诗里的那份悠然隐逸。（撰文/刘林云溪）

香菇酱

香菇酱选用优质香菇作为主要原料，完整保留了香菇的原始营养成分和风味。酱体酱香浓厚、菇香宜人、粒粒韧爽、多味俱全，不仅可以直接食用，还可以作为调味品用于拌饭、炒菜、蘸食等。

主料：香菇

配料：豆瓣酱、肉丁等

制作方法：

1. 洗净的香菇焯水，切成丁。
2. 香菇丁加豆瓣酱以及肉丁等配料，调味后炒熟。
3. 出锅密封保存。

特点：菇香浓厚，咸香可口，入口有嚼劲。

/延伸阅读/

磐安人吃香菇的历史已久，这一切都要从一个叫羊愔的人说起。

传说，羊愔是磐安县内羊氏的始祖。在朝堂历经波折后，他辞官幽居于皿川。一日，羊愔上山游玩时迷路，误入胜境。忽有一人出现，将其引入一洞，还命童子呈上“特产”，对羊愔说吃了这种食物可以成仙。羊愔原本就因迷路饿乏交加，听得这话，连声感谢将这些食物整盘吃下，只觉鲜美无比，浑身轻松。这食物就是香菇。后来羊愔顺利下山，再上山也只在山间寻找此物为食。就这样食菇二十余年后，羊愔在众山之间轻捷如风，来去如云。世人惊奇，羊愔食菇成仙的故事也开始流传。

从最开始的山间采撷到引菇入户，如今磐安的香菇生产方式由传统的家庭作坊转变为工厂生产，表现出规模化、专业化的特点。香菇种植业的发展推动了相关产业的发展，工业化生产的香菇酱、香菇脆片等产品应运而生。

而在磐安人心里，最吸引人的应该是小时候家里那一勺鲜香的香菇酱。

香菇新鲜的时候，是最收敛和低调的。菌棒上裹着保鲜膜以保持里面的小环境，让密密麻麻的香菇得以长出。香菇从菌棒上摘下，伞盖上的绒毛也尚新鲜，还是点点的白色。

处理香菇，不能心急，首先要清洗。将香菇投入滚烫的热水中轻焯一下，热水流过伞盖表面的缝隙中，带走更深处的杂质和灰尘。刚断生的香菇还是直挺挺的，在凉水的冲洗中菇脚上残留的木屑和附着的灰尘被除去。

吸了水的香菇变得湿润润，便可以开始制作香菇酱了。将香菇切丁，准备好炒制香菇酱的调料。各家都有个不外传的秘方，最普遍的选择是豆瓣酱。起锅烧油，油温五成热时加入香辛料。香料在油锅中慢慢地翻滚，香气被激发出来，呈焦黄色之后即可捞出。

取一勺香料滚过的油，加入肉丁翻炒，待肉丁变色后加入香菇和豆瓣酱以及其他调味品炒制，如果嗜辣，还可以加入适量的辣椒。翻炒十分钟左右即可出锅。因为调料简单，不添加防腐剂，炒好的香菇酱保存时间不超过72小时，所以需要马上吃完，这是一种幸福的压力。

浓油赤酱的香菇酱，散发着香菇特殊的香气，可以搭配任何食物。香菇酱既可以搭配主食，小小的一碟自成一个小菜，给任何原本寡淡的主食增加色彩；也可以炒入菜里，咸、鲜、香的酱随着热度慢慢渗入其他肉或菜中，香菇粒则丰富了整道菜的口感。

对磐安人来说，家家户户灶台上摆着的香菇酱和盐、糖等调味料没有任何区别，是他们认识味道、认识食物的主要途径之一。人类与食用菌的相遇，造就一种美味，也创造出了两者之间不可割舍的连接。（撰文/温瑶瑶）

腊肠

磐安腊肠作为磐安传统食品的一种，其制作工艺独特、营养丰富。磐安腊肠外皮酥脆而不硬，内里软糯而不生，口感丰富多样，无论是蒸、煮、炒还是烤，都能将其独特的风味发挥得淋漓尽致。磐安腊肠在冬天制作而成，除了常规吃法，也可用于制作竹筒饭、铜罐饭，增添独特风味。

主料：肠衣、猪肉

配料：盐、糖、花椒、白酒等

制作方法：

1. 肠衣洗净并浸泡 30 分钟以上。
2. 猪肉去皮切成条，加入适量盐、白糖、高度白酒、花椒粉调味，腌制 3 小时左右。
3. 肠衣一头打结，将猪肉条均匀挤入，再按压紧实，每 5 厘米打一次结。
4. 腊肠挂在阴凉通风处阴干，半个月左右就可以食用。

特点：色泽红亮诱人，肉质紧实，油脂香丰富，咸鲜适中。

/ 延伸阅读 /

腊肠的起源已很难追溯，但不论是古籍还是民间的习俗都证明它是古老的美食。北魏贾思勰的《齐民要术》中就曾详细记载了腊肠的制作方法，寥寥数百字，便记下了千年前永恒的智慧。

每到腊月，磐安的许多人家也有制作腊肠的习惯。这是源于在物资贫乏的过往，人们希望最大程度地对抗时间对食物的腐蚀，延长肉的食用期，以帮助他们度过寒冬。屋檐下挂满砖红色的、紧实的腊肠，一节一节连续着，就像代表着吉祥和幸运的红绳，串联起人们对严冬的敬畏和来年的希冀。

制作腊肠前需要先将备好的肠衣洗净并浸泡 30 分钟以上，让肠衣充分泡开。猪肉以三分肥七分瘦为宜。用热水洗净后，将猪肉去皮，切成条状备用，而后加入适量盐、白糖、高度白酒、花椒粉来调味。白酒颇为重要，不仅可去腥，防止虫子停留、产卵，还能增加腊肉的醇香。也可根据个人的喜好加入生抽或生姜汁，拌匀后静置，待猪肉腌制入味。

腌制约 3 小时，便可以开始灌肠。取出泡好的肠衣，在末端打一个结，先将肠衣全部堆在灌肠器口，然后使用灌肠器一点点将猪肉均匀挤入即可。猪肉完全灌入后，用手再往里按压数次，以排出多余空气，让肉更紧实。灌好的腊肠每隔 5 厘米扎一次棉绳，全部扎好后再用牙签在肠衣上扎一些小孔，以便空气排出。这些工序完成后，便可将腊肉挂在阴凉通风处阴干，半个月左右就可以食用。

长久以来，腊肠的吃法已经积累得非常丰富。最朴素的吃法，便是将腊肠直接蒸熟，腊肠本身的香味最为单纯浓郁，配一碗白米饭就非常幸福。咬破肠衣可以感受它的脆弹，内在的猪肉经过沉淀，已然变得紧实劲道。淡淡的香甜和自然分泌的油脂，让每一粒米饭都沾染了香味。

磐安人还会将腊肠放入竹筒饭、铜罐饭，让它的香味更深地融入每一粒米饭。将腊肠盖在米饭上蒸熟作煲仔饭尤为常见，几乎是各大地域都有的美食，配上简单的时蔬，腊肠的醇香、米饭的清香和蔬菜的鲜香随着每一次热气的旋转悄悄融合，形成新的和谐旋律。蔬菜与腊肠简单翻炒也很可口，不论是荷兰豆、包菜、蒜薹还是土豆，都与之配合无间。正因如此，腊肠必然是年夜饭的主角之一。

如今，人们已经无须靠腊肠来解决温饱问题，但腊肠愈品愈香的味道已经深深融入人们的生活。腊肠也用它独特的美味，替人们书写内心对生活的享受和对幸福的追求。（撰文 / 刘林）

粥、汤、羹、酒、茶类

呈现为液体或流动状态的小吃。

芋头粥

芋头粥是一道以芋头为主要材料，结合米或其他食材，通过炖煮方法制作而成的粥品。在磐安县方前镇，芋头粥是新年第一天必吃的风味，而且要留到初二、初三才能吃完，寓意年年有余。

主料： 大米、芋头

配料： 排骨、豆腐、花生、红枣、红豆、猪耳等

制作方法：

1. 排骨焯水去腥，加盐、料酒等调料炒至断生，芋头炒制备用。
2. 大米熬煮成粥，再将各种食材下锅熬煮入味即可。

特点： 食材多样，滋味丰富。

/ 延伸阅读 /

在方前，每逢正月初一，农家人都有喝芋头粥的传统。做芋头粥，说简单也简单，无非就是食材下锅后，时间与柴火“双管齐下”，只需耐心等待，就能喝上一锅热乎乎的粥。但要说难，也确实有些讲究。这一锅芋头粥，从食材准备到制作过程，每一个步骤都饱含着丰厚又美好的寓意。

芋头粥的食材有大米、芋头、排骨、豆腐、花生、红枣、红豆等，若是这一年年前杀了猪，那定然还要再加一些切丝的猪耳朵进去。这些食材是方前人精心挑选的，涵盖了五谷杂粮、肉类、豆类等日常饮食中会吃到的各种食材，比八宝粥还要再丰富一些。方前人之所以要将一年里会吃到的食材煮在一锅，就是希望来年能有个好收成——这是鱼米之乡的人，最淳朴的渴望。

因为大年初一就要喝上，食材煮熟的时间也都不一样，所以通常在大年三十那天晚上就要开始准备。排骨要先焯水去腥，再加盐、料酒等调料炒至断生；芋头也要先下锅稍稍炒制一下，增加一些底味。芋头可以选用口感比较粉的大芋头，也可以选择比较黏糊一些的小芋艿。这两种芋头做出来的粥，一个更清爽，一个更为黏稠；而红豆这样难煮的食材，提前泡上水即可。

芋头粥最为有意思的地方还在于，粥要一户人家或是家族里有劳动能力，但年龄最小的男性来做。这是因方前农妇一年到头在厨房中忙里忙外，操持着整个家十分辛苦，由男性来做，便是有慰劳农妇的心思所在。加上过往农活等力气活偏多，男人多扮演着劳动力的角色。劳动力来做这一锅承载了“丰收”期望的粥，也算是双重祝福了。

方前人相互扶持、家庭和睦的智慧，从这一道芋头粥上就能够体现。也因此，做芋头粥，是不能小气的，要做上满满一大锅，将里面的福气分到家中的每一个人碗里。而且，正月初一这天，芋头粥还不能吃完，要在锅底留上一些，吃到初二、初三。这也有年年有余的寓意在其中。

芋头粥是咸口粥，但又因为加入了红枣，所以时不时会有一些甜味蹿出来。吃不惯的人会觉得十分奇怪，但是试想一下，这粥里不同食材提供的不同味道、不同口感，不正是生活丰富的滋味吗？

这或许也便是乔迁之时，方前人也要做上一大锅芋头粥的原因。房子不仅是建筑，更是家的空间；芋头粥也不仅是一道小吃，更是方前人想将生活越过越好的象征。（撰文 / 刘林）

腊八粥

在磐安，有农历十二月初八（俗称“腊八”）这一天，喝上一碗热腾腾的腊八粥的传统习俗。除了常见的甜口腊八粥，磐安人还会制作含有金华火腿、香菇干等配料的咸口腊八粥。

主料： 糯米

配料： 山药、红枣、葡萄干、桂圆、花生、莲子、核桃仁、鲜百合等

制作方法：

1. 黑糯米提前浸泡十几分钟。
2. 锅中加入黑糯米，大火煮开，再倒入花生、莲子、核桃仁、红枣、桂圆等，文火焖熟后再加入鲜百合，煮熟出锅即可。

特点： 食材丰富，口感黏糯，口味丰富。

/ 延伸阅读 /

每年农历十二月八日，是我国许多地方庆祝腊八节的日子。腊，有肉干的意思，通常在过年前制作，因此便用“腊月”指代十二月，腊月一来，这年就要到了。《风俗通·礼典》中有“腊者，接也，新故交接，故大祭以报功也”的记载，这里的“腊”意为新旧交接。无论何种说法，过腊八总归是透露着“辞旧迎新”的好寓意，因此民间也流传着“过了腊八就是年”的俗语。

在磐安，腊八粥的传说和佛教也有关。据传佛教创始人释迦牟尼在成佛前，游历印度时因饥饿昏倒，被一位牧女以杂粮野果混合的粥救活，这一天正好是十二月初八（即腊月八日）。后来，佛教徒为了纪念这一日子，便在每年腊月初八用香谷、果实等食材煮粥供佛，称为“腊八粥”。这一习俗逐渐在民间流传开来，形成了腊八节吃腊八粥的传统。腊八粥不仅承载着百姓对释迦牟尼成佛的纪念，也寓意着祈福、丰收和团圆。

从古至今，腊八粥的食材都较为多变，并不固定，一般包括谷类、豆类、干货这三大类。谷类一般有大米、糯米、小米、薏仁等；豆类有红豆、绿豆、豇豆、芸豆、白扁豆等；干货类有莲子、桂圆、红枣、葡萄干等。具体选用哪些食材，可根据自家口味而来。

在磐安，腊八粥的食材一般有黑糯米、山药、红枣、葡萄干、桂圆、花生、莲子、核桃仁、鲜百合等。在食材的选择上，鲜百合要选择兰州的甜百合，甜且不苦；红枣以新疆中等大小的为佳。制作时，黑糯米要提前用水浸泡十几分钟。食材下锅的顺序也有所讲究，先下黑糯米，大火烧开，之后倒入花生、莲子、核桃仁、红枣、桂圆等，用文火焖熟后，最后下入鲜百合，稍微熬煮一会儿即可。除了传统的甜口腊八粥，磐安还有将红枣一类有甜味的食材替换成金华火腿、香菇干等制作成咸口腊八粥的吃法。

磐安人日常挂在嘴边的八宝粥，实则便是腊八粥日常的称法。在寻常的日子里，以八宝粥身份出现的腊八粥，是磐安人餐桌上的常客，或是早餐佐食，或是因为其中食材都比较健康，多为药食同源之物，也成了日常养生护胃的一个好选择。而每至腊八节，磐安各个寺院的师父们一大早就已经准备好当天要施的腊八粥，将福气分给众人。磐安人家的厨房里，也早早就四溢着粥香。

喝腊八粥是过节，也是这一份冬日里的温暖与圆满。（撰文 / 刘林）

养生粥

养生粥是将一种或多种食材与白米或其他谷物同煮制成的粥，通过食材的互补作用，达到养生保健的功能。根据加入的食材不同，养生粥可以起到不同的养生作用，如补气健脾、养血安神、润肺清心等。作为“中国药材之乡”，磐安人吃粥的学问体现在“养生”二字里面。

主料：

小米粥：小米

黑米粥：黑米、粳米

南瓜粥：粳米或糯米

皮蛋瘦肉粥：粳米

配料：

小米粥：枸杞

南瓜粥：老南瓜

皮蛋瘦肉粥：皮蛋、肉丝

制作方法：

1. 主料用清水浸泡。
2. 谷物上锅加水熬煮，加入配料。
3. 中途经常搅拌，以防煳锅。
4. 煮至黏稠后出锅即可食用。

特点：容易吸收，营养丰富，老少皆宜。

小米粥

黑米粥

南瓜粥

皮蛋瘦肉粥

/ 延伸阅读 /

磐安小吃品类繁多，在品尝这些小吃时，粥是最佳的搭配，人们自然少不了在做一碗粥上下足功夫。

作为一个山区县，磐安最不缺的就是优质天然的食材。因此，磐安的粥也独有自己的味道，营养价值更加丰富，“养生粥”的名号实至名归。

小米粥

小米粥色泽金黄、清香扑鼻，营养价值丰富。将小米浸泡一个小时之后加水熬煮，等到汤汁黏稠时关火即可。小米中含有多种人体必需的营养成分，具有很高的营养价值。生活当中人们常用小米煮粥食用，非常好消化，而且能够有效地保护胃肠的健康。常喝小米粥，还可以健脾养胃、滋阴补血、安神明目。出锅的小米粥，撒上一些新鲜枸杞作为点缀，既能提升粥的颜值，还能发挥枸杞护眼明目的作用，养生价值一流。

黑米粥

黑米粥用黑米加上粳米，以 2:1 的比例加水熬煮而成。黑米又称长寿米、药米，营养价值很高，头晕、目眩、贫血病人经常食用，可以明显减轻症状。黑米粥也可以用作食疗，特别是对于一些腰膝酸软、四肢乏力的老人来说，效果更佳。

南瓜粥

南瓜粥的材料是本地产的老南瓜，加入粳米或者糯米熬煮。南瓜的选择是这款粥成功与否的关键。南瓜任其自然黄化，不能太老，也不能太嫩。要选择色泽金黄、甜度高的南瓜削皮之后与米一起熬煮，直到南瓜软烂，一碰即化为止。南瓜粥滋味香甜，健康价值不菲。中医认为，南瓜具有补中益气的功效，尤其适合营养不良的老人和儿童食用。

皮蛋瘦肉粥

皮蛋瘦肉粥在粥的世界里名头很大，应该属于“荤粥”的范畴。磐安人做皮蛋瘦肉粥的方法很不一般，一个皮蛋，两个咸蛋黄碾成粉，三四克瘦肉丁煸炒一下，然后加水和粳米一起熬煮，稍微加点盐，待汤汁黏稠之后，一碗皮蛋瘦肉粥便做好了。皮蛋又叫松花蛋，中医认为，皮蛋是凉性的，可以清热去火，适合火旺者食用。皮蛋还可以增进食欲，加速肠道蠕动，促进食物消化。

粥容易吸收，以粥养生已经成为大众的共识。品尝磐安小吃，搭配一碗养生粥，既能饱口福，又能促健康，何乐而不为？
（撰文 / 林浩）

鲜菌汤

磐安是中国香菇之乡，香菇是磐安人餐桌上最为常见的一种菌菇。鲜菌汤是以磐安香菇为主料，用高汤做汤底，搭配松茸、鸡枞菌、杏鲍菇、鹿茸菇等多种菌菇，熬制出的汤品。鲜菌汤营养丰富、味道鲜美，适合多种人群食用。

主料：香菇、松茸、鸡枞菌、鹿茸菇、杏鲍菇等

配料：猪筒骨（汤底）

制作方法：

1. 筒骨冷水下锅，加入葱姜去腥，煮开后将筒骨取出、洗净，放入高压锅中小火压制 1—2 小时，制作猪筒骨汤底。
2. 香菇、松茸、鸡枞菌、鹿茸菇、杏鲍菇等菌菇洗净。
3. 汤底盛至砂锅中，煮开后加入菌菇，等待菌菇熟透，加入一点盐调味，即可出锅。

特点：汤清澈，菌菇爽滑，入口唇齿留香，营养价值高，有日常补益的作用。

/ 延伸阅读 /

制作鲜菌汤的第一步是熬制高汤。高汤是烹饪中常用的辅助原料，通常以肉类为原料，长时间熬煮留下的汤水，用于替代水加入菜肴，有使汤品、菜肴味道更加浓郁的提鲜作用。鲜菌汤所用的高汤一般为猪筒骨熬制。筒骨冷水下锅，放生姜、葱结去腥。水开后将筒骨取出，洗去浮沫，再放入高压锅内，加水小火压制1—2个小时。整个过程中，不添加任何调味料，这样制作出来的汤底，保留了猪筒骨最原始的鲜香。

下一步，是菌菇的配备。鲜菌汤的主角磐安香菇，肉质肥厚、个体均匀、香气醇厚。另外几种菌菇，也各有千秋。松茸，是名贵的野生食用菌，香味浓郁持久；鸡枞菌，质细丝白，鲜甜香脆；鹿茸菇，形如幼小的鹿角，口感脆松适度；杏鲍菇，菌肉肥厚，质地脆嫩，虽常见，却有"草原的美味牛肝菌"之称。

烹饪时，将汤底盛至砂锅内，煮开后，将五种菌菇整齐摆放其中，待到菌菇熟透，撒上新鲜虫草花与葱花，再加盐调味，即可出锅。鲜菌汤除了盐几乎不添加任何调味料，但只要尝上一口，便会发现别有洞天。汤是极致的鲜，猪筒骨的鲜香之中融入了菌菇独有的香味。每一口挂着汤汁的菌菇，入喉之后皆唇齿留香，正印证了那句"一日食此菇，三月不思肉"。

各类菌菇都有不俗的营养价值和药用价值，磐安人制作鲜菌汤，会根据节气养生的理念与个人体质不同，用猪肚、老母鸡、鸽子等替换猪骨的高汤汤底；菌菇也时常根据时令进行替换。一道鲜菌汤，实则是磐安人在践行食补养生理念的反应。

（撰文 / 刘林）

梅圆羹

梅圆羹是方前“八仙九碗”之一，是肉丸与时蔬搭配的营养汤羹，制作时需要选用十样菜品。“十”也寓意圆满，梅圆羹是磐安人美好祝福的表达，常出现在当地隆重的节日或红白喜事时。

主料： 猪肉、红薯淀粉

配料： 金针菇、香菇、油豆腐、胡萝卜、茭白、马蹄、花生、香菜（蔬菜可按时令选择）

制作方法：

1. 取肥瘦适宜的五花肉或是梅花肉打成肉末。
2. 肉末揉成指甲盖大小的小肉丸。
3. 取适量金针菇、香菇、油豆腐、胡萝卜、茭白、马蹄切成丁，准备花生碎、香菜、红薯淀粉。
4. 蔬菜炒熟后加入开水，再下肉丸。
5. 肉丸煮熟后用红薯淀粉勾芡，最后加入盐、鸡精调味。
6. 大火收汁，出锅时撒上花生碎和香菜。

特点： 汤羹口感嫩滑，配菜丰富，口感多样。

/ 延伸阅读 /

梅圆羹，是流传在磐安县方前一带的一道菜肴。方前毗邻天台，这两个地方的语言、饮食习惯和生活习俗都非常相近。这一道梅圆羹，也不知是什么年代由何人从天台传入，而后成为方前在隆重的节日或红白喜事时的主菜之一。

梅圆羹的做法非常简单，但是选料却相当复杂。做一碗梅圆羹，要配全十样菜品。取肥瘦适宜的五花肉或是梅花肉打成肉末，揉成一个个精致的小肉丸，大概指甲盖大小，而后盛碗里备用。分别取适量金针菇、香菇、油豆腐、胡萝卜、茭白、马蹄切成丁，分装备用。再准备花生、香菜、红薯淀粉分装备用。其中如茭白、胡萝卜这些蔬菜可随季节的不同而有所变化，一般来说，若是有笋的时节，通常便会把茭白换成笋丁。十样选料备齐，用猪油将备菜炒香以后，加入开水下肉丸。等肉丸熟了，就用红薯粉勾芡，大火收汁，放入调味的盐、鸡精，最后撒上花生碎和香菜。一碗色香味俱全的梅圆羹就做好了。

梅圆羹的成品，有胡萝卜的红、茭白马蹄的白、香菜的绿、油豆腐的黄……众多颜色聚集在一碗浓稠却透亮的汤羹之中，像春天的花园一样丰富多彩，只是看一眼，便觉口齿生津。舀一勺入口，汤羹嫩滑，食材混杂在汤羹之中，口感也变得丰富了起来：马蹄和胡萝卜脆，金针菇和香菇软，肉丸子嫩，香菜浓郁，还有油豆腐每一个气孔里都是饱满的清香……满足味蕾的同时，心情也忍不住愉悦起来。

因为选料太多，一般家常做羹，选个四五样菜品即可。唯有招待贵宾、亲朋好友，或者在特殊的节日，方前人才会仔仔细细选上十种食材。这是因为数字“十”通常是圆满无缺的象征，寓意十分美好。用这样一碗“十分美好”的梅圆羹来招待客人，既是一种象征，也是一份仪式感。（撰文 / 安然）

玉米羹

玉米羹是一道美味且营养丰富的汤羹类菜品，主要食材是玉米粉，制作时加入各种蔬菜、肉等配料。玉米羹不仅易于消化吸收，而且能够提供丰富的营养和能量，是老少咸宜的营养小吃。

主料： 玉米粉

配料： 食用油、水、蔬菜、肉、豆腐、酱油、盐等

制作方法：

1. 起锅烧油，将蔬菜等食材倒入锅中翻炒。
2. 加入盐、酱油等调味料翻炒，加水炖煮。
3. 水煮开之后，倒入玉米粉搅拌。
4. 熬煮一段时间，等玉米粉糊化，汤汁变得黏稠即可。

特点： 色泽金黄，入口爽滑，滋味醇厚，营养丰富。

/ 延伸阅读 /

玉米是我国种植面积最广泛的作物之一，它对土壤和温度的适应力强，南北方都能种植，因此，它变成了农家最普遍的杂粮之一。在磐安，当地百姓也会在房前屋后种上一些玉米，种出来的玉米为了方便保存，就晒干后磨成玉米粉，一年四季皆可食用。磐安特色小吃玉米羹，其中的主要材料就是玉米粉。

制作玉米羹的方法并不复杂，首先是准备材料。以往，玉米羹的食材基本上都是上一顿的剩菜，当时为了节省粮食，将其与玉米粉相结合，制作成容易饱腹的羹类。今日则全部都替换成了新鲜食材，常吃的有青菜、雪菜、豆腐、瘦肉、香菇、胡萝卜等配料。选择性很多，如何搭配，全靠自己的喜好。由于最后要做成羹，所以菜和肉都要事先切成丁。

待材料准备完全，就可以起锅烧油，将搭配好的菜倒入锅中翻炒。翻炒过程中加入盐、胡椒粉等调味料，直至菜和肉炒熟之后，就可以往锅内加水。水煮开之后，即可加入玉米粉搅拌。

玉米粉入锅的方式有两种，一种是直接将干粉均匀撒入，一种是提前将玉米粉加入水中，调和成玉米面糊，再下入锅中。实际选用的方法根据当前锅中的水量而定，锅中的水多，适合直接加入干粉；锅中的水少，可以调成面糊之后加入。玉米粉入锅，要立即开始搅拌，原本锅中的清汤寡水不一会儿就发生了翻天覆地的变化，汤汁变成了金黄色。沸腾的汤汁咕嘟咕嘟冒着泡，菜、肉在其中浮浮沉沉，空气中弥漫开一股浓郁的玉米香味。经过一段时间的熬煮，玉米粉开始糊化，汤也变得浓稠起来，玉米羹就做好了。

玉米羹完全保留了玉米的营养成分，而且改变了玉米口感粗糙和不易消化的缺点，尤其适合老人和小孩食用。玉米羹入口柔滑、口感醇厚、配料丰富，搭配其他菜肉食用，营养更加丰富；搭配馒头等其他主食，则食用体验更佳。

如今，金黄色的玉米羹仍旧出现在许多磐安人的一日三餐中。不少外出的磐安人，也习惯煮上一锅玉米羹，抚慰乡愁。（撰文 / 林浩）

蛋花酒

蛋花酒是一种以鸡蛋和酒为主要原料制作而成的食物，它不仅口感独特，还具有一定的营养价值和药用功效，是以前磐安最朴素的滋补品。磐安人煮制蛋花酒使用的是红曲酒，制作时将鸡蛋液倒入煮沸的红曲酒搅拌均匀即可。

主料： 红曲酒、鸡蛋

配料： 白糖或红糖

制作方法：

1. 鸡蛋打散后备用。
2. 在锅中倒入红曲酒，煮沸。
3. 将蛋液倒入红曲酒中，快速搅拌。
4. 待蛋花均匀散布之后加入适量白糖或红糖盛出，冷却到合适温度时便可饮用。

特点： 酒的液体微微泛红，香甜醇厚，滋味绵长。

/ 延伸阅读 /

磐安的民间广泛流传着的蛋花酒，以红曲酒与鸡蛋为原料，是当地传统饮食文化的结晶。

红曲酒的起源本就在浙江。在磐安，很多地方仍旧有晒红曲、酿制红曲酒的习惯。入秋之际，许多人家便着手准备酿造红曲酒了。它的酿造过程并不麻烦，和传统的米酒很是相似，只是发酵物换成了红曲霉。

酿造时，先将糯米洗净浸泡至可轻易碾碎的程度，大约3—5个小时左右。随后将糯米蒸熟，再摊开自然晾晒。待到糯米晾至常温，就将红曲霉撒上，充分搅拌均匀，最后一起放入坛中开始发酵。发酵的这段时间，每天用干净的筷子或勺子，把浮在上面的米粒压入水面以下，直到坛子里不再有米粒浮起时，而后再等个20—30天便能出酒了。红曲酒的液体呈酒红色，散发着淡淡的酒香，度数并不高，是全家适宜的一款酒品。

蛋花酒的制作更是简单了。首先将鸡蛋放在碗中打散，随后开火，在锅中倒入红曲酒，期间并不需要加水。待锅中的酒液沸腾，将打散的鸡蛋缓慢倒入锅中，边倒边不停地用筷子搅拌鸡蛋液，让鸡蛋液更为均匀地分散在酒中。待到鸡蛋倒完，满屋子的酒香之中，蛋花酒就制成了。

喝蛋花酒，最好用玻璃杯，这样才能展现出蛋花酒独有的颜值。玫瑰色的酒液之中，浮动着金黄色的蛋花。喝的时候，蛋花酒越靠近嘴边，香味越是浓郁，酒和鸡蛋的香味糅合在一起，形成了一种特殊的香味。此时的蛋花非常轻盈，入口的时候也丝毫感觉不到有它的存在。

蛋花酒最适合趁热饮用，入口顺滑，滋味香醇，冬日里只一口便可驱散周身的寒意，让整个人都暖了起来。除却直接喝，蛋花酒中还可以加入白糖或红糖，有了糖分的参与，蛋花酒摇身一变成了一份小甜品，甜滋滋地喝上一口，好不惬意。

蛋花酒的滋补功效，来自两个方面。一是来自鸡蛋，鸡蛋性平，本就有补气养血的效用。另一个就是红曲酒。红曲酒是我国传统名酒，是中国酿酒史上的一大发明。《本草纲目》中记载红曲“消食活血，健脾燥胃，治拉痢疾。酿成酒可活血，治疟疾、跌打损伤、妇女痛经，以及产后恶血不尽”。因此最早的时候，蛋花酒通常是给生完孩子坐月子的妇女饮用。

旧时，蛋花酒是磐安当地百姓最朴素的滋补品，即便到了现在，市面上保健品、滋补品琳琅满目，蛋花酒在民间的受欢迎程度却丝毫没有减轻。（撰文 / 林浩）

姜茶

姜茶是一种将生姜作为主要成分，搭配其他食材（如红糖、薄荷等）制成的饮品。磐安姜茶使用的原料是红爪姜，经32道工序、科学提炼精制而成，不仅具有很好的药用价值和营养保健作用，而且具备驱寒暖身、健胃消食等功效。

原料： 红爪姜

配料： 红糖

制作方法：

经过32道工序，去除辛味苦水，去除上火成分，去除沉淀物，保留对人身有益的各种成分再加入独特配方经科学提炼精制而成。

特点： 汤汁呈透亮红棕色，甜味适中不发腻，姜味淡淡不发冲。

红爪姜

/ 延伸阅读 /

中国自古就有以中药治病、疗养身体的传统。中药功效颇多，但用药如用兵，讲究合时宜、顺人性、对症状。姜自不用说，食用、调味、保健皆是一把“好手”。许慎《说文解字》称姜为“御湿之菜”。姜的根茎（干姜）、栓皮（姜皮）、叶（姜叶）均可入药，具有发散、止呕、止咳等功效。“冬吃萝卜夏吃姜，不劳医生开药方”“三片生姜一根葱，不怕感冒和伤风”“晨吃三片姜，赛过人参汤”等谚语说的都是吃姜的诸般好处。

在磐安，姜的用法早已超越调味的界限，从清淡小菜到农家小炒，它的身影都可以在餐桌上找到，及至与古法红糖相遇，碰撞出姜茶的饮法。姜也完成了从时蔬、药材到茶饮的跨界变身。

磐安姜茶所用之姜，为红爪姜。红爪姜因其茎基部鲜红色，根茎如爪而得名，是磐安本地所产，种植历史已有数百年之久，原来的主产地集中在新渥。1993 年版《磐安县志》中曾有“姜形肥大，质地鲜辣，闻名邻县各地”的记载。

作为磐安县历史悠久的农产品，红爪姜遍布磐安全域，种植面积达7200多亩，年产量2.16万吨（2021年数据）。2021年4月，磐安红爪姜入选2021年第一批全国名特优新农产品名录；2021年11月22日，磐安红爪姜通过省级农产品地理标志鉴评，并形成鉴评意见："磐安红爪姜根茎排列紧凑，整姜呈扇形，子芽多、形似爪，鳞片鲜红。嫩姜肉质细嫩、辣味适中、松脆爽口；成熟鲜姜皮薄而嫩黄，肉色鲜黄，辛辣味浓。"

磐安姜茶并不是简单地将红爪姜和红糖配在一起煮饮，而是需要经过32道工序，去除辛味苦水，去除上火成分，去除沉淀物，保留对人有益的各种成分，再加入独特配方经科学提炼精制而成。原料只有红爪姜和红糖，没有任何添加剂。其中的红糖，来源云南，经古法熬煮而成。除了红糖姜茶，蜂蜜姜茶、柠檬姜茶和红枣姜茶也是人们的日常所爱。

姜茶的制作首推用料，而后工艺，但根本是人心。传承了千年的药材种植、加工手艺，磐安人最懂得如何与本草对话，知其性味，用于日常，大概是药乡人独有的生活方式。

与磐安颇有渊源的南宋著名诗人陆游曾作《新凉》数首，其中"菰首初离水，姜芽浅渍糟"一句就写到了磐安有名的两样农特产品：高山茭白和生姜。遥想当年，少年陆游避难于磐安安福寺，在清粥小菜度日的清静日子里，说不定也喝过一碗红糖姜茶御寒呢。（撰文／樊多多）

小吃传承

磐安小吃荣获的省级以上荣誉

扁食

2017 年浙江省首届点心展评会金奖；2017 年首届浙江地方特色美食小吃大赛最佳手艺传承奖；2017 年第七届浙江厨师节点心展评活动金奖；2018 年浙江省名点名小吃总决赛金奖；2019 年浙江省首届最佳名点名小吃大赛金奖；2020 年浙江农家特色小吃百强；2021 年浙江农家特色小吃百强；2024 年“味美浙江”城市地标美食认定

方前馒头

2017 年首届浙江地方特色美食小吃大赛最佳手艺传承奖；2017 年首届浙江地方特色美食小吃大赛优秀作品奖；2017 年浙江省首届点心展评会金奖；2018 年中国（浙江）酒店餐饮食材博览会浙江名小吃汇展金奖；2018 年浙江省名点名小吃总决赛金奖；2019 年浙江省首届最佳名点名小吃大赛金奖；2020 年浙江省第三届名点名小吃总决赛金奖；2023 年浙江省第五届名点名小吃选拔赛金奖

竹筒饭

2020 年浙江省第三届名点名小吃总决赛金奖；2023 年浙江省第五届名点名小吃选拔赛金奖；2024 年浙江省第六届名点名小吃选拔赛金奖

糊拉汰

2018 年浙江省名点名小吃大赛金奖；2024 年“点亮供销·共富味道”农家小吃进高校暨“浙农杯”金奖

饺饼筒

2017 年首届浙江地方特色美食小吃大赛最佳手艺传承奖；2017 年第七届浙江厨师节点心展评活动金奖 ；2018 年浙江省名点名小吃总决赛金奖；2023 年浙江省第五届名点名小吃选拔赛金奖 ；2024 年浙江省第六届名点名小吃选拔赛金奖

大盘发糕

2014 年浙江省农家乐特色菜大赛金奖

大蒜饼

2020年浙江省农家特色小吃百强；2020年浙江省第四届民间巧女秀巧手美食奖；2021年第三届浙江省十大药膳大赛评比获“浙江十大药膳点心”；2022年浙菜美食名点名小吃创意市集展示金奖；2023年首届中国烧饼文化节“最佳技艺创新金奖”；2023年浙江省第五届名点名小吃选拔赛金奖；2023年浙江省“味美浙江”城市地标美食

玉米饼

2020年浙江省第三届名点名小吃总决赛金奖

炒米糕

2020年浙江省第二届名茶点名茶肴大赛金奖；2022年第八届中华茶奥会全国名茶点名茶肴大赛选拔赛暨浙江省第三届名茶点名茶肴大赛金奖；2024年浙江省第六届名点名小吃选拔赛金奖

清明馃

2018年浙江省名点名小吃总决赛金奖

糯米蛋糕

2017年首届浙江地方特色美食小吃大赛经典味道奖；2017年浙江省首届点心展评会金奖；2019年浙江省首届最佳名点名小吃大赛金奖；2023年浙江省第五届名点名小吃选拔赛金奖

甜酒酿

2019年浙江省首届最佳名点名小吃大赛金奖；2020年浙江省第三届名点名小吃总决赛金奖；2023年浙江省第五届名点名小吃选拔赛金奖

花结

2019年浙江省第二届名点名小吃总决赛金奖；2022年第八届中华茶奥会全国名茶点名茶肴大赛选拔赛暨浙江省第三届名茶点名茶肴大赛金奖

糕粘（思念米糕）

2023年浙江省第五届名点名小吃选拔赛金奖

三角叉

2023年浙江省第五届名点名小吃选拔赛金奖

磐安小吃非遗传承人选介

安文街道

陈梅桃

陈梅桃，女，1966 年 12 月 16 日生，磐安县第八批非物质文化遗产传统技艺类磐安择子豆腐制作技艺传承人。

陈梅桃凭借自身的心灵手巧和不断努力，创新出多种口味、多种样式的磐安小吃。她始终坚持保持食物原有口感和营养完整性的宗旨，自原材料采摘、加工、制作都严格把关。这不只是体现了对食物本质的尊重，也是对消费者的负责。在追求原艺原材的过程中，食客不仅能享受到食物带来的美味，也能感受到食物背后的文化与情感。她积极参与市、县组织的重大活动和学习交流活动，其制作的择子豆腐小吃深受大家欢迎。

2014 年 6 月陈梅桃入职旅游企业新城酒店，在职期间以她独特的非遗传统技艺制作磐安小吃，受到全国各地来磐游客的一致好评。

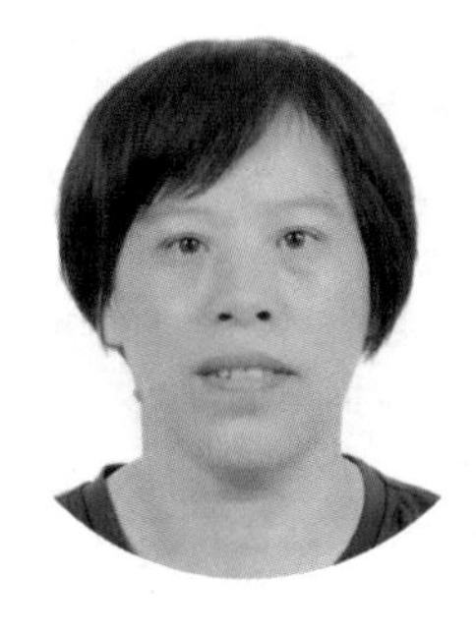

潘加兰

潘加兰，女，1973 年 12 月 12 日生，磐安县第八批非物质文化遗产传统技艺类杨梅馃制作技艺传承人。

从 1989 年跟随潘梅菊开始学习杨梅馃制作技艺起，潘加兰历时十多年，终于在 2008 年还原了杨梅馃制作传统手工技艺、她制作的杨梅馃口感香糯、滋而不化、软而不硬、甜而不腻，得到广大消费者的喜爱。她宣传非遗传统美食文化，无私传授制作技艺，带出如潘凤仙、陈秋仙等一批磐安杨梅馃传人，并积极参与传统美食线上线下宣传。

潘加兰现为磐安县磐城饭店有限公司喜洋洋大食堂门店经理，她制作的杨梅馃获 2018 年浙江省名点名小吃金奖、金华市首届乡村旅游美食节名小吃（点心类）金奖；2019 年在中国（磐安）药膳主题宴大赛上获得特别金奖和最具潜力奖；2020 年获选浙江省“十小碗”；2024 年 3 月在乌石村举办的磐安小吃技能大赛中获“妈妈的味道最佳人气奖”。磐城饭店也因其制作的杨梅馃于 2023 年获“中餐特色美食企业”称号。

大盘镇

孔黄芳

孔黄芳，女，1975 年 6 月 12 日生，磐安县第五批非物质文化遗产传统技艺类大盘发糕制作技艺传承人。

2014 年，孔黄芳在县农办的指导下研制“药膳发糕”——“孔氏五香糕”并参加比赛。2015—2019 年，她一手经营大盘发糕，一手参加各种展示展览或比赛，带着大盘发糕分别参加了上海农展会、金华市年货节、磐安小吃培训班等不同规模的活动。通过与各地美食家的交流互鉴，让大盘发糕在承袭传统制作技艺的基础上，又有了创新与发展。

孔黄芳制作的小吃曾获浙江省农家乐特色菜大奖赛金奖、浙江省名点名小吃选拔赛“优质作品奖”、首届浙江省名点名小吃“金奖”，以及“浙江名小吃”等荣誉称号。

羊健美

羊健美，女，1969 年 8 月 24 日生，磐安县第八批非物质文化遗产传统技艺类大蒜饼制作技艺传承人。

早在 2005 年，羊健美就开始从事面点制作工作，一直对花结大蒜饼、清明粿、三角叉、水蒸饼等磐安小吃有独特感情，并于 2014 年入职磐安县新城酒店从事管理工作。2020 年疫情期间，她通过电视直播培训磐安小吃制作学员 500 人，后续又到各乡镇培训小吃学员 1000 人次以上。她积极参与省、市、县的重要活动，到省市厅机关食堂交流学习小吃制作技艺。

羊健美曾获得浙江省第三届名点（名小吃）金奖、“妈妈的味道”浙江省第四届民间巧女秀巧手美食奖、第八届中华茶奥会“全国名茶点大赛”民族类铜奖、全国饼类大赛饼类最佳特色奖等荣誉。

方前镇

施彩华

施彩华，女，1970 年 10 月 7 日生，金华市第五批非物质文化遗产传统技艺类方前小吃制作技艺传承人。

施彩华 2017 年创办首家磐安小吃药膳旗舰店，2019 年自主研制磐安小吃药膳炖罐技艺，2021 年受聘磐安小吃培训老师，自主研制外婆饼；2021 年受聘四川仪陇磐安小吃培训老师，2022 年筹建磐安新城中学小吃药膳坊，2022 年经过自主研制，开发出黄精猴菇馒头，2023 年获磐安小吃药膳炖制技师证书，2023 年自主研制新磐安卷饼，她还首创黄精猴菇馒头，可批量生产，日产可达近 1000 只。

施彩华曾受到《金华日报》两次专题宣传，其制作的方前扁食入选浙江“百县千碗”名录。施彩华现为国家面点二级面点、烹饪技师、中药高级炮制师，曾先后获浙江省点心技师、首届磐安工匠、磐安最美女当家人、方前镇抗疫情先进个人等荣誉。

陈菊云

陈菊云，女，1949 年 4 月 26 日生，磐安县第四批非物质文化遗产传统技艺类方前小吃制作技艺传承人。

2012 年，陈菊云在县里政策的支持下，开出了方前小吃的第一家门店，积极参与各种小吃技术改良和帮扶培训，向前来方前旅游和研学的游客、学生 2000 余人传授方前馒头制作技术。

陈菊云曾获金华名（点）小吃“方前馒头”制作名师、“我的味道你的年”磐安原味年方前小吃（馒头）比赛二等奖等荣誉。

施华杰

施华杰，男，1980 年 12 月 24 日生，磐安县第四批非物质文化遗产传统技艺类方前小吃制作技艺传承人。

2003 年，施华杰从父辈手中传承方前馒头制作的古法技术，多年来不仅在方前做好非遗传承，还招收山东、江西、河南等外地学徒 18 名，传授方前古法制作馒头技术。

施华杰现为磐安县人大代表，任方前镇始丰大院农家乐负责人。他曾获 2012 年金华名小吃奖、“磐安药膳”杯特色小吃技能比武大赛一等奖、2017 年浙江省首届点心展评金奖、2018 年中国（浙江）酒店餐饮业食材博览会浙江小吃会展金奖。其经营的始丰大院农家乐荣获 2018 年浙江省小吃名店荣誉。

施彩凤

施彩凤，女，1980 年 5 月 5 日生，磐安县第七批非物质文化遗产传统技艺类方前小吃制作技艺传承人。

2018 年 10 月，施彩凤开出了第一家磐安小吃店，受到来乌石的游客的好评。作为小吃带头人和磐安小吃特聘老师，她积极参与各种小吃技术改良和帮扶培训。如为磐安县结对帮扶的四川省仪陇县 60 位贫困户培训小吃制作技能，主动参与县里组织的磐安小吃网络线上授课，培训学员 500 多人，平台点击率上万。

施彩凤现为第八届金华市人大代表、磐安县政协委员，现任管头示范店店长。她曾获全国优秀农民工、浙江省巾帼建功标兵、浙江省省运会火炬手、八婺杰出金匠、金华市妇联巾帼创业创新导师、金华市巾帼创业共富导师、磐安县十大文旅女掌柜、磐安县草根人才等荣誉。

冷水镇

卢高飞

卢高飞，男，1965 年 3 月 2 日生，磐安县第三批非物质文化遗产传统技艺类土索面加工技艺传承人。

2008 年 7 月，卢高飞在县里政策的支持下，成立了磐安县潘潭土索面专业合作社。合作社共有社员 160 多户，并结合本地特色开发出桑叶面、菠菜面、黄瓜面等五彩缤纷面。卢高飞做出的土索面细如纱、形似玉、口味香，久煮不糊，深受上海、杭州、金华及周边县市客户欢迎，每年加工总量在 20 万公斤以上，年产值达 240 万元左右。卢高飞的土索面加工技艺曾在浙江省《翠花牵线》、中央电视台 7 套等媒体平台拍摄报道。

盘峰乡

徐永民

徐永民，男，1974 年 5 月 4 日生，磐安县第八批非物质文化遗产传统技艺类磐安药膳制作技艺传承人。

1992 年，徐永民从金华明月楼大酒店学徒开始，脚踏实地，钻研菜肴烹饪技艺，虚心向名师学习，不断充实自己的专业水平，提高管理能力。2018 年，徐永民技能大师工作室成立，团队潜心研究开发“磐安药膳小吃”品种，在全国挂牌“磐安药膳小吃门店”35 家，创新 100 多道药膳小吃。工作室《磐安药膳制作 81 道》教学视频入选教育部职教教学资源库，还成立全国 3 个药膳研发中心，带徒 200 多人，培养省级青年工匠 15 人，有发明专利 2 项。他编写的《养生食膳》一书由西安交通大学出版社出版，论文多次在《四川烹饪》《烹饪艺术家》等杂志发表，研发的养生药膳在浙江电视台播放 30 多次，在中央电视台播放 3 次，《推动药膳产业发展促共富》事迹在 2024 年 7 月 6 日《人民代表报》上刊发。

徐永民现为金华市第八届人大代表、磐安县政协委员，中式烹调高级技师、健康管理师二级技师、浙江省级技能大师工作室领班人、浙江商职院客座教授。他曾获国际烹饪艺术大师、中国烹饪大师、浙菜金牌大师、中华金厨奖、浙江省“百千万”高技能拔尖领军人才、国家级裁判员、高级考评员、金华市八婺杰出金匠、金华市首席技师、磐安拔尖人才、磐安县劳动模范等荣誉。

仁川镇

楼方贵

楼方贵，男，1971 年 7 月 22 日生，磐安县第八批非物质文化遗产传统技艺类仁川炒米糖制作技艺传承人。

楼方贵师承其父楼佳友，从事炒米糖行业已有 20 年。现为磐乐味食品副会长。近年来除做好实体店铺销售外，他还开展线上销售业务，让更多的人能够品尝到磐安炒米糖。通过互联网平台的推广和营销，炒米糖逐渐走出磐安，走向全国甚至全世界。

楼方贵曾获得 2019 年磐安旅游商品征集大赛实物商品奖铜奖、2022 年度安文街道十佳电商、2023 年度优秀电商人等荣誉。

羊世正

羊世正，男，1988年1月13日生，磐安县第八批非物质文化遗产传统技艺类麦芽糖制作技艺传承人。

羊世正坚持守正创新，在继承传统麦芽糖制作技艺的基础上，根据现代消费者的口味和需求将药食同源的药材与麦芽糖充分融合，做深做细麦芽糖文章，先后推出铁皮石斛麦芽糖、焦三仙麦芽糖、山楂麦芽糖、陈皮麦芽糖、石斛地黄麦芽糖、生姜麦芽糖等不同口味和瓶装液态饴糖、颗粒装的叮叮糖、块装的敲敲糖以及儿童喜欢的麦芽棒棒糖等不同形态的麦芽糖新品种。他还积极参与麦芽糖制作技艺的宣传推广，如参加非遗进校园、上海早乐春市集、浦江县第18届山水旅游节、杭州市拱振小河集等活动。

羊世正现为磐安县非物质文化遗产保护协会理事，2023年被评为磐安县民间文艺协会优秀会员、磐安县《磐安记忆》栏目公益文化寻访员。

尚湖镇

潘东平

潘东平，男，1973年8月20日生，磐安县第八批非物质文化遗产传统技艺类炒米糕制作技艺传承人。

1982年，年仅9岁的潘东平就跟随父母学习制作传统手工印花糕。他家的炒米糕制作技艺传承祖辈，沿承祖辈精湛的纯手工工艺。每一道工序，融入丰富的祖传经验，口感配制得心应手，零添加，粗粮细制，保持了五谷的原色原味。多年来潘东平一直致力于手工糕点制作的摸索和研发，从之前传统单一的几个品种，发展到现在口味众多、形式各异的糕点。如今研发了芡实茯苓糕、玉米山药糕、红糖生姜糕等多种口味的松糕。针对老年人和高血糖人群，他还专门研发了使用玉米粉和木糖醇制作的糕点。

潘东平作为“一生高”糕点的第六代传人，多次参加县级药展会和小吃展并获得特等奖荣誉，也曾荣获省级多项名点、名茶点大赛金奖。

双峰乡

胡萍

胡萍，女，1966年12月16日生，金华市第六批非物质文化遗产传统医药类磐安药膳传承人。

胡萍从事烹饪、面点和经营管理行业30多年，创办的湖滨酒楼，被评为“磐安药膳定点旗舰店”、金华老字号、中国美食地标餐厅。她曾受邀到北京参与中央和国家机关老干部联谊会接待工作，多次参与省、市政府重要接待。她的非遗药膳制作内容曾在中央电视台和湖南卫视上宣传报道。热爱中华传统文化，潜心钻研“药食同源”理念，以制作者的匠心、膳食者的品悟，将药材与食材巧妙结合，践行药膳文化中既要能够养生保健，也要可口美味的要求，并力求做到最好。代表菜品包括：黄精元蹄、羊蹄甲鱼冻、黄粱醉凤、玉竹炖鸭、黄精双螺包、百合莲子泥、金丝翡翠、清凉择子豆腐等健康养生膳饮。

胡萍现为第十四届磐安县人大代表，中式烹调师一级技师。胡萍及其制作的药膳先后获得中华药膳金奖、首批浙江省十大药膳、金华市高技能领军人才、八婺金匠、磐安县中药产业发展带头人、十佳文旅体达人等诸多荣誉。

羊建飞

羊建飞，女，1973年7月11日生，磐安县第八批非物质文化遗产传统技艺类清明粿制作技艺传承人。

2015年，羊建飞入职旅游企业新城酒店，其间她以独特的非遗传统技艺制作多种磐安小吃，深受各地游客好评。她积极参加市、县组织的重大活动和小吃制作交流学习以及学生小吃教学研学活动。羊建飞勤奋刻苦，不断地充实自己，研究小吃制作，创新小吃品种。

新渥街道

马伟军

马伟军，男，1962 年 10 月 11 日生，磐安县第四批非物质文化遗产粉干制作技艺代表性传承人。

马伟军自 1983 年起，就从事粉干制作加工，经历了从传统的手工制作到机械加工的转变。二三十年的制作加工经验，让他对粉干制作技艺十分精通。马伟军积极参与各种粉干加工技术改良和帮扶培训，通过亲身传授，带动全村及周边村的农户进行粉干加工制作，走上共同富裕的道路。如今，“罗家粉干”作为一个公共品牌销往周边县（市、区），深受消费者喜爱。

马伟军曾任罗家村书记，2003 年度评为农村党员“致富领头雁”称号，2004—2010 年度为优秀共产党员，2013 年被评为全县“十佳村经济合作社社长”。

陈元清

陈元清，男，1964 年 5 月 3 日生，磐安县第八批非物质文化遗产传统技艺类择子豆腐制作技艺传承人。

作为择子豆腐制作技艺的传承人，陈元清在努力提升自己传承技艺的前提下，每时每刻都挂念着广大人民群众对非遗技艺的认知。他在工作和实践中，充分发挥现代网络优势，一次次地授艺于部分民众，积极开发新途径，提高非遗技艺的知名度。

陈元清，中共党员，现任华都公司车间主任、副厂长。他会在闲暇之余制作择子豆腐与同事们分享，面对有兴趣学习制作方法的同事朋友，他会倾囊相授，也会和他们共同讨论研究，不断地尝试创新，线上线下双管齐下，不断拓展非遗传统技艺择子豆腐的影响力，使其得以完整地流传下去。

陈美园

陈美园，女，1969 年 1 月 21 日生，磐安县第八批非物质文化遗产传统技艺类玉米饼制作技艺传承人。

1999 年，陈美园开始经营磐安土特产店，售卖品种丰富，其中玉米饼特别受欢迎。2006 年，陈美园依靠玉米饼致富的故事荣登中央电视台《致富经》栏目。随后，全国各地陆续有人前来学习取经。一直以来，陈美园紧扣玉米饼传承主题，大力发扬玉米饼制作技艺，经常性开展玉米饼技艺培训。2023 年开始，陈美园致力于在传统玉米饼基础上推陈出新，积极研发卡通形象的玉米饼，以满足新时代不同顾客的需求。

2021 年，陈美园被评为金华市最美女主人，她经营的黄精小院民宿于 2022 年被评为国家乙级民宿等荣誉。

周贵妹

周贵妹，女，1982 年 6 月 11 日生，磐安县第八批非物质文化遗产传统技艺类三角叉制作技艺传承人。

周贵妹受到太婆和婆婆的影响，也很喜欢做各种小吃。尤其在三角叉方面，她进行创新改良，结合磐安的药膳制作出了彩色的三角叉。她积极参与各种小吃技术改良和帮扶培训，并多次担任磐安县供销合作社联合社举办的磐安小吃制作培训实操指导老师，培训学员 200 余人。

周贵妹现为新城酒店小吃部的负责人，每年都会带二至三名徒弟，在具体的实践中传承自己的手艺。周贵妹曾获多种奖项，2020 年 5 月参加浙江省第三届名点名小吃比赛获单项金奖；同年 9 月，参加浙江省第四届民间巧女秀，获巧手美食奖；2021 年 3 月，她参加迎接建党百年华诞活动“妈妈的味道”，获得最佳人气奖；2023 年 4 月，她参加全国烧饼制作技艺表演赛，荣获最佳技艺创新金奖。

玉山镇

周玉萍

周玉萍，女，1971 年 4 月 27 日生，磐安县第八批非物质文化遗产传统技艺类玉山花结制作技艺传承人。

2019 年 12 月，周玉萍在农家乐特色村向头村开了一家以手工饺子、千层糕、卷饼筒、玉山花结为特色的磐安小吃店，受到游客的好评。她积极参与各种小吃比赛以及公益活动，如 2023 年“茶和天下共享非遗”主题活动（福建专场）、金华婺城区西市街共富助农活动（共富直通车）、“逛花样磐安过康养大年”2024 年磐安·原味年启动仪式、磐安女性奋发年“三八国际妇女节”庆祝活动暨“妈妈的味道”磐安小吃技能大赛活动等。

周玉萍现为云溪山院民宿女掌柜、向头村磐安小吃店店长。她曾获金华市最美庭院女主人称号、2022 年浙江省“妈妈的味道”山乡 26 味短视频大赛美食巧女称号、2024 年金华市抖商甄选《最佳口碑美宿》季军、2024 年“妈妈的味道”磐安小吃技能大赛创意美食奖等荣誉。

磐安小吃县级以上非物质文化遗产代表性项目名录

磐安粉干
2008 年金华市第二批非物质文化遗产代表性项目名录（传统技艺类项目）

方前小吃
2018 年金华市第七批非物质文化遗产代表性项目名录（传统技艺类项目）

大盘发糕
2021 年金华市第八批非物质文化遗产代表性项目名录（传统技艺类项目）

米浆筒
2008 年磐安县第二批非物质文化遗产代表性项目名录（传统技艺类项目）

方前馒头
2009 年磐安县第三批非物质文化遗产代表性项目名录（传统技艺类项目）

土索面
2009 年磐安县第三批非物质文化遗产代表性项目名录（传统技艺类项目）

粽子
2018 年磐安县第六批非物质文化遗产代表性项目名录（传统技艺类项目）

捣麻糍
2018 年磐安县第六批非物质文化遗产代表性项目名录（传统技艺类项目）

八仙九碗习俗
2018 年磐安县第六批非物质文化遗产代表性项目名录（民俗类项目）

磐安药膳
2019 年磐安县第七批非物质文化遗产代表性项目名录（传统医药类项目）

大蒜饼
2019 年磐安县第七批非物质文化遗产代表性项目名录（传统技艺类项目）

炒米糖
2019 年磐安县第七批非物质文化遗产代表性项目名录（传统技艺类项目）

麦芽糖
2019 年磐安县第七批非物质文化遗产代表性项目名录（传统技艺类项目）

玉米饼
2021 年磐安县第八批非物质文化遗产代表性项目名录（传统技艺类项目）

炒米糕
2021 年磐安县第八批非物质文化遗产代表性项目名录（传统技艺类项目）

清明馃
2021 年磐安县第八批非物质文化遗产代表性项目名录（传统技艺类项目）

杨梅馃
2021 年磐安县第八批非物质文化遗产代表性项目名录（传统技艺类项目）

仁川油豆腐
2021 年磐安县第八批非物质文化遗产代表性项目名录（传统技艺类项目）

花结
2021 年磐安县第八批非物质文化遗产代表性项目名录（传统技艺类项目）

择子豆腐
2021 年磐安县第八批非物质文化遗产代表性项目名录（传统技艺类项目）

三角叉
2021 年磐安县第八批非物质文化遗产代表性项目名录（传统技艺类项目）

附 录[1]

政策制度选录

加快磐安小吃产业发展实施意见

磐政办〔2019〕57号

根据浙江省人民政府办公厅《关于加快推进农家传统特色小吃产业发展的指导意见》（浙政办发〔2018〕116号）文件精神，为加快磐安小吃产业的发展，弘扬磐安传统文化，助推乡村振兴，特制订本意见。

一、指导思想和工作目标

（一）指导思想。以习近平新时代中国特色社会主义思想为指导，以“八八战略”为总纲，围绕实施乡村振兴战略的总体部署要求，以促进农民就业增收、加快乡村振兴为主要目标，坚持“传统、养生、快捷、实惠”的发展理念，推动磐安小吃经营规范化、工艺标准化、主体组织化、产品品牌化、效益最大化，做大做强磐安小吃产业。

（二）工作目标。坚持市场主导、政府引导、部门联动、乡镇选育、各方参与的融合发展道路，积极培育“小吃经济”，努力推进磐安小吃产业化发展。2019年培育磐安小吃示范店20家以上，新增从业人员1000人以上，营业收入超5000万元，力争成立磐安小吃体验馆；到2020年，培育磐安小吃示范店50家以上，新增从业人员1500人以上，营业收入超亿元；到2021年，培育

1 部分文件为原件扫描件，特此保留原样。仅供参考。

磐安小吃示范店80家以上，新增从业人员2000人以上，营业收入超2亿元。经过几年的努力打响磐安小吃品牌，力争把磐安县打造成“中国小吃之乡”。

二、加强组织领导，科学谋划布局

（三）建立组织，加强对磐安小吃工作的指导协调。成立由县长担任组长、分管副县长担任副组长、各有关部门、乡镇（街道）负责人为成员的磐安县小吃产业培育发展领导小组（具体名单见附件），主要负责对磐安小吃产业发展的综合协调和指导，制订长远发展规划和相关扶持政策。各领导小组成员单位要根据本部门的职责，明确具体责任分工和实施方案。

（四）整合资源，推进磐安小吃与磐安旅游、磐安药膳等业态的融合发展。鼓励磐安小吃经营业主推出磐安小吃系列伴手礼，在旅游重点乡镇（街道）开设磐安小吃门店，使小吃成为磐安旅游产业链的新亮点和增长极。引导磐安小吃门店装修融入磐安旅游宣传，成为宣传磐安旅游的一个窗口，旅游部门为磐安小吃宣传提供平台并解决部分宣传经费。磐安小吃与磐安药膳要在加工、宣传、销售等环节做到优势互补、强强联手、共同推进，提升市场竞争力。（牵头单位：县府办；配合单位：县供销社、县文广旅体局、县市场监管局，各有关乡镇〈街道〉）

（五）培育龙头，推进磐安小吃产业实现产供销一体化发展。

培育一批从事磐安小吃生产加工、经营销售的龙头企业，主要负责原辅料供应、小吃市场开拓、小吃产品创新、带动农户，促进区域经济发展。鼓励企业开设集培训、研发、体验、接待、集散为一体的磐安小吃体验馆，在全国各地城市和高速公路服务区等地开设磐安小吃连锁店或加盟店；鼓励企业引进国内外先进的食品生产设备、冷藏速冻设备、运输设备，建设磐安小吃后厨基地和配送中心；与电子商务平台和新型零售企业合作，拓宽销售渠道。（牵头单位：县供销社；配合单位：县农业农村局、县经商局，各乡镇〈街道〉）

三、加强文化挖掘，丰富小吃内涵

（六）开展小吃品种普查，出版磐安小吃书刊。在方前小吃普查工作的基础上完成磐安小吃的普查工作，制作磐安小吃名录。挖掘磐安小吃的种类及其人文历史、传统工艺等，整理编印磐安小吃宣传画册，开展磐安小吃文化进课堂活动。开展磐安小吃作家文化采风、磐安小吃文化征文比赛、磐安小吃故事征集等活动，出版《磐安小吃》书刊。（牵头单位：县供销社；配合单位：县教育局、县文联，各乡镇〈街道〉）

（七）申报一批非遗项目，挖掘保护小吃文化。发挥磐安小吃兼容并包、博采众长的优势，品种繁多、独具特色的特点，与药文化、茶文化、菇文化相互融合的特色，大力开发和培育磐安小吃文化。在“方前小吃”市级非遗申报的基础上，开展国家、省、市、县各级“磐安小吃”制作工艺的非物质文化遗产、项目代表性传承人和传承基地的申报工作。迎合新的消费理念，对传统小吃进行更新改良，不断赋予磐安小吃文化发展新的活力。（牵头单位：县文广旅体局；配合单位：县供销社，各乡镇〈街道〉）

（八）制作磐安小吃地图，推进小吃文化旅游。根据磐安地方特色传统小吃的布局和县内磐安小吃示范店的布点情况制作系列磐安小吃地图，电子版小吃地图嵌入磐安县旅游网站，链接至百度、高德等导航地图，与智慧旅游系统无缝对接；编排一批磐安小吃旅游文化剧（节）目，在重大节日或外出旅游推介、小吃宣传时进行展演。（牵头单位：县自然资源和规划局；配合单位：县文广旅体局、县供销社，各乡镇〈街道〉）

四、加强行业管理，夯实产业基础

（九）成立磐安小吃协会，开展行业管理服务。指导磐安小吃协会参照国家标准、行业标准制订磐安小吃团体标准，统一磐安小吃店招（门）牌、工作服装、餐具标识、制作工艺、文化宣传，突出门店装修设计服务，提升磐安小吃公共形象。加强行业自律和服务，指导企业制订企业标准和制作规程，规范磐安小吃产品规格，改进产品包装，强化形象设计，提升产品竞争力。（牵头单位：县供销社；配合单位：县民政局、县市场监管局、县科协）

（十）**加强产品质量监督，确保健康持续发展。**鼓励生产经营主体自建产品检测室，在产品包装上张贴追溯码，指导企业推进质量追溯体系、检测体系建设。推广运用餐饮企业信用信息管理系统，推进诚信经营体系建设。依法查处仿冒磐安小吃特有的名称、包装、装潢等不正当竞争以及违法宣传广告行为。加强食品从业人员健康检查和流动小吃摊贩的管理。鼓励建立原料、辅料生产基地。（牵头单位：县市场监管局；配合单位：县公安局、县卫生健康局、县综合行政执法局、县农业农村局）

（十一）**开展磐安小吃培训，提供人才队伍保障。**与省餐饮行业协会、浙江农业商贸职业学院、金华职业技术学院开展专业合作，为磐安小吃从业人员量身定制经营管理、历史文化、店面装修、制作技能和食品安全等培训计划和培训课程，为磐安小吃培训机构提供师资力量。充分发挥磐安职业教育、成人教育资源，将磐安小吃纳入教学必修课程，培养磐安小吃专业技术人才。将磐安小吃从业人员培训纳入千万农村劳动力培训、职业农民培育培训和就业技能培训，给考评合格的学员颁发各类技能证书。组织磐安小吃制作大师比赛或评选活动，给获奖人员颁发磐安小吃制作大师证书。（牵头单位：县人力社保局；配合单位：县农业农村局、县供销社、县教育局，各乡镇〈街道〉）

五、加强宣传保护，提升品牌形象

（十二）推进小吃商标注册，加强商标权益保护。注册“磐安小吃”国家地理标志证明商标，主要小吃品种申请外观专利，加强商标使用和保护，对类似或非类似商品类别分别进行防御注册，有效地防止该商标的商标权遭受侵害。发现假冒、侵权行为，迅速采取有效措施制止查处商标侵权行为，依法维护磐安小吃合法权益和品牌形象。（牵头单位：县市场监管局；配合单位：县公安局、县司法局）

（十三）做好舆论宣传工作，助推小吃经济发展。宣传部门积极向中央、省、市电视、广播、报纸等主流新闻媒体和百度、新浪、网易、腾讯、搜狐等主要网站推送磐安小吃系列宣传报道，及时宣传报道磐安小吃品牌创建的新思路、新举措、新成效，强化典型示范引导，提高磐安小吃知名度。县内主流媒体要开设磐安小吃宣传专题专栏，县工商联要协助联络各地商会配合做好当地磐安小吃门店的采访宣传工作。鼓励有关部门和生产经营单位制作磐安小吃专题片、微电影、网红视频、网红抖音，利用各类新兴媒体宣传磐安小吃文化，提升磐安小吃知晓率。（牵头单位：县融媒体中心；配合单位：县供销社、县工商联，各乡镇〈街道〉）

（十四）组织展示展销活动，加强小吃品牌培育。组织磐安小吃生产经营单位参加农业博览会、农民丰收节、美食小吃节、点心展评会、厨师节等展销活动。鼓励有关乡镇、部门积极举办小吃大赛、美食节、专场推介等活动，大力宣传推广磐安小吃。不断拉高标杆，致力把“磐安小吃”打造成中国名牌，积极创建“中国小吃之乡”。（牵头单位：县供销社；配合单位：县文广旅体局、县农业农村局、县市场监管局、县融媒体中心，各乡镇〈街道〉）

六、加强政策扶持，提供资金保障

（十五）将磐安小吃相关工作经费列入财政预算。每年由财政统筹安排磐安小吃产业发展专项资金不少于500万元（具体扶持政策另行下文），主要用于磐安小吃的“三统一”和“两集中”工作。即：统一注册商标、统一门店风格、统一经营标准、集中宣传营销、集中文化挖掘。（牵头单位：县财政局；配合单位：县供销社、县文广旅体局、县农业农村局）

（十六）加大金融支持力度。全面加强政银企合作，引导鼓励主办银行对磐安小吃给予高额度的专项授信，面向创业人员开发特色信贷产品。（牵头单位：县金融办、县农商银行；配合单位：县供销社，各乡镇〈街道〉）

磐安县人民政府办公室

2019年11月5日

磐安小吃产业培育发展资金补助办法（试行）

磐供销〔2019〕43号

为加快推进“磐安小吃”产业发展，促进农业增效农民增收，助推乡村振兴战略实施，根据（磐政办〔2019〕57号）文件精神，特制定本资金补助政策：

一、补助对象

经磐安磐味农业发展有限公司授权，从事磐安小吃相关业务的个人、法定代表人、主要负责人或注册地在磐安县的磐安小吃生产经营企业。

二、小吃门店

磐安小吃门店经市场监管部门注册登记（取得食品经营许可证，符合餐饮服务食品安全操作规范），制作人员经磐安小吃培训学校统一培训，到磐安磐味农业发展有限公司申请报备，店面门头制作统一的品牌标识，店内设有统一的文化宣传墙，使用统一的餐具、服装、厨具，正常营业一年以上，按以下标准给予补助：

（一）标准店：门店面积36平方米以下，经营磐安小吃主推品种不少于5个，最高一次性补助3万元。

（二）精品店：门店面积36—72平方米，经营磐安小吃主推品种不少于7个，最高一次性补助4万元。

（三）旗舰店：门店面积72平方米以上，经营磐安小吃主推品种不少于10个，店内设有统一招商宣传点，建有就餐区、收银台和阳光厨房，最高一次性补助7万元。

（四）在市级以上政府食堂开设的，经营磐安小吃主推品种，最高一次性补助3万元；在省级及以上政府食堂或高校食堂开设的，经营磐安小吃主推品种，最高一次性补助5万元；在机场、高铁站、高速公路服务区等特定区域或在一线城市、新一线城市主城区范围内开设，且达到精品店以上标准，经营磐安小吃主推品种，最高一次性补助20万元。

三、磐安小吃生产经营企业

对企业新开设磐安小吃连锁店或加盟店达到3家以上的，到磐安磐味农业发展有限公司申请报备，验收合格后，按以上门店补助标准的50%给予补助，每年最高一次性给予补助50万元，但开设连锁店或加盟店总数达到50家以上的，实行特事特办、一事一议的补助政策。

四、体验中心

经营面积在1000平方米以上，磐安小吃品种20个以上，统一店招门牌、统一服装包装、统一餐具标识、统一制作标准、统一文化宣传，分就餐区、销售区、操作区和体验区四部分，且店内布局合理，整体装修风格体现磐安小吃特色，具备接待旅游团队能力。经市场监管部门注册登记（取得食品经营许可证，符合餐饮服务食品安全操作规范），到磐安磐味农业发展有限公司申请报备，验收合格后，最高一次性给予补助50万元。

五、配送中心

对经市场监管部门注册登记〔取得食品经营许可证（中央厨房），符合餐饮服务食品安全操作规范或取得食品生产许可证〕，到磐安磐味农业发展有限公司申请报备，从事磐安小吃配送业务，有固定的经营场所，配置专门车辆的配送中心，年销售额100万以上的，验收合格后，最高一次性每家给予补助5万元。产品销往县外大型超市、大中院校、市级以上政府机关食堂等，且配送时间一年及以上的，每增加1处给予补助0.5万元。

六、宣传推介

由磐安磐味农业发展有限公司统一安排的磐安小吃公共品牌宣传费用、非遗申报费用、推介活动经费和农业展销会的展位费给予全额补助。由相关部门负责的磐安小吃资源普查、磐安磐安小吃文化节目的编排演出、磐安小吃系列书刊出版费用，磐安小吃专题片、微电影、网红视频、网红抖音等的拍摄制作推送费用给予全额补助。

七、品牌培育

由磐安磐味农业发展有限公司统一安排的“磐安小吃”标准制订、统标和集体商标申报注册等费用给予全额补助。对参加国家、省、市、县有关部门组织的小吃比赛获得金奖的，分别奖励2万元、0.5万元、0.3万元和0.1万元。举办“磐安小吃制作大师”和“磐安小吃十佳示范店”评比活动，对获得“磐安小吃制作大师”和“磐安小吃十佳示范店”称号的各奖励0.5万元。

八、人才培训

磐安小吃培训纳入县千万农村劳动力培训、职业农民培育培训和就业技能培训补助政策，以上两项补助不足部分在该专项资金中列支。

九、加工设备

对磐安小吃加工企业购置价格10万元以上加工设备的一次性给予30%补助，每个经营实体补助最高额度为20万元。

十、磐安磐味农业发展有限公司

县财政每年整合相关资金500万元用于磐安小吃专项补助，通过磐安磐味农业发展有限公司按实兑现；磐安磐味农业发展有限公司负责磐安小吃有关活动、项目的招标以及相关工作的监督落实，参与磐安小吃门店的验收，负责磐安小吃各项资金的拨付，每年在该专项资金中列支不超过20万元的工作经费，由磐安磐味农业发展有限公司使用，资金使用必须专款专用。

十一、项目实施主体有下列情形之一的，不给予政策补助：

（一）不配合监管部门开展磐安小吃质量安全抽检的。

（二）使用违禁农业投入品被查处的。

（三）在申报、验收过程中提供虚假材料的。

（四）其他情况不得给予政策扶持的。

（五）在经营过程中被相关部门行政处罚的不得给予政策扶持。

十二、办理程序

（一）磐安小吃门店、体验中心、配送中心的补助。

1. 资格审查。根据磐安小吃门店年度创办计划数量和门店区域分布要求，申请人向磐安磐味农业发展有限公司提出创办磐安小吃门店申请，并提交以下材料：

（1）磐安小吃生产经营单位创办申请表；

（2）申请人身份证、户口簿原件及复印件。

磐安磐味农业发展有限公司在10个工作日内完成审核。对不符合资格条件、创办数量和区域受限的，应说明理由。

2.补助申请。

（1）磐安小吃生产经营单位补助申请。在年度创办计划数内且符合区域分布要求，按标准创办的磐安小吃门店，可向磐味农业发展有限公司申请补助，并提交以下资料：

①磐安小吃生产经营单位创办补助申请表；

②统一信用代码证（或营业执照）副本原件及复印件；

③门店装修、设备购置、房租合同原件及复印件，配送中心还须提供配送凭证和配送合同。

（2）磐安磐味农业发展有限公司会同县财政局、县供销社在每年6月份和12月份，开展一次实地检查、审核，并在检查、审核后10个工作日内向社会公开、公示，没有异议的，拨付补助资金。

（二）磐安小吃宣传经费、品牌培育、加工企业设备和磐安小吃人才等的补助按有关规定进行报批或招标，根据实际费用给予全额补助。

十三、监督管理

磐安小吃标准化门店经营期间，县供销社、财政和磐安小吃办定期对磐安小吃门店、体验中心、配送中心经营情况进行检查，对检查发现问题的，责令限期整改；不配合整改，或整改不合格的，取消门店补助资格。同时，依法查处弄虚作假、冒名顶替、违反政策获取补助资金的行为，并按有关规定追究当事人的责任。

十四、本办法“以上”包括本数，“以下”不包括本数，自2019年1月1日起施行，暂试行三年，由县供销社、县财政局、县人力社保局负责解释。

磐安县供销合作社联合社

磐安县财政局

磐安县人力资源和社会保障局

2019年12月11日

磐安县小吃协会章程

第一章　总　　则

第一条 本协会名称为：磐安县小吃协会（PAN AN XIAN XIAO CHI XIE HUI）。

第二条　本会的性质是：遵照国家法律法规自愿组成的，从事公益性、非营利性社会服务活动的社会团体，由从事磐安小吃相关业务的单位组成。

第三条　本会的宗旨是：遵守国家的宪法、法律、法规和政策，遵守社会道德风尚，团结联合一切有志于从事磐安小吃行业的人士，履行“自我教育、自我管理、自我服务”职责。保护、挖掘、研究、传承磐安小吃文化，整合、开发、利用磐安小吃资源，打响磐安小吃品牌，增加磐安小吃从业人员收入，助推磐安旅游发展、乡村振兴。

第四条　本协会坚决拥护中国共产党的领导，执行党的路线、方针和政策，走中国特色社会组织发展之路，依照《中国共产党章程》有关规定建立党的组织，承担保证政治方向、团结凝聚群众、推动事业发展、建设先进文化、服务人才成长、加强自身建设等职责。

本协会的业务主管单位是磐安县供销合作社联合社，登记管理机关是磐安县民政局，党建领导机关是中共磐安县供销合作社联合社委员会。本会接受登记业务主管单位和登记管理机关的业务指导和监督管理。

第五条　本协会的会址设在浙江省磐安县安文镇月山路227号特产城市场内。

第二章　业务范围

第六条　本协会的业务范围：

（一）挖掘磐安小吃文化，保护磐安小吃民间艺术，整合磐安小吃资源，展示宣传磐安小吃文化，开展磐安小吃文化建设的理论研究与应用研究；

（二）宣传贯彻国家政策法规，反映会员和磐安小吃行业的有关问题、意见和愿望，发挥社会中介组织的作用。

（三）对发展磐安小吃产业的方针、政策、规划、措施等重大问题进行调查研究，参与起草产业法规、标准，向政府和有关部门提出建议；

（四）研究总结磐安小吃产业深化改革和开拓市场的经验，进行交流和推广；开展业务领域内磐安小吃发展规划和利用项目咨询指导；

（五）加强职业道德建设，做好磐安小吃行业自律，树立良好的品牌形象，做好磐安小吃产业招商服务工作；

（六）加强磐安小吃从业教育、组织管理与技术培训，提高磐安小吃从业人员的综合素质；

（七）策划、组织、承办重大磐安小吃品牌建设活动，组织与新闻、文化、教育、艺术、科技等社会各界交流和联谊活动；

（八）汇集磐安小吃文化建设的研究成果，编辑磐安小吃文化建设的资料、图书，提供信息服务，办好磐安小吃有关的会刊、网站，编辑出版研究成果；

（九）完成政府委托、交办事项，承担有关方面委托办理的有益于磐安小吃行业发展的活动。

第三章　会　　员

第七条　本协会实行单位会员。

第八条　申请加入本协会的会员，必须具备下列条件：

（一）拥护本协会的章程；

（二）有加入本协会的意愿；

（三 ）赞同本会章程，愿为实现本会的宗旨而努力；

（四）在本协会的业务领域内具有一定的影响；

（五）单位会员是有独立法人资格的企业及有关单位；

（六）根据需要聘请部分顾问和特约研究员。

第九条　会员入会的程序是：

（一）提交入会申请书；

（二）经理事会或授权的日常办事机构办公会讨论通过，即可成为本协会单位会员；

（三 ）由理事会或理事会授权的机构发给会员证。

第十条　会员享有下列权利：

（一）本协会的选举权、被选举权和表决权；

（二）参加本会组织的各项活动的权利；

（三）获得本协会服务的优先权；

（四）对本协会工作的批评建议权和监督权；

（五）优先在本会有关会议和刊物上发表研究成果的权利；

（六）优先取得本会提供的各种培训、咨询服务和资料的权利；

（七）入会自愿、退会自由，但需要按社团管理规定，履行相关手续。

第十一条　本协会会员履行下列义务：

（一）贯彻执行政府有关磐安小吃的政策、法规；

（二）执行本协会的决议，维护本协会合法权益；

（三）完成本协会交办的工作；

（四）按规定交纳会费；

（五）主动向本团体反映情况，提供有关资料，提出建议；

（六）承办本协会委托的有关事宜。

第十二条　会员退会，应书面通知本协会，并交回会员证，会员如果不履行会员义务，连续一年不缴纳会费或不参加本协会活动的，视为自动退会。

第十三条　会员如有严重违反本章程的行为或受到国家刑事制裁时，经理事会表决通过，予以除名。

第四章　组织机构和负责人产生、罢免

第十四条 本协会的最高权力机构是会员大会，会员大会的职权是：

（一）制定和修改本协会章程；

（二）选举和罢免理事、管理层人员；

（三）审议理事会的年度工作报告和财务报告；

（四）讨论并决定协会的工作方针和重大事项；

（五）决定终止事宜；

第十五条　会员大会须有2/3以上的会员或会员代表出席方能召开，其决议须经到会会员或会员代表半数以上表决通过方能生效。

第十六条　会员大会每届5年。因特殊情况需提前或者延期换届的，须由理事会表决通过，经业务主管单位审核同意后，报登记管理机关批准同意。延期换届最长不超过1年。

第十七条　理事会是会员代表大会的执行机构，在闭会期间领导本团体开展日常工作，对会员代表大会负责。

第十八条 理事会的职权是：

（一）执行会员大会的决议；

（二）选举和罢免理事、会长、副会长、秘书长；

（三）筹备召开会员大会；

（四）向会员大会报告工作和财务状况；

（五）决定会员的吸收或除名；

（六）决定设立办事机构、分支机构、代表机构和实体机构；

（七）决定各机构主要负责人的聘任；

（八）领导本协会各机构开展工作；

（九）制定内部管理制度；

（十）决定其他重大事项。

第十九条 理事会须有2/3以上理事出席方能召开，其决议须经到会理事2/3以上表决通过方能生效。

第二十条　理事会每年至少召开一次会议；情况特殊的，也可采用通讯形式召开。

第二十一条　本协会不设立常务理事会。

第二十二条　理事会每届 5 年。因特殊情况需提前或者延期换届的，须由理事会表决通过，报业务主管单位审核同意后，报登记管理机关批准。延期换届最长不超过 1 年。理事会与会员大会任期相同，与会员大会同时换届。

第二十三条　理事会换届，应当在会员大会召开前由理事会提名，成立由理事代表、党组织代表和会员代表组成的换届工作领导小组；

理事会不能召集的，由 1/5 以上理事、监事会、本会党组织或党建联络员向党建领导机关申请，由党建领导机关组织成立换届工作领导小组，负责换届选举工作；

换届工作领导小组拟定换届方案，应在会员（代表）大会召开前 3 个月报业务主管单位审核。

第二十四条　常务理事会须有 2/3 以上常务理事出席方能召开，其决议须经到会常务理事 2/3 以上表决通过方能生效。

第二十五条　常务理事会至少半年召开一次会议；情况特殊的也可采用通讯形式召开。

第二十六条　本协会的会长、副会长、秘书长必须具备下列条件：

（一）坚持党的路线、方针、政策、政治素质好；

（二）热心磐安小吃事业的协会工作，在磐安小吃业务领域内有较大影响；

（三）会长、副会长、秘书长最高任职年龄不超过 70 周岁，秘书长为专职；

（四）身体健康，能坚持正常工作；

（五）未受过剥夺政治权利的刑事处罚的；

（六）具有完全民事行为能力；

第二十七条　本协会会长、副会长、秘书长如超过最高任职年龄的，须经理事会表决通过，报业务主管单位审查并经社团登记管理机关批准同意后，方可任职。

第二十八条　本协会会长、副会长、秘书长每届任期 5 年。任期最长不得超过两届，因特殊情况需延长任期的，须经会员大会 2/3 以上会员表决通过，报业务主管单位审查并经社团登记管理机关批准同意后方可任职。

第二十九条　磐安县小吃协会秘书长担任法定代表人。本协会法定代表人不兼任其他团体的法定代表人。因特殊情况，经会长推荐、理事会同意，报业务主管单位审核同意并经登记管理机关批准后，可以由副会长或秘书长担任法定代表人。聘任或向社会公开招聘的秘书长不得任本会法定代表人。

第三十条　本协会会长行使下列职权：

（一）召集和主持理事会和会长办公会；向理事会推举本协会名誉会长、特邀顾问；

（二）检查会员大会、理事会会长办公会议的落实情况；

（三）定期或不定期向本会名誉会长、特邀顾问汇报工作，听取意见；

（四）代表本协会签署有关重要文件。

第三十一条 本协会秘书长行使下列职权：

（一）在协会会长、副会长领导下，主持办事机构开展日常工作；

（二）组织、制定和实施年度工作计划，并检查落实情况。

（三）协调各分支机构、代表机构、实体机构开展工作；

（四）提名副秘书长以及各办事机构、分支机构、代表机构和实体机构主要负责人人选，交理事会决定；

（五）决定各办事机构、代表机构、实体机构专职工作人员的聘用；

（六）处理其他日常事务，及时向会领导请示、报告重大工作事项。

第五章 资产管理、使用原则

第三十二条 本团体经费来源：

（一）各会员单位交纳的会费；

（二）社会赞助、捐赠；

（三）政府资助；

（四）在核准的业务范围内开展活动或服务的收入；

（五）利息；

（六）其他合法收入。

第三十三条 本协会按照国家有关规定收取会员会费。

第三十四条 本协会经费必须用于本章程规定的业务范围和事业的发展，不得在会员中分配。

第三十五条 本协会建立严格的财务管理制度，保证会计资料合法、真实、准确、完整。

第三十六条 本协会配备具有专业资格的会计人员。会计不得兼任出纳。会计人员必须进行会计核算，实行会计监督。会计人员调动工作或离职时，必须与接管人员办清交接手续。

第三十七条 本协会的资产管理必须执行国家规定的财务管理制度，接受会员代表大会和财政部门的监督。资产来源属于国家拨款或者社会捐赠、资助的，必须接受审计机构的监督，并将有关情况以适当方式向社会公布。

第三十八条 本协会换届或更换法定代表人之前必须接受社团登记管理机关和业务主管单位组织的财务审计。

第三十九条　本协会的资产，任何单位、个人不得侵占、私分和挪用。

第四十条　本协会专职工作人员的工资和保险、福利待遇，参照国家对事业单位的有关规定执行。

第六章　章程的修改程序

第四十一条　对本团体章程的修改，须经理事会表决通过后报会员代表大会审议。

第四十二条　本协会修改的章程，经会员大会到会会员 2/3 以上表决通过后 15 日内，报业务主管单位审核同意后，报登记管理机关核准后生效。

第七章　终止程序及终止后的财产处理

第四十三条　本协会完成宗旨或自行解散或由于分立、合并等原因需要注销的，由理事会或常务理事会提出终止动议。

第四十四条　本协会终止动议须经会员大会表决通过，并报业务主管单位审查同意。

第四十五条　本协会终止前，须在业务主管单位及有关机关指导下成立清算组织，清理债权债务，处理善后事宜。清算期间，不开展清算以外的活动。

第四十六条　本协会经社团登记管理机关办理注销登记手续后即为终止。

第四十七条　本协会终止后的剩余财产，在业务主管单位和登记管理机关的监督下，按照国家有关规定，用于发展与本会宗旨相关的事业，或者捐赠给宗旨相近的社会组织。

第八章　党组织建设

第四十八条　本协会按照党章规定，经上级党组织批准设立党组织。如暂不能单独、联合建立党组织的，支持上级党委选派党建工作指导员、联络员等方式，在本协会开展党的工作。

第四十九条　本协会党组织负责人，一般由本协会秘书长以上负责人中的中共正式党员担任，人选报党建领导机关审核、审批。

第五十条　探索建立开放式党组织和党小组，对党员有 3 名以上，但能接转组织关系的党员不足 3 名的，建立功能型、拓展型党组织。

第五十一条　本协会换届选举时，应先征求本协会党组织意见；本协会变更、撤并或注销，党组织应及时向上级党组织报告，并做好党员组织关系转移等相关工作。

第五十二条　本协会为党组织开展活动、做好工作提供必要的场地、人员和经费支持，将党建工作经费纳入管理费用列支，支持党组织建设活动阵地。

第五十三条　本协会支持领导班子与党组织领导班子“双向进入、交叉任职”，党组织负责人参加或列席管理层有关会议、党组织开展有关活动邀请非党员的本团体负责人参加。

第五十四条　本协会支持党组织对社会组织重要事项决策、重要业务活动、大额经费开支、接收大额捐赠、开展涉外活动等提出意见。

第九章　附　　则

第五十五条　本章程经 2019 年 11 月 20 日会员大会表决通过。

第五十六条　本章程的解释权属本协会的理事会。

第五十七条　本章程自社团登记管理机关核准之日起生效。

磐安县磐安小吃团体标准

T/PAX 002-2020

磐安小吃制作技术规程
扁食

前言

本标准按照 GB/T 1.1-2009 给出的规则起草。

本标准由磐安县小吃协会提出并归口。

本标准起草单位：磐安县小吃协会。

本标准主要起草人：张品德，蔡为民，周伟炉。

本标准自 2020 年 05 月 23 日首次发布。

引言

扁食是磐安的特色地方小吃，为积极推广特色小吃的工艺，保持地方小吃特色，进一步提升磐安传统小吃品牌，规范、推广扁食的加工、制作过程，引导磐安小吃产业标准化、连锁化、规模化发展，特制定本标准。

1 范围

本标准规定了磐安小吃扁食制作技术规程的术语和定义、卫生和原辅料要求及制作工艺要求。

本标准适用于磐安小吃扁食制作、加工过程。

2 规范性引用文件

下列文件对于本文件的应用是必不可少的。凡是注日期的引用文件，仅所注日期的版本适用于本文件。凡是不注日期的引用文件，其最新版本（包括所有的修改单）适用于本文件。

GB 2707-2016 食品安全国家标准 鲜（冻）畜、禽产品

GB 2712-2014 食品安全国家标准 豆制品

GB 2716-2018 食品安全国家标准 植物油

GB 2721-2015 食品安全国家标准 食用盐

GB 5749-2006 生活饮用水卫生标准

GB/T 34321 食用甘薯淀粉

GB 37487-2019 公共场所卫生管理规范

GB 37488-2019 公共场所卫生指标及限值要求

GB 37489.1-2019 公共场所卫生设计规范 第 1 部分：总则

NY/T 493-2002 胡萝卜

NY/T 1071-2006 洋葱

NY/T 3218-2018 食用小麦麸皮

DB35/548-2004 鲜竹笋

DB46/T82-2007 菜豆

《餐饮服务食品安全操作规范》（国家市场监督管理总局公告 2018 年第 12 号）

3 术语与定义

下列术语和定义适用于本标准

3.1 磐安小吃

利用磐安本地的食材，按磐安传统工艺制作的具有地方特色和特定风味的小吃。

3.2 扁食

扁食是磐安特色小吃之一，是将蕃薯粉加水揉和，切成剂子擀成直径约 6cm 圆形薄片，包入馅料做成元宝状，下锅煮熟装碗即可。

4 卫生和原辅料要求

4.1 卫生要求

从事扁食加工售卖的餐饮业和集体用餐配送单位的设施应符合 GB 37487-2019、GB 37488-2019、GB37489.1-2019 和《餐饮服务食品安全操作规范》（ 国家市场监督管理总局公告 2018 年 第 12 号）要求。

4.2 原辅料要求

4.2.1 蕃薯粉应符合 GB/T 34321-2017 的规定。

4.2.2 饮用水应符合 GB 5749-2006 的规定。

4.2.3 鲜猪肉应符合 GB 2707-2016 的规定。

4.2.4 白豆腐应符合 GB 2712-2014 的规定。

4.2.5 胡萝卜应符合 NY/T 493-2002 的规定。

4.2.6 洋葱应符合 NY/T 1071-2006 的规定。

4.2.7 鲜竹笋应符合 DB35/548-2004 的规定。

4.2.8 四季豆应符合 DB46/T82-2007 的规定。

4.2.9 花生米应颗粒饱满、大小均匀，无霉变、虫蛀、裂纹及冻干瘪米等。

4.2.10 植物油应符合 GB 2716-2018 的规定。

4.2.11 食用盐应符合 GB 2721-2015 的规定。

4.2.12 调味料和香辛料应符合相应的食品安全标准和相关规定。

5 制作过程

5.1 打芡

将一定量的蕃薯粉用擀面杖碾压至粉末状，取小量碾压后的蕃薯粉用冷水调成糊状，然后倒入开水锅中，迅速搅拌均匀，制成母羹。

5.2 和面

将上述制好的母羹趁热放入碾细的蕃薯粉上，快速混匀反复揉搓压挤待面团表面光滑细腻不粘手后待用。

5.3 制剂

将揉好的面团搓成一根直径约 3-4cm 条状，再均匀切成 2-3cm 左右的面剂子。

5.4 擀皮

将上述剂子擀成直径约 6cm，厚度约 1 毫米左右的圆形薄皮，一般 500 克面粉可擀扁食皮 150-180 张左右。

5.5 制馅

将猪肉及其它辅料切成碎丁，锅内加适量植物油将菜肴炒熟调味成馅。扁食的馅丰富多彩，有猪肉、白豆腐、胡萝卜、笋（笋干）、四季豆、花生米、洋葱等多种食材，色彩新艳、浑素搭配、营养均衡，也可以根据自己的喜好，加入其他菜肴。

5.6 包制

一手持皮，取适量馅料放在扁食皮中间，然后用手指压住馅料，抖动扁食皮对折，再用手指捏紧扁食皮两头，相对绕行轻轻粘合一起，做成类似大元宝形状。

5.7 烧煮

先将锅中水烧开，放少许盐，再将包好的扁食放入锅中加盖大火烧开翻滚，转中火煮至扁食浮起后3-5分钟，颜色变至透明状，即已烧熟。

5.8 盛碗

先在碗内放入适当的调味料，捞起扁食盛满汤即可。

5.9 小吃特点

形状似元宝，晶莹剔透、汤清味美。

2020-05-23 发布　　　　2020-06-01 实施

磐安县小吃协会

磐安县磐安小吃团体标准

T/PAX 001-2020

磐安小吃制作技术规程

方前馒头

前言

本标准按照GB/T 1.1-2009给出的规则起草。

本标准由磐安县小吃协会提出并归口。

本标准起草单位：磐安县小吃协会。

本标准主要起草人：张品德，施华杰，孔黄芳。

本标准自2020年05月23日首次发布。

引言

方前馒头是磐安特色传统面食小吃，为积极推广特色面食小吃的工艺，保持地方面食小吃风味，进一步提升磐安传统小吃品牌，规范、推广方前馒头的加工、制作过程，引导小吃产业标准化、连锁化、规模化发展，特制定本标准。

1 范围

本标准规定了磐安小吃方前馒头制作技术规程的术语和定义、卫生和原辅料要求及制作工艺要求。

本标准适用于磐安小吃方前馒头制作、加工过程。

2 规范性引用文件

下列文件对于本文件的应用是必不可少的。凡是注日期的引用文件，仅所注日期的版本适用于本文件。凡是不注日期的引用文件，其最新版本（包括所有的修改单）适用于本文件。

GB/T 1354-2018 大米

GB/T 1355-1986 小麦粉

GB 5749-2006 生活饮用水卫生标准

GB 37487-2019 公共场所卫生管理规范

GB 37488-2019 公共场所卫生指标及限值要求

GB 37489.1-2019 公共场所卫生设计规范 第 1 部分：总则

NY/T 3218-2018 食用小麦麸皮

《餐饮服务食品安全操作规范》（国家市场监督管理总局公告 2018 年第 12 号）

《湖南省中药材标准》

3 术语与定义

下列术语和定义适用于本标准

3.1 磐安小吃

利用磐安本地的食材，按磐安传统工艺制作的具有地方特色和特定风味的小吃。

3.2 白药

到当地河边、溪滩采摘秋季成熟的蓼子草（当地人叫“辣蓼”）晒干，取其叶子与籽加水熬成汁，过滤除渣后拌入米粉搓成团，置通风阴凉处覆盖稻草自然晾干制作而成的发酵剂。

3.3 酵液

将白米粥、小麦麸皮和“白药”按一定比例混合，让其自然发酵，经过多道工序制作而成的可用于制作馒头的发酵剂。

4 卫生和原辅料要求

4.1 卫生 T/PAX 001-2020

从事方前馒头加工售卖的餐饮业和集体用餐配送单位的设施应符合 GB 37487-2019、GB 37488-2019、GB 37489.1-2019 和《餐饮服务食品安全操作规范》（ 国家市场监督管理总局公告 2018 年 第 12 号）要求。

4.2 原辅料要求

4.2.1 小麦粉应符合 GB/T 1355-1986 的规定。

4.2.2 饮用水应符合 GB 5749-2006 的规定。

4.2.3 籼米、糯米应符合 GB/T 1354-2018 的规定。

4.2.4 小麦麸皮应符合 NY/T 3218-2018 的规定。

4.2.5 蓼子草应符合《湖南省中药材标准》的规定。

5 制作过程

5.1 酵液制作

5.1.1 小酵制作

用冷却的糯米稠粥与“白药”粉末按 2∶1 比例混匀，如粥太稠可适当加点水，搅拌均匀后放置保温的室内，冬天 4-5 天，夏天 2-3 天，待固体沉淀且液体开始变清即成“小酵”。

5.1.2 酵尖制作

取上述小酵与小麦麸皮混合制成面团，置通风阴凉处风干成碎渣样，当地人称之为“酵尖”，装入塑料袋密封保存，3 个月内可直接用于馒头发酵。

5.1.3 大酵制作

用籼米熬成稠粥与“小酵”、小麦麸皮按 6∶2∶1 的比例混合，如粥太稠可适当加点水，搅拌均匀成糊状，让其自然发酵。等到中间像馒头似的隆起，再次搅拌均匀，如此重复 3-4 次，等出现酵液不再馒头样隆起时，说明已发酵完成过滤出的液体即为“酵液”。

5.2 和面

称取一定量的小麦粉，按 500g 小麦粉、250g 酵液的比例，先将小麦粉放入容器，再缓慢倒入酵液，边倒边搅拌，经充分搅拌反复搓揉制成面团，如面团过硬可适当加点水再揉至面团细腻柔顺。

5.3 饧发

将揉好的面团放入容器，盖上符合食品卫生要求的湿棉布，按气温高低、季节不同确定饧发时间，一般 2-3h，当面团变大，里面出现蜂窝孔时即已发酵好。

5.4 成型

将饧发好的面团搓成条状，切成一个个剂子，每个剂子 75g 左右，再将剂子搓成内拳大小的馒头胚。

5.5 醧笼

将内拳大小的馒头胚一个个整齐的码入预热好的蒸笼上，加盖进行二次饧发，待馒头胚渐渐发酵变大，表面出现光亮后，上锅大火蒸煮。

5.6 蒸煮

馒头胚二次饧发后，即可上锅大火蒸煮，待蒸汽达到蒸笼上层后继续大火蒸 15 分钟即可出笼。蒸熟的馒头标准是最底层蒸笼不再“冒汗”。

5.7 小吃品质

方前馒头丰满浑实，白细如雪，皮薄如纸，一口下去即有北方馒头的嚼劲又不失南方馒头柔软。

2020-05-23 发布　　2020-06-01 实施

磐安县小吃协会

磐安县磐安小吃团体标准

T/PAX 004-2020

磐安小吃制作技术规程
糊拉汰

前言

本标准按照 GB/T 1.1-2009 给出的规则起草。

本标准由磐安县小吃协会提出并归口。

本标准起草单位：磐安县小吃协会。

本标准主要起草人：张品德，陈丽红，张国华。

本标准自 2020 年 05 月 23 日首次发布。

引言

糊拉汰是磐安的特色地方小吃，为积极推广特色小吃的工艺，保持地方小吃特色，进一步提升磐安传统小吃品牌，规范、推广糊拉汰的加工、制作过程，引导磐安小吃产业标准化、连锁化、规模化发展，特制定本标准。

1 范围

本标准规定了磐安小吃糊拉汰制作技术规程的术语和定义、卫生和原辅料要求及制作工艺要求。

本标准适用于磐安小吃糊拉汰制作、加工过程。

2 规范性引用文件

下列文件对于本文件的应用是必不可少的。凡是注日期的引用文件，仅所注日期的版本适用于本文件。凡是不注日期的引用文件，其最新版本（包括所有的修改单）适用于本文件。

GB/T 1355-1986 小麦粉

GB 2712-2014 食品安全国家标准 豆制品

GB 2716-2018 食品安全国家标准 植物油

GB 2721-2015 食品安全国家标准 食用盐

GB 5749-2006 生活饮用水卫生标准

GB/T 10463-2008 玉米粉

GB 37487-2019 公共场所卫生管理规范

GB 37488-2019 公共场所卫生指标及限值要求

GB 37489.1-2019 公共场所卫生设计规范 第 1 部分：总则

LS/T 3106-1985 马铃薯（土豆、洋芋）

SB/T 10332-2000 大白菜

DB43/T 385-2008 南瓜

《餐饮服务食品安全操作规范》（国家市场监督管理总局公告 2018 年第 12 号）

3 术语与定义

下列术语和定义适用与本标准

3.1 磐安小吃

利用磐安本地的食材，按磐安传统工艺制作的具有地方特色和特定风味的小吃。

3.2 糊拉汰

糊拉汰是磐安特色小吃之一，是将玉米粉和小麦粉调成糊状制成薄饼，再在饼上加点菜继续烤脆即可。

4 卫生和原辅料要求

4.1 卫生要求

从事糊拉汰加工售卖的餐饮业和集体用餐配送单位的设施应符合 GB 37487-2019、GB 37488-2019、GB 37489.1-2019 和《餐饮服务食品安全操作规范》（ 国家市场监督管理总局公告 2018 年 第 12 号）要求。

4.2 原辅料要求

4.2.1 玉米粉应符合 GB/T 10463-2008 的要求。

4.2.2 小麦粉应符合 GB/T 1355-1986 的要求。

4.2.3 饮用水应符合 5749-2006 的要求。

4.2.4 白豆腐应符合 GB 2712-2014 的要求。

4.2.5 土豆应符合 LS/T 3106-1985 的要求。

4.2.6 南瓜应符合 DB43/T 385-2008 的要求。

4.2.7 大白菜应符合 SB/T 10332-2000 的要求。

4.2.8 植物油应符合 GB 2716-2018 的要求。

4.2.9 食用盐应符合 GB 2721-2015 的要求。

5 制作过程

5.1 制粉剂

将玉米粉、小麦粉和水按 4：1：4.4 的比例混合，调制成粘稠状，用保鲜膜覆盖容器口，常温放置 3-4 小时或冷藏过夜，备用。

5.2 制菜

将洗净的土豆去皮刨成丝，南瓜去籽刨成丝，豆腐捏碎，白菜切碎各自加点植物油和盐，混匀备用。

5.3 制饼

将上述面糊轻轻倒去表面水封，再次混合均匀，待鏊或电饼档温度上升至 90-100℃时，用手抓一把面糊在热锅上匀速环形拖拉成圆形薄饼，力度要均匀，手法要柔和，糊成的饼越薄越容易烤脆越口感好。

5.4 加菜

根据顾客要求在饼上撒一种或几种家常菜，常用的有土豆丝、南瓜丝、白菜、豆腐等。

5.5 烤制

在饼上加好菜后，盖上锅盖中火烤制，等菜熟透饼变成松脆后起锅即可食用。

5.6 小吃特点

薄如蝉翼、色泽金黄、口感松脆、营养丰富 。

2020-05-23 发布　　　　2020-06-01 实施

磐安县小吃协会

磐安县磐安小吃团体标准

T/PAX 004-2020

磐安小吃制作技术规程

饺饼筒

前言

本标准按照GB/T 1.1-2009给出的规则起草。

本标准由磐安县小吃协会提出并归口。

本标准起草单位：磐安县小吃协会。

本标准主要起草人：张品德，施彩凤，胡萍。

本标准自2020年05月23日首次发布。

引言

饺饼筒是磐安的特色地方小吃，为积极推广特色小吃的工艺，保持地方小吃特色，进一步提升磐安传统小吃品牌，规范、推广饺饼筒的加工、制作过程，引导磐安小吃产业标准化、连锁化、规模化发展，特制定本标准。

1 范围

本标准规定了磐安小吃饺饼筒制作技术规程的术语和定义、卫生和原辅料要求及制作工艺要求。

本标准适用于磐安小吃饺饼筒制作、加工过程。

2 规范性引用文件

下列文件对于本文件的应用是必不可少的。凡是注日期的引用文件，仅所注日期的版本适用于本文件。凡是不注日期的引用文件，其最新版本（包括所有的修改单）适用于本文件。

GB/T 1355-1986 小麦粉

GB 2707-2016 食品安全国家标准 鲜（冻）畜、禽产品

GB 2712-2014 食品安全国家标准 豆制品

GB 2713-2015 食品安全国家标准 淀粉制品

GB 2716-2018 食品安全国家标准 植物油

GB 2721-2015 食品安全国家标准 食用盐

GB 2749-2015 食品安全国家标准 蛋与蛋制品

GB 5749-2006 生活饮用水卫生标准

GB/T 20554-2006 海带

GB 37487-2019 公共场所卫生管理规范

GB 37488-2019 公共场所卫生指标及限值要求

GB 37489.1-2019 公共场所卫生设计规范 第1部分：总则

NY/T 580-2002 芹菜
NY/T 582-2002 莴苣
NY/T 835-2004 茭白
SC/T 3204-2012 虾米
SB/T 10416-2007 料酒
《餐饮服务食品安全操作规范》（国家市场监督管理总局公告 2018 年第 12 号）

3 术语与定义

下列术语和定义适用与本标准

3.1 磐安小吃

利用磐安本地的食材，按磐安传统工艺制作的具有地方特色和特定风味的小吃。

3.2 饺饼筒 T/PAX 003-2020

饺饼筒是磐安特色小吃之一，是将小麦粉用水调成糊状，在鏊或平底锅上滩成薄饼再配上十几种菜肴，卷成筒状，慢火烤成金黄色的即食小吃。

4 卫生和原辅料要求

4.1 卫生要求

从事饺饼筒加工售卖的餐饮业和集体用餐配送单位的设施应符合 GB 37487-2019、GB 37488-2019、GB 37489.1-2019 和《餐饮服务食品安全操作规范》（ 国家市场监督管理总局公告 2018 年 第 12 号）要求。

4.2 原辅料要求

4.2.1 小麦粉应符合 GB/T 1355-1986 的规定。
4.2.2 饮用水应符合 5749-2006 的规定。
4.2.3 绿豆粉丝应符合 GB 2713-2015 的规定。
4.2.4 鸡蛋应符合 GB 2749-2015 的规定。
4.2.5 鲜猪肉应符合 GB 2707-2016 的规定。
4.2.6 白豆腐应符合 GB 2712-2014 的规定。
4.2.7 胡萝卜应符合 NY/T 493-2002 的规定。
4.2.8 虾米应符合 SC/T 3204-2012 的规定。
4.2.9 植物油应符合 GB 2716-2018 的规定。
4.2.10 食盐食用盐应符合 GB 2721-2015 的规定。
4.2.11 海带应符合 GB/T 20554-2006 的规定。
4.2.12 莴苣应符合 NY/T 582-2002 的规定。
4.2.13 芹菜应符合 NY/T 580-2002 的规定。
4.2.14 茭白应符合 NY/T 835-2004 的规定
4.2.15 鲜竹笋应符合 DB35/548-2004 的规定。
4.2.16 料酒应符合 SB/T 10416-2007 的规定。
4.2.17 其他调味料和香辛料应符合相应的食品安全标准和相关规定。

5 制作过程

5.1 制面糊

将一定量的小麦粉放入容器中加少许盐，按 1：0.9 的比例缓慢加入凉水，一边加一边顺时针搅拌至絮状，再加入适量植物油搅拌均匀，制成不失粘性的粘稠状，然后沿容器壁缓慢加入冷水，覆盖整个面糊表面形成水封，放置 2 小时以上（冬天可放置过夜）备用。

5.2 制饼皮

将上述面糊轻轻倒去表面水封，再次混合均匀，用手抓一把面糊在平底锅上用手拖拉成圆形薄饼，力度要均匀，手法要柔和，糊成的饼厚薄适中。

5.3 小菜制作

饺饼筒里的菜多至十几种，一般用绿豆粉丝、猪肉片、豆腐、鸡蛋片、虾米、胡萝卜、芹菜、茭白、莴苣、海带等，这些菜不是杂拌在一起的，而是一个个分别炒好，分盛在盘里，制饼时每种菜加一点，也可以根据自己的喜好，加入其他具有本地特色的时令蔬菜。部分菜肴制作如下：

5.3.1 鲜猪肉切大块放锅里煮熟，切成约 8cm 长，2cm 宽的薄片；

5.3.2 白豆腐切大片放鏊中两面煎黄，然后切成同猪肉片大小；

5.3.3 绿豆粉丝用煮鲜猪肉留下的汤煮熟收干；

5.3.4 鸡蛋打散制成薄片切丝；

5.3.5 鲜笋冷水下锅煮熟后切丝。

5.4 裹饼

取一张薄薄的面皮摊平，在饼皮一侧先放 2-3 片肉片和少许鸡蛋丝，再往上加一层绿豆粉丝，然后将其余菜按次序一层层平铺在饺饼皮上，掀起饼皮一边，包裹菜肴卷一圈后折进两头封口，继续圈成圆柱状。也可以根据自己的喜好，加入其他菜肴。

5.5 烤制

将卷好的饼放至加入少许植物油的平底锅中小火烤制，一边烤一边翻转等烤到整卷面皮色泽金黄，就可以出炉了。

5.6 小吃特点

营养丰富、风味独特，制作简单、携带方便。

2020-05-23 发布　　　　2020-06-01 实施

磐安县小吃协会

磐安县磐安小吃团体标准

T/PAX 004-2020

磐安小吃制作技术规程

甜酒酿

前言

本标准按照GB/T 1.1-2009给出的规则起草。

本标准由磐安县小吃协会提出并归口。

本标准起草单位：磐安县小吃协会。

本标准主要起草人：张品德，卢纯颖，施彩凤。

本标准自2020年05月23日首次发布

引言

甜酒酿是磐安的特色地方小吃，为积极推广特色小吃的工艺，保持地方小吃特色，进一步提升磐安传统小吃品牌，规范、推广甜酒酿的加工、制作过程，引导磐安小吃产业标准化、连锁化、规模化发展，特制定本标准。

1 范围

本标准规定了磐安小吃甜酒酿制作技术规程的术语和定义、卫生和原辅料要求及制作工艺要求。

本标准适用于磐安小吃甜酒酿制作、加工过程。

2 规范性引用文件

下列文件对于本文件的应用是必不可少的。凡是注日期的引用文件，仅所注日期的版本适用于本文件。凡是不注日期的引用文件，其最新版本（包括所有的修改单）适用于本文件。

GB/T 1354-2018 大米

GB 5749-2006 生活饮用水卫生标准

GB 37487-2019 公共场所卫生管理规范

GB 37488-2019 公共场所卫生指标及限值要求

GB 37489.1-2019 公共场所卫生设计规范 第1部分：总则

QB/T 4577-2013 甜酒曲

《餐饮服务食品安全操作规范》（国家市场监督管理总局公告 2018年第12号）

3 术语与定义

下列术语和定义适用与本标准

3.1 磐安小吃

利用磐安本地的食材，按磐安传统工艺制作的具有地方特色和特定风味的小吃。

3.2 甜酒酿

甜酒酿是磐安传统小吃之一，是将糯米蒸熟、加入甜酒曲和一定量的“小白药”按一定比例混合，保温发酵出酒蒸煮后装碗即可。

4 卫生和原辅料要求

4.1 卫生要求

从事甜酒酿加工售卖的餐饮业和集体用餐配送单位的设施应符合 GB 37487-2019、GB 37488-2019、GB 37489.1-2019 和《餐饮服务食品安全操作规范》（国家市场监督管理总局公告 2018 年 第 12 号）要求。

4.2 原辅料要求

4.2.1 糯米应符合 GB/T 1354-2018 的规定。T/PAX 006-2020

4.2.2 饮用水应符合 GB 5749-2006 的规定。

4.2.3 酒曲就符合 QB/T 4577-2013 的规定。

4.2.4 小白药应符合相应的食品卫生安全标准和有关规定。

5 制作过程

5.1 泡米

取一定量的圆形糯米洗干净，用清水泡一个半小时左右，待糯米充分发胀后沥干水分。

5.2 蒸饭

锅里加上水，放上木蒸桶，在蒸桶上铺上笼布加盖，大火烧至上汽后，把浸泡好的糯米倒入笼桶，先不盖木盖，等上层开始蒸熟了，再盖上木盖继续蒸 2-3 分钟。

5.3 冷却

米饭蒸熟后取下桶蒸，迅速倒入一盆凉水，快速冷却米饭，倒入大盆里铺开散热，这样做出来的甜酒酿口感更佳。

5.4 和“药”

将市售的“小白药”捏碎研成粉末，按使用说明比例加入到已经凉透的糯米饭里，一边撒一边搅拌。

5.5 发酵

将甜酒曲按使用说明书的比例加入到糯米饭里搅拌均匀，用铲子压实，在中间挖个直径 10cm 左右的洞，这样方便出酒，用保鲜膜封口，常温下发酵大约三十六至四十八小时。待中间洞里液体 7-8 分满、糯米饭出现浮动感且闻去有酒香时，即可上锅蒸煮。

5.6 蒸煮

糯米发酵出酒后，将大盆隔水煮 30 分钟，即可装碗直接食用或封口携带了。

5.7 小吃特点

晶莹透亮、润滑爽口、既有淡淡的甜味又有幽幽的酒香味。

2020-05-23 发布　　　　　　　　　　2020-06-01 实施

磐安县小吃协会

磐安县磐安小吃团体标准

T/PAX 004-2020

磐安小吃制作技术规程
竹筒饭

前言

本标准按照GB/T 1.1-2009给出的规则起草。

本标准由磐安县小吃协会提出并归口。

本标准起草单位：磐安县小吃协会。

本标准主要起草人：杨益民，吕春玉，孔宝山。

本标准自2020年05月23日首次发布。

引言

竹筒饭是磐安的特色地方小吃，为积极推广特色小吃的工艺，保持地方小吃特色，进一步提升磐安传统小吃品牌，规范、推广竹筒饭的加工、制作过程，引导磐安小吃产业标准化、连锁化、规模化发展，特制定本标准。

1 范围

本标准规定了磐安小吃竹筒饭制作技术规程的术语和定义、卫生和原辅料要求及制作工艺要求。

本标准适用于磐安小吃竹筒饭制作、加工过程。

2 规范性引用文件

下列文件对于本文件的应用是必不可少的。凡是注日期的引用文件，仅所注日期的版本适用于本文件。凡是不注日期的引用文件，其最新版本（包括所有的修改单）适用于本文件。

GB/T 1354-2018 大米

GB 2717-2018 食品安全国家标准 酱油

GB 2721-2015 食品安全国家标准 食用盐

GB 2730-2015 食品安全国家标准 腌腊肉

GB/T 10460-2008 豌豆

GB 37487-2019 公共场所卫生管理规范

GB 37488-2019 公共场所卫生指标及限值要求

GB 37489.1-2019 公共场所卫生设计规范 第1部分：总则

NY/T 523-2020 甜玉米

LS/T 3106-1985 马铃薯（土豆、洋芋）

《餐饮服务食品安全操作规范》（国家市场监督管理总局公告 2018 年第 12 号）

3 术语与定义

下列术语和定义适用与本标准

3.1 磐安小吃

利用磐安本地的食材，按磐安传统工艺制作的具有地方特色和特定风味的小吃。

3.2 竹筒饭

竹筒饭是磐安传统小吃之一，是将糯米洗净后加入腊肉、豌豆、土豆、甜玉米等，装入竹筒上笼蒸熟即可食用。

4 卫生和原辅料要求

4.1 卫生要求 T/PAX 008-2020

从事竹筒饭加工售卖的餐饮业和集体用餐配送单位的设施应符合 GB 37487-2019、GB 37488-2019、GB 37489.1-2019 和《餐饮服务食品安全操作规范》（ 国家市场监督管理总局公告 2018 年 第 12 号）要求。

4.2 原辅料要求

4.2.1 糯米应符合 GB/T 1354-2018 的规定。

4.2.2 腊肉应符合 GB 2730-2015 的规定。

4.2.3 豌豆应符合 GB/T 10460-2008 的规定。

4.2.4 甜玉米应符合 NY/T 523-2020 的规定。

4.2.5 土豆应符合 LS/T 3106-1985 的规定。

4.2.6 酱油应符合 GB 2717-2018 的规定。

4.2.7 食用盐应符合 GB 2721-2015 的规定。

5 制作过程

5.1 竹筒准备

挑选 2 年以上的本地山青竹，选取直径 8-10cm 左右的竹段，锯成 26cm 左右长的竹筒，洗净备用。

5.2 洗米调味

将糯米用清水洗净后加入腊肉丁、豌豆、土豆丁、甜玉米粒、盐、酱油等（也可根据顾客需求选用其他食材）搅拌均匀。

5.3 装入竹筒

将上述调好味的糯米装入准备好的竹筒中，装至竹筒上口留 4-5cm，加调味水至超出糯米 2cm，用粽叶包住竹筒口绳子扎紧，备用。

5.4 上笼蒸煮

将装有糯米的竹筒置于蒸笼（桶）里，蒸煮 1 小时左右，待香气四溢时取出即可食用。

5.5 小吃特点

口感柔糯、风味独特，既有腊肉糯米的诱人香味又有淡淡的竹子清香味，让人垂涎三尺。

2020-05-23 发布 **2020-06-01 实施**

磐安县小吃协会

磐安磐味农业发展有限公司企业标准

Q/PPW 0002S—2022

大盘发糕

前言

本产品目前尚无相应的国家标准、行业标准和地方标准。根据《中华人民共和国食品安全法》、《中华人民共和国标准化法》的要求，特制订本产品企业标准，以此来指导和组织生产，控制和评定产品质量。

本文件制定的主要依据为GB/T 20977 《糕点通则》、GB 7099《食品安全国家标准 糕点、面包》等标准。

本文件编写格式符合GB/T 1.1—2020《标准化工作导则 第1部分：标准化文件的结构和起草规则》的规定。

本文件由磐安磐味农业发展有限公司提出并负责起草。

本文件起草单位：磐安磐味农业发展有限公司。

本文件主要起草人:张品德、张丽弘、吕春玉、孔黄芳。

本文件为首次发布。

1 范围

本文件规定了大盘发糕的制作过程、要求、试验方法、检验规则、标识标签、包装、运输及贮存等内容。

本文件适用于大盘发糕的制作及质量管控。

2 规范性引用文件

下列文件对于本文件的应用是必不可少的。凡是注日期的引用文件，仅注日期的版本适用于本文件。 凡是不注日期的引用文件，其最新版本（包括所有的修改单）适用于本文件。

GB/T 317 白砂糖

GB/T 1354 大米

GB 4789.1 食品安全国家标准 食品微生物学检验

GB 4789.4 食品安全国家标准 食品微生物学检验 沙门氏菌检验

GB 4789.10 食品安全国家标准 食品微生物学检验 金黄色葡萄球菌检验

GB/T 4789.24 食品卫生微生物学检验 糖果、糕点、蜜饯检验

GB/T 5009.3—2003 食品中水分的测定

GB 5009.12 食品安全国家标准 食品中铅的测定

GB 5749 生活饮用水卫生标准

GB/T 20977—2007 糕点通则

LS/T 3270 红米

3 术语与定义

下列术语和定义适用于本文件。

3.1 大盘发糕

以水、米、白砂糖、白药、红米等为原辅料做成的发糕，是大盘镇的传统特色小吃，寓意“发高” 即“年年发财”与“步步高升”。

3.2 白药

采摘秋季成熟的蓼子草（当地人叫“辣蓼”）晒干，取其叶子与籽加水熬成汁，过滤除渣后拌入米粉搓成团，置密闭环境覆盖稻草保温发酵后取出，置通风阴凉处自然晾干制作而成的酵母。

4 制作过程

4.1 用冷却的稠粥与“白药”粉末混匀，如粥太稠可适当加点水，搅拌均匀后放置保温的室内，待固体沉淀且液体开始变清即成“发酵水”。

4.2 将大米倒入水中浸泡 8 小时。

4.3 将发酵水和泡好的米磨成米浆。

4.4 将米浆放入醒发室，温度控制在 40℃，第一次发酵 6 h 左右，并搅拌排气 3～5 次。

4.5 放入灌装机进行灌装，推入醒发室进行二次发酵，醒发 15 分钟推入蒸柜，蒸至 15 分钟后加入红米点缀，继续蒸 35 分钟即可，后放入冷却间进行冷却烙印包装。

5 要求

5.1 原辅料要求

5.1.1 大米应符合 GB/T 1354 的规定。

5.1.2 饮用水应符合 GB 5749 的规定。

5.1.3 白砂糖应符合 GB/T 317 的规定。

5.1.4 红米应符合 LS/T 3270 的规定

5.2 感官要求

大盘发糕感官要求应符合表 1 的要求。

表 1 感官要求

项目	要求
形态	外形整齐，表面细腻，具有大盘发糕应有的形态特征
色泽	颜色均匀，具有大盘发糕应有的正常色泽
组织	粉质细腻，不粘，不松散，不掉渣，无糖粒，无粉块，组织松软，有弹性，具有大盘发糕应有的组织特征
滋味与口感	味纯正，无异味，具有大盘发糕应有的风味和口感特征
杂志	正常视力无可见杂质

5.3 理化指标

大盘发糕理化指标应符合表 2 的规定。

表 2 理化指标

项目		指标
干燥失重/%	≤	44
总糖/%	≤	42

5.4卫生指标

5.4.1　大盘发糕卫生指标应符合表 3 的规定。

表 3 卫生指标

项目	指标
霉菌计数/（CFU/g） ≤	150
沙门氏菌/（CFU/g）	不得检出
金黄色葡萄球菌/（CFU/g） ≤	100
总铅（以Pb计）/（mg/kg） ≤	0.5

5.4.2 其他卫生指标应符合国家卫生标准和有关规定。

6 检验方法

6.1 感官要求：将样品置于清洁、干燥的白瓷盘中，用目测检查形态、色泽；然后用餐刀按四分法切开，观察组织、杂质；品尝滋味与口感，做出评价。

6.2 干燥失重:按 GB/T 5009.3—2003 中第一法测定。

6.3 总糖:按照 GB/T 20977—2007 中的附录 A 规定的方法进行测定。

6.4 霉菌:按照 GB 4789.1 规定的方法进行测定。

6.5 沙门氏菌:按 GB 4789.4 规定的方法进行测定。

6.6 金黄色葡萄球菌:按 GB 4789.10 中第二法规定的方法进行测定。

6.7 总铅:按 GB 5009.12 的规定的方法进行测定。

7 检验规则

7.1 出厂检验

7.1.1 产品应检验合格后方能出厂。

7.1.2 产品出厂前应进行逐批抽样检验，出厂检验项目包括：感官要求。而感官检验中的形态、色泽和杂质的检验则需要覆盖到每一个产品。此检验应在包装前进行。

7.2 型式检验

型式检验型式检验项目包括本文件中规定的全部项目。正常生产时应每 12 个月进行一次型式检验。

此外有下列情况之一时，也应进行型式检验：

a) 新产品试制鉴定；

b) 正式投产后，如原料、生产工艺有较大改变，可能影响产品质量时；

c) 产品停产半年以上，恢复生产时；

d) 检验结果与前一次检验结果有较大差异时；

e) 国家质量监督部门提出要求时。

7.3 抽样方法和数量

7.3.1 同一班次、同一批投料生产的同一品种的产品为一个批次。

7.3.2 产品抽样件数见表 4。

表 4 抽样数量

组批量	样本量
200以下	3
201～800	4
801～1800	5
1801～3200	6

3200以上	7

7.3.3 微生物（霉菌）抽样检验方法：按照 GB/T 4789.24 的规定执行。

7.3.4 理化检验：检样粉碎混合均匀后放置广口瓶内保存在冰箱中。

7.4 判定规则

7.4.1 出厂检验判定和复检

7.4.1.1 出厂检验项目全部符合本文件，判为合格品。

7.4.1.2 感官要求检验中如有异味、污染、霉变、外来杂质或微生物指标有一项不合格时，则判为该批产品不合格，并不得复检。其余指标不合格，可在同批产品中对不合格项目进行复检，复检后如仍有一项不合格，则判为该批产品不合格。

7.4.2 型式检验判定和复检

7.4.2.1 型式检验项目全部符合本文件，判为合格品。

7.4.2.2 型式检验项目不超过两项不符合本文件，可以加倍抽样复检。复检后仍有一项不符合本文件，则判定该批产品为不合格品。超过两项或微生物检验（霉菌）有一项不符合本文件，则判定该批产品为不合格品。

8 标识标签

8.1 产品名称:符合本文件的规定和要求的产品，允许标注的名称为大盘发糕。

8.2 标签上应注明产品的保质条件、保质期和营养成分，并注明食用前应加热。

9 包装、运输及贮存

9.1 包装：包装材料应符合相应的卫生标准和有关规定。

9.2 运输：运输产品时应避免日晒、雨淋。不应与有毒、有害、有异味或影响产品质量的物品混装运输。运输时应码放整齐，不应挤压。

9.3 贮存：产品应贮存在阴凉、干燥、清洁、无异味的场所。不应与有毒、有害、有异味、易挥发、易腐蚀的物品同处贮存。

2022-10-10 发布　　　　2022-11-10 实施

磐安磐味农业发展有限公司

磐安磐味农业发展有限公司企业标准

Q/PPW 0001S—2022

方前馒头

前言

为保证产品质量，依法组织生产，我公司参照GB 7099《食品安全国家标准糕点、面包》的要求，并结合本公司产品实际情况，特制定本文件。

本文件编写格式符合GB/T 1.1—2020《标准化工作导则 第1部分:标准化文件的结构和起草规则》的规定。

本文件由磐安磐味农业发展有限公司提出并负责起草。

本文件起草单位:磐安磐味农业发展有限公司。

本文件主要起草人:张品德、张丽弘、吕春玉、施华杰。

本文件为首次发布

1 范围

本文件规定了方前馒头的制作过程、要求、试验方法、检验规则、标识标签、包装、运输及贮存等内容。

本文件适用于方前馒头的制作及质量管控。

2 规范性引用文件

下列文件对于本文件的应用是必不可少的。凡是注日期的引用文件，仅注日期的版本适用于本文件。

凡是不注日期的引用文件，其最新版本（包括所有的修改单）适用于本文件。

GB/T 1354 大米

GB/T 1355 小麦粉

GB/T 2828.1 计数抽样检验程序 第1部分:按接收质量限(AQL)检索的逐批检验抽样计划

GB/T 4789.3 食品安全国家标准 食品微生物学检验 大肠菌群计数

GB/T 4789.4 食品安全国家标准 食品微生物学检验 沙门氏菌检验

GB/T 4789.5 食品安全国家标准 食品微生物学检验 志贺氏菌检验

GB/T 4789.10 食品安全国家标准 食品微生物学检验 金黄色葡萄球菌检验

GB/T 5009.11 食品安全国家标准 食品中总砷及无机砷的测定

GB/T 5009.12 食品安全国家标准 食品中铅的测定

GB 5749 生活饮用水卫生标准

GB 14881 食品生产通用卫生规范

GB/T 21118—2007 小麦粉馒头

NY/T 3218—2018 食用小麦麸皮

《湖南省中药材标准》

3 术语与定义

下列术语和定义适用于本文件。

3.1 方前馒头

方前小吃的一种，以小麦粉、饮用水、籼米、糯米、小麦麸皮、蓼子草、白药等为原辅料经酵液制作、和面、饧发、压面、成型、醋笼、蒸煮等工艺制成的馒头。

3.2 白药

采摘秋季成熟的蓼子草（当地人叫“辣蓼”）晒干，取其叶子与籽加水熬成汁，过滤除渣后拌入米粉搓成团，置密闭环境覆盖稻草保温发酵后取出，置通风阴凉处自然晾干制作而成的酵母。

3.3 酵液

将白米粥、小麦麸皮和 “白药”按一定比例混合，让其自然发酵，经过多道工序制作而成的可用于制作馒头的发酵剂。

4 制作过程

4.1 酵液制作

4.1.1 小酵制作

用冷却的糯米稠粥与“白药”粉末按2∶1比例混匀，如粥太稠可适当加点水，搅拌均匀后放置保温的室内，冬天4-5天，夏天2-3天，待固体沉淀且液体开始变清即成“小酵”。

4.1.2 酵尖制作

取上述小酵与小麦麸皮混合均匀，置通风阴凉处风干成碎渣样，3个月内可直接用于馒头发酵。

4.1.3 大酵制作

用大米熬成稠粥与“小酵”、小麦麸皮按6:2:1的比例混合，如粥太稠可适当加点水，搅拌均匀成糊状，让其自然发酵。等到中间像馒头似的隆起，再次搅拌均匀，如此重复3-4次，等出现酵液不再馒头样隆起时，说明已发酵完成过滤出的液体即为“酵液”。

4.2 和面

称取一定量的小麦粉，按500g小麦粉、200g酵液的比例，先将小麦粉放入容器，再缓慢倒入酵液，边倒边搅拌，经充分搅拌反复搓揉制成面团。

注：手工制作按500g小麦粉、250g酵液的比例。

4.3 饧发

将揉好的面团放入醒发室，温度控制在30℃～40℃，湿度控制在60%～70%，醒发1h～1.5h，当面团变大，里面出现蜂窝孔时即已发酵好。

4.4 压面

醒发好的面团倒入传送带，传送带送入压面机，重复压面6次。

4.5 成型

将饧发好的面团搓成条状，切成每个50g或75g左右剂子，再将剂子搓成内拳大小的馒头胚。

4.6 醋笼

将内拳大小的馒头胚一个个整齐的码入蒸盘，推入醒发室，醒发15-20分钟。

4.7 蒸煮

表面出现光亮后，推入蒸柜，蒸至15-20分钟即可。蒸熟的馒头放入冷却间，待冷却后进行烙印包装。

5 要求

5.1 原辅料要求

5.1.1 小麦粉应符合 GB/T 1355 的规定。

5.1.2 饮用水应符合 GB 5749 的规定。

5.1.3 籼米、糯米应符合 GB/T 1354 的规定。

5.1.4 小麦麸皮应符合 NY/T 3218 的规定。

5.1.5 蓼子草应符合《湖南省中药材标准》的规定。

5.2 感官要求

方前馒头应具有正常色泽、气味、滋味及组织状态，不得有酸败、发霉等异味，内外不得有霉变、生虫及杂质。

5.3 理化指标

方前馒头理化指标应符合表 1 的规定。

表 1 理化指标

项目		指标
比容/(mL/g)	≥	1.7
水分/%	≤	45
pH		5.6～7.2

5.4 卫生指标

5.4.1 方前馒头卫生指标应符合表 2 的规定。

表 2 卫生指标

项目		指标
大肠杆菌/(NPN/100g)	≤	30
霉菌计数/(CFU/g)	≤	200
致病菌(沙门氏菌、志贺氏菌、金黄色葡萄球菌等)		不得检出
总砷(以As计)/(mg/kg)	≤	0.5
总铅(以Pb计)/(mg/kg)	≤	0.5

5.4.2 其他卫生指标应符合国家卫生标准和有关规定。

5.5 生产加工过程技术要求

生产过程的卫生规范应符合 GB 14881 的规定。

6 检验方法

6.1 感官要求：采用目视、鼻嗅、口尝的方法进行。

6.2 比容测定:按照 GB/T 21118-2007 的附录 A 规定的方法进行测定。

6.3 水分测定:按照 GB/T 21118-2007 的附录 C 规定的方法进行测定。

6.4 pH 测定:按照 GB/T 21118-2007 的附录 B 规定的方法进行测定。

6.5 大肠菌群:按 GB/T 4789.3 的规定执行。

6.6 大肠菌群:按 GB/T 4789.3 的规定执行。

6.7 沙门氏菌:按 GB/T 4789.4 的规定执行。

6.8 志贺氏菌:按 GB/T 4789.5 的规定执行。

6.9 金黄色葡萄球菌:按 GB/T 4789.10 的规定执行。

6.10 总砷:按 GB/T 5009.11 的规定执行。

6.11 铅:按 GB/T 5009.12 的规定执行。

7 检验规则

7.1 出厂检验

7.1.1 产品经检验合格后方可出厂。

7.1.2 出厂检验项目包括比容、pH 和感官质量。

7.2 组批

同一天同一班次生产的同一品种的产品为一批。

7.3 抽样数量和方法

随机抽取样品，依据组批量，按照 GB/T 2828.1 规定的方法取样，抽样数量见表 3。

表 3 抽样数量

组批量	样本量
2～50	2
51～500	3
501～35000	5
35001及以上	8

7.4 判定规则

7.4.1 全部质量指标符合本文件规定时，判定该批产品为合格。

7.4.2 不超过两项指标不符合本文件规定时，可在同批产品中双倍抽样复检，复检结果全部符合本文件规定时，判定该批产品为合格；复检结果中如仍有一项指标不合格时，判定该批产品为不合格。

7.4.3 卫生指标有一项不符合本文件规定时，判定该批产品为不合格，不得供人食用。

7.4.4 在“感官质量要求”检验中，如发现有异味、霉变、生虫、杂质、外来物质时，判该批产品为不合格，不得供人食用。

8 标识标签

8.1 产品名称：符合本文件的规定和要求的产品，允许标注的名称为方前馒头。

8.2 标签上应注明产品的保质条件、保质期和营养成分，并注明食用前应加热。

9 包装、运输、贮存

9.1 包装：包装容器和材料应符合相应的卫生标准和有关规定。

9.2 运输：运输产品时应避免日晒、雨淋。不应与有毒、有害、有异味或影响产品质量的物品混装运输。运输时应码放整齐，不应挤压。

9.3 贮存：产品应贮存在阴凉、干燥、清洁、无异味的场所。不应与有毒、有害、有异味、易挥发、易腐蚀的物品同处贮存。

2022-10-10 发布　　　　2022-11-10 实施

磐安磐味农业发展有限公司

金华市地方标准

DB 3307/T 125—2022

金华地方传统小吃 磐安玉米饼

A local traditional snack in Jinhua Panan yu mi bing

前言

本文件按照GB/T 1.1—2020《标准化工作导则 第1部分：标准化文件的结构和起草规则》的规定起草。

本文件的某些内容可能涉及专利。本文件的发布机构不承担识别专利的责任。

本文件由金华市商务局提出并归口。

本文件起草单位：磐安磐味农业发展有限公司、磐安县供销合作社联合社、磐安县农业农村局。

本文件主要起草人：张品德、杨益民、黄鑫、张丽弘。

1 范围

本文件规定了磐安玉米饼的术语和定义、原辅料要求、烹饪器具、卫生要求、制作工艺、感官要求与建议食用方法。

本文件适用于磐安玉米饼的制作。

2 规范性引用文件

下列文件中的内容通过文中的规范性引用而构成本文件必不可少的条款。其中，注日期的引用文件，仅该日期对应的版本适用于本文件；不注日期的引用文件，其最新版本（包括所有的修改单）适用于本文件。

GB 4806.1 食品安全国家标准 食品接触材料及制品通用安全要求

GB 4806.9 食品安全国家标准 食品接触用金属材料及制品

GB 5749 生活饮用水卫生标准

GB/T 10463 玉米粉

DB33/ 3009 食品安全地方标准 食品小作坊通用卫生规范

3 术语和定义

下列术语和定义适用于本文件。

3.1 磐安玉米饼 Panan yu mi bing

以玉米粉为主要原料，用沸水煮熟，经和面、揉面、成型、烤制等工序制作，外观圆薄金黄，口感未烤制面绵软，烤制面松脆，可与多种小菜搭配食用的地方小吃。

4 原辅料要求

4.1 玉米粉

应选用全玉米粉，且应符合 GB/T 10463 的规定。

4.2 水

应符合 GB 5749 的规定。

5 烹饪器具

5.1 锅

应采用铁锅，且应符合 GB 4806.9 的规定。

5.2 电饼铛

应符合 GB 4806.9 的规定。

5.3 铲子

金属材质的铲子应符合 GB 4806.9 的规定，其他材质的铲子应符合 GB 4806.1 的规定。

5.4 与食品接触的其他烹饪器具

应符合 GB 4806.1 的规定。

6 卫生要求

烹饪场所、加工过程要求见《餐饮服务食品安全操作规范》，且应符合 DB33/ 3009 的规定。

7 制作工艺

7.1 和面

将经过称重的水烧开，按玉米粉和水 1:1.5 的比例轻缓倒入玉米粉，使玉米粉浮于水上，避免沉底焦糊。继续烧煮至玉米粉成熟，搅拌成均匀的粉团。烧煮时间视玉米粉数量而定，1500 g 粉以 3 min 为宜，5000 g 粉以 10 min 为宜。

7.2 揉面

将粉团放在工作台上，反复揉搓成面团，揉至光滑细腻、不粘手、不粘案板。

7.3 成型

7.3.1 面剂子制作

将揉好的面团搓成圆条状，形状大的饼摘取 150 g/个剂子，形状中等的饼摘取 120 g/个剂子，形状小的饼摘取 100 g/个剂子。

7.3.2 饼坯制作

双手捧住面剂子，一手推送，一手用拇指按捏，以面剂子中心为圆心旋转一周，捏成直径为 8 cm～10 cm 的圆形饼坯。

7.3.3 玉米饼成型

掌心相向由外而内旋转并按压饼坯，双掌在身体左侧时右掌向下用力，移至身体右侧的同时左掌向下用力，循环往复，旋转按压 1 周～2 周，制成直径 20 cm～26 cm、厚 0.2 cm～0.3 cm 的圆形薄饼待用。

7.4 烤制

将制作成型的玉米饼贴放在锅体温度为 250℃～280℃的铁锅或电饼铛中，加盖烧烤至成熟起锅。烤制时间视玉米饼的厚度和对松脆程度的要求而定，厚度 0.2 cm 的薄饼以 3 min 为宜，厚度 0.3cm 的厚饼以 5 min～6 min 为宜。

7.5 装盘

用铲子取出玉米饼，摊放或叠放于托盘上。

8 感官要求

8.1 色泽

未烤制面金黄色，有光泽，烤制面无焦黑。

8.2 形状

大小厚薄均匀一致，无缺损破漏的圆饼。

8.3 质感

未烤制面绵软，烤制面松脆，无硬块，不黏牙。

8.4 滋味、气味

无焦苦味，无异味，具有玉米特有的滋味及香气。

9 建议食用方法

9.1 可根据食客口味，摊上霉干菜、咸菜豆腐、酒糟等家常小菜或搭配磐安茭白、小青菜、生态野菜等时令蔬菜食用。

9.2 可涂上猪油、腐乳或豆瓣酱，继续烘烤至两面松脆后食用。

9.3 即烤即食口感最佳。

2022 - 2 - 8 发布 **2022 - 3 - 8 实施**

金华市市场监督管理局

媒体报道选编

磐安：悠客小镇 相约美食

2017-04-09 22:19 | 浙江新闻客户端 通讯员 吴鳌兵 卢伟赫 镛 | 11.9万+阅读

4月8日至9日，浙江省名点（名小吃）选拔赛暨2017“悠客小镇·乡约方前”第五届美食节在磐安县方前镇下村村举行，汇集了68家136个品种的美食，除了当地名点，还有宁波、永康、金华、绍兴等地特色小吃。

2017 年 4 月 9 日，浙江新闻客户端发布《磐安：悠客小镇 相约美食》。

中新网 • 新闻 • 正文

浙江省首届名点总决赛在磐安举办：百道小吃争香斗味

2018年04月14日 20:09 中国新闻网

现场美食 奚金燕 摄

中新网金华4月14日电(记者 奚金燕)鲜嫩多汁的嵊州小笼包、咸香可口的缙云烧饼、清香柔软的方前馒头……14日，浙江省首届名点(名小吃)总决赛暨2018“悠客小镇·乡约方前”第六届美食节在磐安县方前镇下村火热举行，近百支参赛队伍将各自精心炮制的美食奉上，上演了一场原汁原味的饕餮盛宴，吸引了远近的游客前来尝鲜。

2018 年 4 月 14 日，中国新闻网新媒体发布文章《浙江省首届名点总决赛在磐安举办：百道小吃争香斗味》。

中華合作時報

ZHONG HUA HE ZUO SHI BAO

2019年9月17日 星期二

我国共有国家标准3.6万多项 农业标准占比达11.4%

在习近平新时代中国特色社会主义思想指引下——新时代新作为新篇章

把“名小吃”做出“大文章”

浙江省磐安县农合联发展小吃经济开辟致富新途径

江苏省委副书记任振鹤要求

不断提高政治站位 持续深化综合改革

总结试点经验 谋划长效机制

2019 年 9 月 17 日，《中华合作时报》头版头条刊登《把“名小吃”做出“大文章” 浙江省磐安县农合联发展小吃经济开辟致富新途径》。

“磐安小吃”走出浙江！在四川开出首家专营店

浙江日报 2019-12-03 10:11

位于四川仪陇的磐安小吃专营店

“老板，你这儿的三角形饺子，皮不一样，我从来没吃到过，味道很特别，很好吃。”

“先生，您点的这叫三角叉，是浙江磐安县的特色小吃。”

“那你再替我打包一份，我带回家给老婆孩子尝尝。”

2019 年 12 月 3 日，《浙江日报》百家号发布文章《磐安小吃：走出浙江！在四川开出首家专营店》。

热点聚焦 | “浙里来消费·寻味好食材”2020浙江餐饮产业发展大会暨浙江省第三届名点名小吃选拔赛首届“磐安小吃”美食节成功举办

浙江省餐饮行业协会 5月26日

浙里来消费·寻味好食材

5月23-24日，由浙江省商务厅、浙江省供销社指导，浙江广播电视集团、浙江省餐饮行业协会、磐安县人民政府主办，浙江省餐饮业点心（小吃）专业委员会、磐安县方前镇人民政府、磐安县小吃协会承办的“浙里来消费·寻味好食材”2020浙江餐饮产业发展大会暨浙江省第三届名点名小吃选拔赛首届“磐安小吃”美食节在磐安县方前镇举行。

2020年5月26日，“浙江省餐饮行业协会”公众号宣传“浙里来消费·寻味好食材”2020浙江餐饮产业发展大会暨浙江省第三届名点名小吃选拔赛首届“磐安小吃”美食节。

在磐安方前这片希望的田野上

以小吃的名义，赴一场初夏盛宴

2020年5月28日，《江南游报》刊登浙江省第三届名点（名小吃）选拔赛的新闻。

×　美厨家·家乡好味道 | 磐安小吃：扁食　…

浙江学习平台　+

美厨家·家乡好味道 | 磐安小吃：扁食

2020-06-11

展开

简介

扁食是磐安县方前镇当地人一年到头常吃的食物。尤其是在重要节日、重大喜庆及亲朋好友来访之时，扁食是不可或缺的点心，宜称“必食”。扁食又形如元宝，寓意招财进宝。特别是方前当地的红薯粉扁食，以肉丁、红萝卜、杏鲍菇、香菇、豆腐丁、花生米、四季豆等制成，馅料丰富，老少皆宜。

2020年6月11日，浙江学习平台播报磐安小吃扁食制作宣传片。

“氧气音乐节”是中国五大音乐节之一，此次氧气山水音乐节作为交通之声与磐安文旅战略合作的重要项目之一，致力于展现磐安年轻、时尚、创新的城市标签，进一步增强磐安独特城市气质，展示良好城市风貌，助推磐安文旅发展。

2020年8月22日，《浙江新闻》刊登磐安小吃入驻磐安山水氧气音乐节的新闻。

2020年11月6—8日，中央电视台新闻频道新闻联播播出浙江省农家小吃展销会暨第三届磐安大皿小吃美食节在磐安县双峰乡举行的新闻。

消费日报网 社会观察

消费日报网 > 社会观察 > 民生经济

以小吃会友 浙江省农家小吃展销会在磐安县双峰乡举行

时间:2020-11-10 11:14:13 来源:消费日报网

2020 年 11 月 10 日，《消费日报》网发布浙江省农家小吃展销会暨第三届磐安大皿小吃美食节的文章。

2020 年 11 月 12 日，浙江影视“旅游快报”栏目播出浙江省农家小吃展销会暨第三届磐安大皿小吃美食节活动。

2020 年 11 月 20 日，中央电视台中文国际频道人文美食类纪录片《美食中国》之磐安篇，宣传磐安小吃方前馒头。

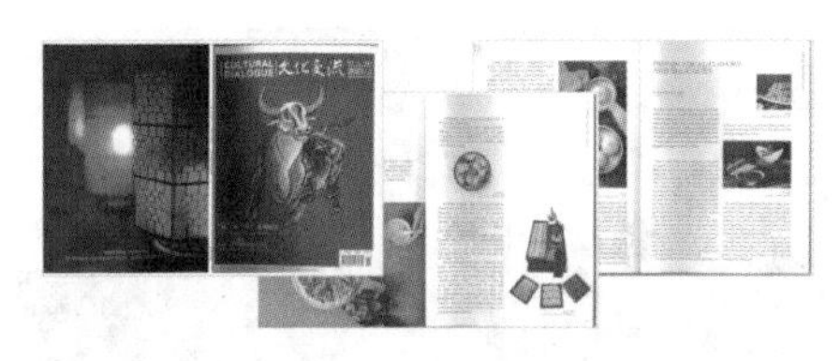

2021 年，浙江省唯一家外宣双语杂志《文化交流》“美丽中国”一栏中刊登磐安小吃宣传文章《山乡的气骨》。

人民日报 有品质的新闻

在2050星空下品尝磐安披萨

知政浙江

喝甜酒酿吃磐安披萨

在云栖小镇的2050庭院里，几位寻味而来的年青自愿者，被蒜香扑鼻的“磐安披萨饼”牢牢吸引。每个人迫不及待取了一块大快朵颐，纯厚的麦香裹着浓浓的蒜味，像是触摸到了田野的气息。吃完蒜香饼喝几口甜酒酿，甘洌的清甜似乎回到了儿时的家乡。

2021 年 4 月 27 日，《人民日报》新媒体平台刊发磐安小吃文章《在 2050 星空下品尝磐安披萨》。

2021 年 10 月 20 日，“浙江之声 · 早安浙江”报道小吃培训送上门。

传承味道 承载乡情“吃出”共富

浙江磐安县社用小吃叩开共同富裕的大门

中国供销集团两家企业获评全国消费帮扶助力乡村振兴典型案例

“832平台”2021年销售额突破100亿元

2021年12月7日，《中华合作时报》头版刊登《传承味道 承载乡情“吃出”共富 浙江磐安县社用小吃叩开共同富裕的大门》。

2022年5月6月，“浙江女性”视频号发布的磐安大蒜饼、磐安花结、磐安饺饼筒、磐安扁食4个单品小吃宣传视频参加由浙江省妇女联合会、浙江省农业农村厅、浙江省商务厅、浙江省文化和旅游厅联合举办的“妈妈的味道 山乡26味”短视频大赛的文章，进一步宣传推广磐安小吃。

2022年6月17日，“浙江组工”公众号发布文章《C位！他们有“颜”有“料”》，宣传报道特色小吃“推介师”。

供销社助力农产品区域公用品牌走出区域

中国供销 2022-04-22 15:28

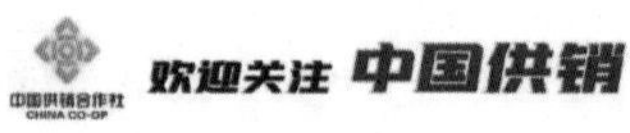

磐安小吃

PAN AN XIAO CHI

浙江省磐安县，地处“浙江之心”，被誉为“群山之祖，诸水之源”。特殊的地理位置，优越的自然环境。在推动当地旅游业发展的同时，也造就了“十里不同风”的磐安地方特色小吃。自2018年磐安县供销合作社承担磐安小吃产业培育发展工作以来，先后梳理出“四大系列”共127个小吃品种。

2022年4月22日，“中国供销”公众号发送文章《供销社助力农产品区域公用品牌走出区域》，介绍磐安小吃。

区县新闻丨金华磐安：做大做强“舌尖上”的共富产业

地方平台发布内容

浙江学习平台 2022-08-25 +订阅

作者：马非[illegible]

金华市磐安县山清水秀，物产丰饶。四季三餐，居民就地取材，用智慧烹出美味，“磐安小吃”声名在外。

“这个饼是我精心研制的，表酥里嫩，深受客人喜爱。”在云山自在酒店内，业主施彩华边制作边介绍小吃“脆皮烤饼”，忙得不亦乐乎。“让磐安小吃‘走出去’，让更多人了解磐安小吃。”这是施彩华做美食的初衷。

2022年8月25日，浙江学习平台发送文章《金华磐安：做大做强“舌尖上”的共富产业》。

没有什么比一道家乡味更能让人瞬间缓解思乡之情的了。无论离家多远多久，我们总会想起家乡的美食，特别是小吃，即使再简单，也饱含浓浓的乡愁。

2023年4月23日，“中国供销”公众号发送文章《看——供销社如何点旺文旅之火》。

2023 年 5 月 13 日，浙江文旅视频号介绍磐安小吃大蒜饼。

2023 年 6 月 28 日，中央电视台农业农村频道《谁知盘中餐》栏目播放磐安小吃宣传视频。

2023 年 5 月 11 日，《中华合作时报》视频号宣传磐安小吃大蒜饼参加全国首届烧饼节并获奖。

浙江工人日報

老人有了24小时贴心看护

美食市集为何受追捧?

磐安小吃服务南来北往客

2023 年 8 月 30 日，《浙江工人日报》刊登标题为《磐安小吃服务南来北往客》的宣传文章一篇。

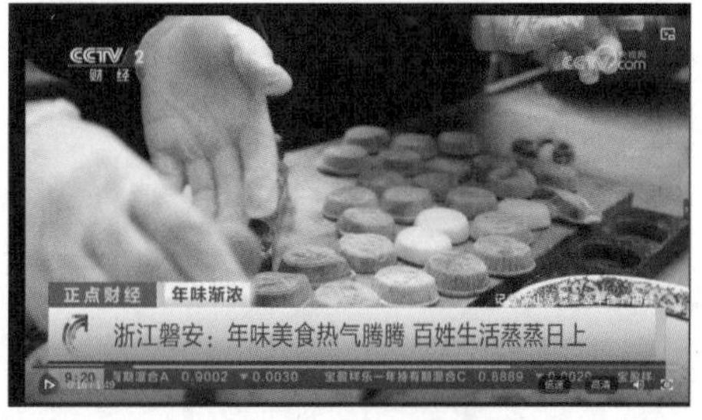

2024年2月5日，中央电视台财经频道以《年味美食热气腾腾 百姓生活蒸蒸日上》为主题，向全国观众讲述年味中的磐安小吃。

后 记

历时三载，《磐安小吃志》编纂工作圆满结束。此书不仅是对磐安源远流长、丰富多彩的小吃文化的细致梳理与记录，更是对磐安世代相传的生活智慧与文化传统的深刻致敬。

自编纂工作启动以来，我们深入大街小巷广泛搜集资料，力求全面、客观地反映磐安小吃的历史渊源、独特风味与丰厚内涵。在此过程中，我们得到了县委、县政府及各单位的大力支持，也得到了众多小吃摊主、非遗技艺传承人的无私分享与热情配合。这些宝贵的资料，为我们提供了丰富的素材与灵感，使得本书得以生动地呈现磐安小吃的独特魅力。

本书的编纂，我们遵循志书体例与规范，以科学的分类和详实的资料，全面系统地展示磐安小吃的历史与现状。编纂过程中，我们深刻感受到每一种小吃不仅是磐安人民日常饮食的重要组成部分，更是磐安地方文化的重要载体。在内容编排上，我们不仅注重小吃的介绍，也深入挖掘其背后的文化内涵和人文价值，力求让读者在品味美食的同时，感受到磐安深厚的文化底蕴和独特的民俗风情。

相信本书的出版将为推广和传承磐安小吃文化发挥重要作用，也期待更多的有志之士能够加入到这一行列中来，共同为保护和传承磐安小吃文化贡献自己的力量。

在此，我们谨向所有为本书编纂工作付出辛勤努力的各界人士表示衷心的感谢和崇高的敬意！愿本书能够成为连接过去与未来的桥梁，让更多的人了解磐安、热爱磐安、传承磐安小吃文化！

我们也清醒地认识到，由于时间、资料及能力等方面的限制，书中难免存在不足之处，真诚地希望广大读者能够提出宝贵的意见和建议，以便我们在今后的修订工作中不断改进和完善。

编者

2024 年 7 月

图书在版编目（CIP）数据

磐安小吃志 / 政协磐安县委员会，磐安县供销合作社联合社，磐安磐味农业发展有限公司编．-- 杭州 ：西泠印社出版社，2024. 12. -- ISBN 978-7-5508-4685-2

Ⅰ. TS972.142.554；TS971.202.554

中国国家版本馆 CIP 数据核字第 20246N7L76 号

《磐安小吃志》

政协磐安县委员会　磐安县供销合作社联合社　磐安磐味农业发展有限公司　编

责任编辑　叶　涵　徐挺屹

责任出版　杨飞凤

责任校对　曹　卓

装帧设计　杭州玄鸟文化传播机构

出版发行　西泠印社出版社

（杭州市西湖文化广场 32 号 5 楼　邮政编码　310014）

电　　话　0571-87240395

经　　销　全国新华书店

印　　刷　现代彩色印刷有限公司

开　　本　787mm×1092mm　1/16

字　　数　430 千

印　　张　21.5

印　　数　0001—3100

书　　号　ISBN 978-7-5508-4685-2

版　　次　2024 年 12 月第 1 版　第 1 次印刷

定　　价　108.00 元